JN239853

見える！群論入門［増補版］

脇 克志
WAKI KATSUSHI

日本評論社

はじめに

この本の目標は,「群」と呼ばれている抽象的で捉えにくいものを，少しだけ身近に感じてもらうことです.「群論」のテキストでは,「定義」・「定理」・「証明」・「例題」を繰り返して話を進めることが一般的ですが，本書は，とにかく「見る」・「感じる」・「納得する」ことを大事にして話を進めていきます．目に見えない群を可視化するために，三角形，正方形，そして立方体などの図形や，それらと鏡を組み合わせた万華鏡を登場させています．抽象的な群を身近に感じてもらえるように，冒険ゲーム，ファンタジー，家庭ドラマ，SF などいろいろな舞台を考えました．さらに，章末にはいくつかの問題を用意して，自分自身の手を動かして群の性質を納得してもらえるように努めました.

この世の中には，いたるところでたくさんの数字が表示されています．時間，重さ，位置，距離，価格，大きさ，強さ，速さ，温度，堅さ，含有量，確率，…，数字はものごとの状態を一定の客観性を備えて表現するのに欠かせない存在です．しかし，風の中を飛び回る蝶の動きを数字で記述することは難しいでしょう．蝶の動きには，その蝶を含む空間全体が風でどのように動いたかが大きな影響を与えます．また，壁に描かれた模様や生活を彩るデザインに潜む共通性を，長さや面積で記述することはできません．この「動き」のような動的なものを表現したり，物体の形に含まれる共通要素を記述するためには，数字とは異なる別の表現方法が必要となります.

この本では，特に「群の元」が備えている「空間の動き」という側面を強調しています.「空間の動き」は目で見ることができませんが，空間に属する目に見えるものに大きな影響を与えます．空間に浮遊する点の変化や，変化しない正多角形を通して見えない「空間の動き」を調べていきます．とても単純な定義から始まる「群」の世界は，とても神秘的で謎に包まれています．本書を，「群の森」に分け入る前に，少しでも群を意識できる身体を作るための準備体操と思ってください．鳥の鳴き声や山の名前を覚えることも大事ですが，森に入り込んだときの周囲の見方を学び，森全体の構造を感じることで，「群の森」で起こるさまざまな現象を自然なことだと納得できる感覚を体得してほしいと思っています．

数学を研究していて，たくさんの予想できない結果を見いだして，途方に暮れることがあります．そんなとき数学者は，問題全体の表現方法を変えてみます．新しい表現方法で問題を表すと，今までと違った問題の構造が見えてきます．さっきまで解釈が難しいと思っていた結果の要因が浮かび上がり，問題全体の動きがよく分かるようになります．この本で，数学者が体験するこんな問題の解決方法も体験してもらいたいと思っています．

「群の森」を通り抜け，その先の「群論の世界」をはっきり知覚するために，次の本を読み進めることをお勧めします．

◎宮本雅彦，『有限群村の冒険』(日本評論社)：舞台設定をファンタジーにして，私たちを群論の最先端まで，送り届けてくれます．群の世界を身近なものとして感じてもらうため，この本を大変参考にさせていただきました．また，宮本先生には，『有限群村の冒険』のサブストーリーにした第6章を見ていただき，ご意見をいただきました．

◎雪江明彦，『代数学1　群論入門』(代数学シリーズ，日本評論社)：「群論の世界」を独力で読み進む上で，必要にして十分な装備と体力を与えてくれます.

◎金重明,『13 歳の娘に語るガロアの数学』(岩波書店):もし,ガロア群に興味が沸いてきたのなら,この本を開きガロア自身とその数学を感じてみてください.

◎志賀浩二,『群論への 30 講』(朝倉書店):群論の基本的内容をきっちり解説して,たくさんの例を示して納得させてくれる本です.

謝辞

この本の内容は,2013 年から 2014 年にかけて雑誌『数学セミナー』で行った連載が基になっています.それまで数学に関する文章を書く機会がなかった私に,連載を始めるきっかけを作っていただいた筑波大学の宮本雅彦先生および『数学セミナー』の大賀雅美氏(当時)に感謝します.自宅での執筆を支えてくれた妻と子ども達に感謝します.数学だけしかできない私を暖かく見守ってくれた両親と妹に感謝します.最後に,この本の作成を全面的にサポートしていただいた入江孝成氏に感謝します.

2017 年 4 月 24 日　脇 克志

増補版まえがき

初めて有限群の表現論に触れたのは，大学院に入った年でした．千葉大学の越谷重夫先生と一緒に，J. L. Alperin の *Local Representation Theory*（Cambridge University Press）を読みながら，当時学部 4 年生だった，飛田明彦さん[1)]と花木章秀さん[2)]が卒業研究ゼミで読んでいた服部昭の『群とその表現』（共立出版）を聞かせてもらっていました．後輩ながら二人はとても優秀でした．表現論をしっかり理解できていなかった私は，千葉大学から帰る電車の中で二人に分からないところを教えてもらいました．有限群の表現に関する私の研究はなかなか捗らず，研究の方向性も見いだせず暗中模索の日々が続いていました．

そんなある日に越谷先生に誘われて，秋葉原の電気街に行き，当時最新の SUN Microsystems のワークステーション購入に立ち会った記憶[3)]があります．狭いビルの階段を上り，薄いグレイの座布団のような筐体と巨大なモノクロディスプレイとの初対面でした．そのとき，越谷先生から，「この計算機を使って有限群の表現を計算しましょう」と言われた気がします．

千葉大学にこのワークステーションが導入され，Unix オペレーティングシステムの命令を学ぶところから始まりました．そして，シドニー大学で開発された，当時「Cayley」と呼ばれていたプログラム（現在の MAGMA）を使って，ワークステーションによる有限群の計算に取り組みます．

計算途中でワークステーションをクラッシュさせ，千葉大学の渚勝先生に助けていただいたこともありました．大きな成果があがった記憶はないのですが，ほかの研究者とは異なる切り口で研究を進めることができました．越谷先生のおかげで，計算機を活用した有限群の研究に取り組む機会が得られ，今の自分に辿り着けたと思います．

増補版で紹介したGAPはMAGMAと並ぶ有限群を計算する「さきがけ」となったプログラムの1つで，膨大な有限群の情報をいろいろな形で表現し計算することができます．皆さんも，GAPを使った有限群の計算を通して，見えない有限群を感じてもらえたら幸いです．

2024年7月30日　脇 克志

1） 現在は埼玉大学教授．
2） 現在は信州大学教授．
3） もう30年以上前の話で，記憶違いの可能性もあります．

目次

はじめに……i

増補版まえがき……iv

第1章

群の定義：群のイメージをつかむ……002

第2章

部分群：形が部分群を決める……015

第3章

置換：動きを表す記号……028

第4章

軌道：群が対称性を作る……041

第5章

剰余類：空間からの解放……052

第6章

シローの定理：素数の魔力……066

第7章

関係式：見える群を作る……081

第8章

共役：群の席替え……096

第9章

商群：群の構造を見る……108

第 10 章
準同型写像：立方体と4次対称群……123

第 11 章
回転と対称の移動
：空間の動きを支配する群……137

第 12 章
群の表現：有限群が作る多面体……156

第 13 章
数の拡大：直線の中の3次元空間……172

第 14 章
群と体：3次方程式が作る正三角形……184

第 15 章
方程式と群：分解体の形……196

第 16 章
群の計算：群の 3D オブジェクトを作る……208

第 17 章
GAP 入門：導入と基本操作……225

章末問題の解答……246
索引……276

見える！　群論入門

［増補版］

第１章

群の定義
：群のイメージをつかむ

２枚のまったく同じ四角形の紙を渡して，「この四角形は正方形ですか？確かめてください.」と頼まれたらどうしますか？ 定規や分度器を使って，長さや角度を測れば，すべての辺や内角が等しいことを確認できますが，もっと簡単に確認する方法があります．それは，２枚の紙をぴったり重ねた後に，１枚だけ $\frac{\pi}{2}$ (90 度)回転させてやっぱりきれいに重なるかを確認するのです．もし，きれいに重なれば，隣同士の辺や角度は等しくなり，結果的に正方形であることが確認できます．正方形は，もっとも対称性の高い四角形です．正方形を「$\frac{\pi}{2}$ 回転させてぴったり重なる四角形」と定義したら，各辺と内角がすべて等しい四角形と定義するよりエレガントに感じませんか？

本書では，群論を通していろいろな対称性を見ていきたいと思います．群という尺度を手に入れることで，私たちは図形のように実際に目で確認できる対称性から，数学的な構造の中に存在する目に見えない対称性までも見通す**超**能力を得ることができます.

群, それは動きの集合

高校の数学から大学の数学に移ったときに，誰もが感じる壁があります.高校生のときは，与えられた数字，与えられた式，与えられた図形を対象に問題を解いていました．ところが，大学にはいると特定しない数字，特定しない式，そして特定しない図形を対象にして，その性質や構造を解き明かします．いままで，ニュートンとか，聖徳太子とか，リンカーンを学んでいたのに，いきなり「人間とはなんぞや？」と論じ始めるようなものです．学生たちは，人間を抽象的な概念として論じることを求められますが，それでも具体的な人間のイメージを参考にして，この壁を乗り越えていきます．

これから，学んでいく群には実体がありません．また，群をイメージするための対象も不明です．ここが，多く学生を苦しめている群論の壁ではないかと考えています．そこで，この本では群に「動きの集合」というイメージを与えて話を進めたいと思います．第1章は，このイメージを通して群の定義を納得してもらうことを目標にします．群論に限らず，数学では等式がとても大きな役割を持ちます．理解を深める意味でも，等式の部分は自分の手を動かしながら読み進めることをおすすめします．

空間の動き

群とはある条件を満たす集合なのですが，まずはこの集合を構成する元のイメージ「空間の動き」を与えます．ここで導入する「空間の動き」では，動くのは「もの」ではなく**空間**そのものです．

まずは，2次元空間を考えてみます．この広い空間の中で，「空間の動き」が吹き荒れています．ところが，何もない空間ではその様子がさっぱりわかりません．「空間の動き」は風と同じで動かされる対象物がないと，その存在をまったく感じることができないのです．そこで，基準となる原点Oと水平軸(x軸)と垂直軸(y軸)を用意します．さらに，原点の位置に図1.1(次ページ)のような長方形も置いてみましょう．まずは，この得体の知れない「空間の動き」の中に置かれた長方形がどのように動くかを見てみましょう．

最初に2つの動きをc_3とσと考えます．「空間の動き」c_3は，2次元空間が原点を中心とする反時計回りで$\dfrac{2\pi}{3}$回転する動きとします．またσは，2次元空間を水平軸でπ回転する動き(つまり，2次元空間内での上下線対称)とします．

動きc_3では，長方形が回転して図1.1の位置から図1.2に変わります．ところが，σではもともとの長方形の置き方が水平軸に対して線対称になっているため，σの動きで長方形の位置は図1.1のまま不変です．このように，

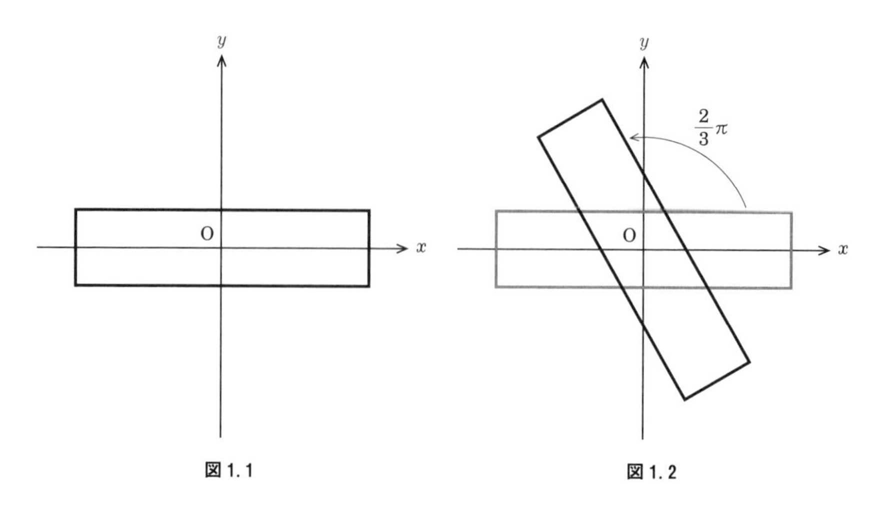

図 1.1　　**図 1.2**

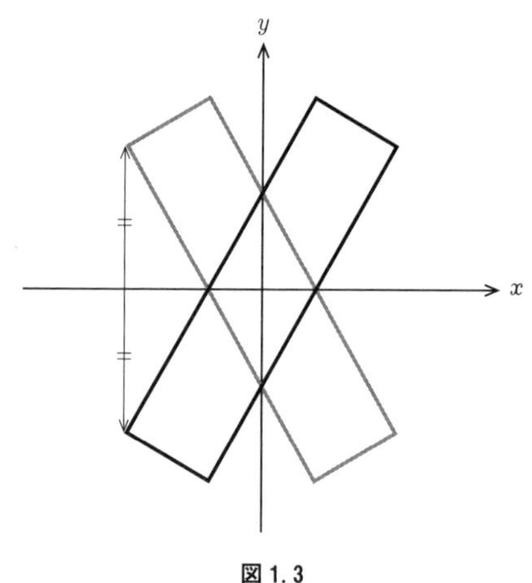

図 1.3

空間に置かれているものや場所によって「空間の動き」が関知できない場合があります．もし，空間に置かれていた長方形が図 1.2 のようなら，σ の動きで長方形は図 1.3 のように変わります．

同じ「空間の動き」でも，置く物を変えたり，置く位置をずらすことで，まったく異なる動きを見せることが分かります．

動きの積

さて，数に加法や乗法といった演算があるように，動きにも演算が定義できます．2つの「空間の動き」a, b に対して a の動きに続いて b の動きを行う連続した動きも「空間の動き」となり，これを $a*b$ で表し2つの動きの**積**と呼びます．

例えば，c_3 と σ の積 $c_3*\sigma$ で，図1.1の長方形は，c_3 で図1.2の位置に変わり，さらに σ を施すと長方形の位置は，図1.3のようになります．つまり積 $c_3*\sigma$ は，図1.1の長方形を図1.3に変えます．一方積 $\sigma*c_3$ では，σ で長方形の位置は図1.1のまま不変で，その後の c_3 で長方形は，図1.2の位置に変わります．つまり2つの動き $c_3*\sigma$ と $\sigma*c_3$ は異なる「空間の動き」を表していることがわかります．これは，今まで馴染んできた数の積とは大きく異なる点です．群論の世界で登場する積では，一般に $a*b$ と $b*a$ は，異なるものとなるのです．

ここで，2つの動きについて**異なる**という言葉が出てきました．動き $c_3*\sigma$ と $\sigma*c_3$ では，図1.1の長方形の位置が，**異なる**位置に変わっているので，たしかに2つの動きは，**異なる**と呼んで良いでしょう．では，$\sigma*c_3$ と c_3 はどうでしょうか？ 図1.1の長方形はどちらの動きでも図1.2に変わっていますが，この2つの動きは等しい動きなのでしょうか？ このことを確かめるために，まず2つの動きが**等しい**ことをきちんと定義する必要があります．空間内の点Pが「空間の動き」a で動いた先の点を P^a で表すことにします．このとき，2つの「空間の動き」a と b について，空間上のすべての点Pで，P^a と P^b が常に等しいとき，動き a と b は**等しい**と呼ぶことにして，$a=b$ と表すことにします．

例えば，図1.1の長方形で右上の頂点をPとすると c_3 による行き先 P^{c_3} は，図1.4（次ページ）のようになります．また，積 $\sigma*c_3$ による点Pの行き先 $\mathrm{P}^{\sigma*c_3}$ は，図1.5の位置です．よって，2つの動きは等しくありません．

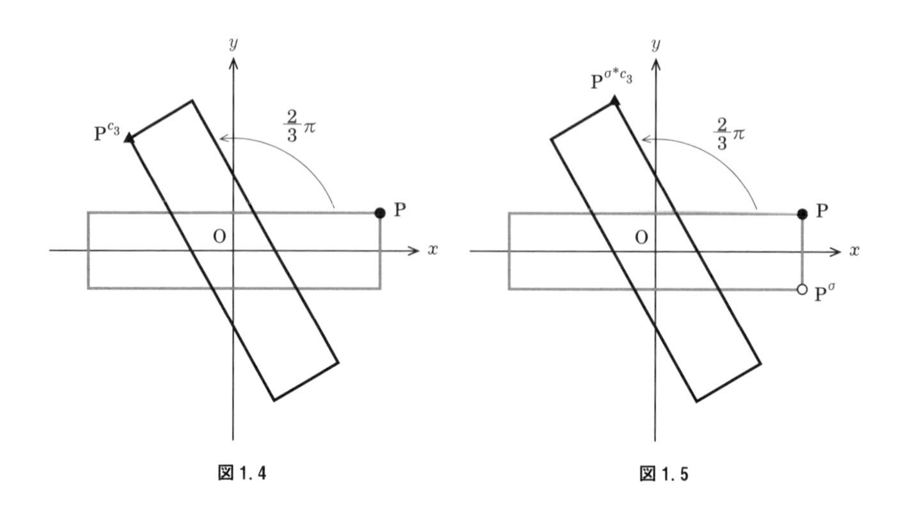

図 1.4　　　図 1.5

結合律

動きの積とは，2つの動きから1つの新しい動きを作るしくみです．新しい動きを作るには，もっとたくさんの動きの積を作ることが必要になります．つまり3つ以上の動きの積も考える必要がありますが，そのときに必要となるのが**結合律**と呼ばれる掟です．例えば，剣道では，「小手」，「面」，「胴」といった単発の技から「小手面」や「面胴」などの連続技が生まれますが，さらに高度な「小手」「面」「胴」を連続させた技もあります．この連続技は，連続技「小手面」と技「胴」の結合または，技「小手」と連続技「面胴」の結合として作ることができますが，結合律とは，この2つの方法でできた技が同じ技「小手面胴」であることを保証しています．つまり，3つの動き a, b, c に対して，常に

$$(a * b) * c = a * (b * c)$$

となることを保証しています．これで3つ以上の動きの積もただ1つの動きとして定義することができます．特に，1つの動き a の積について，

$$a * a = a^2, \quad a * a * a = a^3$$

とべき乗で表します．

単位元と逆元と位数

ここで話がちょっとそれますが，大事な「空間の動き」を紹介します．それは，2次元空間上のすべての点Pを点Pそのものに移す動きです．「それ動いてないでしょう！」とツッコミが入りそうですが，この動きを今後eと表します．何も動かさない動きですので，無意味な存在と感じるかもしれません．この動きeのもっとも大事な性質は，**すべての**動きaに対して，次の等式が成り立つことです．

$$a * e = e * a = a \tag{1.1}$$

群論では，この等式(1.1)が成り立つ元eを**単位元**と呼びます．この等式により，単位元eは，任意の動きの隣に積の形で現れることができます．例えば，2つの動きの積$a * b$があったら，その間に割り込むように単位元eを入れる等式

$$a * b = a * e * b \tag{1.2}$$

が成り立ちます．

さて，「覆水盆に返らず」ということわざがありますが，「空間の動き」では，それぞれの動きaに対して，ビデオの巻き戻し映像として表される動きが存在します．この動きをa^{-1}と表します．ビデオで「再生」と「巻き戻し」ボタンを同じ時間押した場合，どちらを先に押した場合でも，それは何も押さなかった(何も動かなかった)状態と等しくなります．このことを等式で表せば，

$$a * a^{-1} = a^{-1} * a = e \tag{1.3}$$

となります．群論では，動きaに対して，この等式(1.3)が成り立つ元a^{-1}をaの**逆元**と呼びます．動きaとその逆元a^{-1}は，双対の関係にありますので，逆元の逆元はもとの元となります．このことを等式で表せば$(a^{-1})^{-1} = a$となります．

動きc_3に対しては，原点を中心とする反時計回りに$\dfrac{4\pi}{3}$回転する動きc_3^2がc_3^{-1}となります．実際，c_3に続いてc_3^2を実行すると，反時計回りで2π回転することになり，これは，まったく回転しない動きeと等しい動きとなります．もちろん，c_3^{-1}を，原点を中心とする時計回りで$\dfrac{2\pi}{3}$回転する動きと定義しても良いです．先ほどの等しい動きの定義から，回転の向きにかかわ

らず，どちらの定義も等しい動きを表しています．動きσは空間を線対称に変えるので，2回繰り返すと何も動かなかった動きeと等しくなります．つまり$\sigma*\sigma=e$より，σ自身が逆元σ^{-1}となります．

また，積$a*b$に右から$b^{-1}*a^{-1}$を掛け，結合律により次のように括弧を付け替えると単位元になります．

$$(a*b)*(b^{-1}*a^{-1})=a*((b*b^{-1})*a^{-1})=e$$

つまり，積$a*b$の逆元は，

$$(a*b)^{-1}=b^{-1}*a^{-1} \tag{1.4}$$

となります．一般にn個の動きの積

$$a=a_1*a_2*\cdots*a_n$$

について

$$a^{-1}=a_n^{-1}*\cdots*a_2^{-1}*a_1^{-1}$$

となることもすぐに証明できます．

もう1つ大事な言葉を紹介します．動きaについて$a^n=e$となる最小の自然数nを動きaの**位数**を呼びます．

例えば，動きσは$\sigma^2=e$なので，σの位数は2です．動きc_3は，$c_3^3=e$より位数は3です．単位元eは，$e^1=e$で位数1となります．

これから動きについていろいろな計算を行いますが，次の性質は，**等しい**の定義から自然に導かれます．

補題

動きa,b,cについて，$a=b$なら両辺に右からcを掛けた等式$a*c=b*c$や，左からcを掛けた等式$c*a=c*b$が常に成り立つ．

線対称と回転

さて，話をもとに戻しますが，c_3とは異なる動きと分かった$\sigma*c_3$は実際どんな動きなのでしょうか？　この動きの正体を突き止めるために，原点を中心とする回転cと線対称σに対する次の等式を求めます．

$$\sigma*c*\sigma=c^{-1} \tag{1.5}$$

まず，すべての回転を考えるために図1.6（次ページ）のように4種類の回転

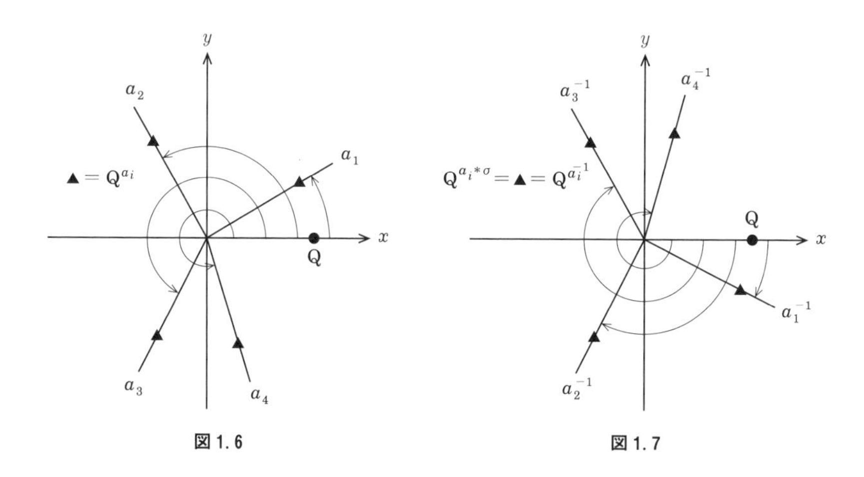

図 1.6　　図 1.7

$\{a_1, a_2, a_3, a_4\}$ を用意します．水平軸上の点 Q は，この 4 つの回転で $▲ = Q^{a_i}$ のところに移動します $(i = 1, 2, 3, 4)$．

図 1.6 の位置から水平軸に対する上下線対称 σ を行うと図 1.7 となり，点 Q は，最初に決めた a_i の逆元 a_i^{-1} を施した位置 $▲ = Q^{a_i^{-1}}$ に来ていることが分かります．つまり $Q^{a_i * \sigma} = Q^{a_i^{-1}}$ が成り立っています．

ここまでの観察で，水平軸上の任意の点 Q と任意の回転 c で

$$Q^{c * \sigma} = Q^{c^{-1}} \tag{1.6}$$

であることが分かりました．等式(1.5)を証明するためには，2 次元空間上の任意の点 P で

$$P^{\sigma * c * \sigma} = P^{c^{-1}}$$

が成り立つことが必要ですが，点 P は，水平軸上の点 Q にある適当な回転 b を施すことで，$P = Q^b$ として得られます．等式(1.6)で $c = b$ としてみると

$$P^{\sigma} = Q^{b * \sigma} \overset{(1.6)}{=} Q^{b^{-1}} \tag{1.7}$$

が得られます．よって等式(1.6), (1.7)と使うことで，

$$P^{\sigma * c * \sigma} \overset{(1.7)}{=} Q^{b^{-1} * c * \sigma} \overset{(1.6)}{=} Q^{(b^{-1} * c)^{-1}} \overset{(1.4)}{=} Q^{c^{-1} * b} = Q^{b * c^{-1}} = P^{c^{-1}}$$

となり，等式(1.5)が得られます．右から 2 つ目の等式について動き b と c は，どちらも原点を中心とする回転なので，$c^{-1} * b = b * c^{-1}$ とできることに注意しましょう．

$\sigma * c_3$の正体

等式(1.5)を回転c_3に適応して，両辺に右からc_3またはσを掛けると，2つの等式が得られます．

$$\sigma * c_3 * \sigma * c_3 = e \tag{1.8}$$

$$\sigma * c_3 = c_3^{-1} * \sigma = c_3^2 * \sigma \tag{1.9}$$

等式(1.8)より$\sigma * c_3$の位数が2であることが分かります．また等式(1.9)を利用すると

$$\begin{aligned}\sigma * c_3 &\overset{(1.9)}{=} c_3^2 * \sigma \overset{(1.2)}{=} c_3 * (\sigma * \sigma) * c_3 * \sigma = c_3 * \sigma * (\sigma * c_3) * \sigma \\ &\overset{(1.9)}{=} c_3 * \sigma * (c_3^{-1} * \sigma) * \sigma = c_3 * \sigma * c_3^{-1} * (\sigma * \sigma) \\ &= c_3 * \sigma * c_3^{-1}\end{aligned} \tag{1.10}$$

が得られます．最後の3つの動きの積を，実感してもらうために，頂点に3種類のマークを付けた正三角形を図1.8のように置きます．

c_3の回転後に，水平軸に対する線対称σを施し，逆回転c_3^{-1}で戻している動きは，水平軸を**時計回り**に$\frac{2\pi}{3}$回転した軸でπ回転する動きと等しいことが分かります．さらに，等式(1.10)の両辺に左からc_3，右からc_3^{-1}をかけると，

$$c_3 * \sigma = c_3 * c_3 * \sigma * c_3^{-1} * c_3^{-1} = c_3^{-1} * \sigma * c_3$$

が得られます．回転方向が図1.8のときの逆になるので，動き$c_3 * \sigma$は，水

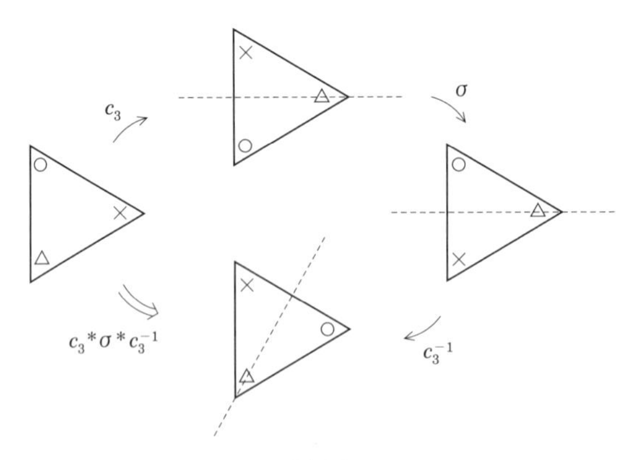

図1.8

平軸を**反時計回り**に $\frac{2\pi}{3}$ 回転した軸で π 回転する動きとなります.

ここまでに登場した「空間の動き」は，$e, c_3, \sigma, c_3 * \sigma, \sigma * c_3, c_3^2$ の6種類です.この6つの動きの集合を G_0 と表すことにします.

c_3 と σ で作る集合(群の定義)

2つの動き c_3 と σ の動きを組み合わせてできる積全体の集合を G とします.積は，いくつでも結合できますので，無限に大きな集合になりそうですが，実は $G = G_0$ となることが分かります.

実際 $\sigma^2 = e$ より，G_0 は c_3 と σ による2つ以下の積の集合を表し，G の部分集合となります.c_3 と σ による3つの積は,

$$c_3 * c_3 * c_3, \quad c_3 * c_3 * \sigma, \quad c_3 * \sigma * c_3, \quad c_3 * \sigma * \sigma,$$
$$\sigma * c_3 * c_3, \quad \sigma * c_3 * \sigma, \quad \sigma * \sigma * c_3, \quad \sigma * \sigma * \sigma$$

の8種類ありますが，上で得られた等式を組み合わせると，この8種類の積もすべて集合 G_0 のどれかの元になっています.例えば，$c_3 * \sigma * c_3$ について等式(1.9)を使えば,

$$c_3 * \sigma * c_3 \overset{(1.9)}{=} c_3 * (c_3^2 * \sigma) = (c_3 * c_3^2) * \sigma = \sigma \tag{1.11}$$

となり $c_3 * \sigma * c_3$ が σ と等しいことが分かります.残りの7つは皆さんがパズル感覚で G_0 のどの元になるかを計算してみてください.答えは，最後に示します.

事実

$$G = G_0 = \{e, c_3, \sigma, c_3 * \sigma, \sigma * c_3, c_3^2\}.$$

証明

G_0 は，G の部分集合でしたので，集合の等式を証明するためには，$G \subset G_0$ を示せば良いことになります.ここでは，c_3 と σ を合わせて n 個選んで，その組み合わせてできる積が G_0 に含まれることを n に関する帰納法で証明します.$n = 1, 2$ の場合に積が G_0 に含まれることは確認しました.また，$n = 3$ の場合は，皆さんが確認してくれているでしょう！ そこで，$n > 3$ で，$n-1$ 個までの積が G_0 に含まれると

仮定します．n 個の積 a を $n-3$ 個の積 a_1 と 3 個の積 a_2 に分けます．つまり $a = a_1 * a_2$ ですが，a_2 は，G_0 に含まれていることを皆さんが証明してくれました．つまり a_2 は，実は 2 つ以下の積で表せます．よって $a = a_1 * a_2$ は，$n-1$ 個の積で表せることになり，帰納法の仮定より a は，G_0 に含まれます． □

この 6 つの元で構成された集合 G が持つ性質を見てみましょう．

(i) **G に含まれる任意の動き a, b について，その積 $a * b$ も G に含まれる．**

　a, b が c_3 と σ の動きを組み合わせた積なら，$a * b$ も組み合わせでできた動きなので，G に含まれます．

(ii) **単位元 e が G に含まれる．**

(iii) **G に含まれるすべての動き a について，その逆元 a^{-1} も G に含まれる．**

　c_3 の逆元 $c_3^{-1} = c_3^2$ と，σ の逆元 $\sigma^{-1} = \sigma$ が G に含まれています．また，一般に G の元が，c_3 と σ の積として，$a_1 * \cdots * a_n$ (a_i は，c_3 または σ) と表されていたら，その逆元は $a_n^{-1} * \cdots * a_1^{-1}$ でしたが，各 a_i^{-1} が G に含まれているので，(i) より逆元も G に含まれます．

演算 $*$ で結合律が成り立つとき，上の (i) から (iii) の性質を備えた集合を**群**と呼んでいます．集合 G は，2 つの動き c_3 と σ を組み合わせて出来上がった群で，$\{c_3, \sigma\}$ を群 G の**生成元の集合**と呼びます．逆に G を c_3 と σ で**生成された群**と呼び，$G = \langle c_3, \sigma \rangle$ と表します．

いかがでしょうか？ 2 次元空間に c_3 と σ で作られた群 G が吹き荒れているのを感じていただけたでしょうか？ 第 2 章では，群が吹き荒れる 2 次元空間にいろいろな図形を置いて観察します．

●答え

それでは，c_3 と σ による 3 つの積は，すべて G_0 の元になることを確認してみましょう．

- $c_3 * c_3 * c_3 = c_3^3 = e$　　(c_3 の位数は 3)
- $c_3 * c_3 * \sigma = c_3^2 * \sigma \overset{(1.9)}{=} \sigma * c_3$
- $c_3 * \sigma * c_3 = \sigma$　　(証明済み)
- $c_3 * \sigma * \sigma = c_3 * \sigma^2 = c_3$　　(σ の位数は 2)
- $\sigma * c_3 * c_3 \overset{(1.10)}{=} (c_3 * \sigma * c_3^{-1}) * c_3 = c_3 * \sigma$
- $\sigma * c_3 * \sigma \overset{(1.9)}{=} (c_3^2 * \sigma) * \sigma = c_3^2$
- $\sigma * \sigma * c_3 = c_3$
- $\sigma * \sigma * \sigma = \sigma$

章末問題

問題 1.1. 2次元空間に，「空間の動き」c_3 と σ のどちらでも変化しない図形を書きなさい.

問題 1.2. 2次元空間に，c_3 と σ の組み合わせで作るすべての動きで変化してしまう図形を書きなさい.

問題 1.3. 問題 1.2 の動きのうちで，次の図形を変化させない動きの集合 H を求めなさい.

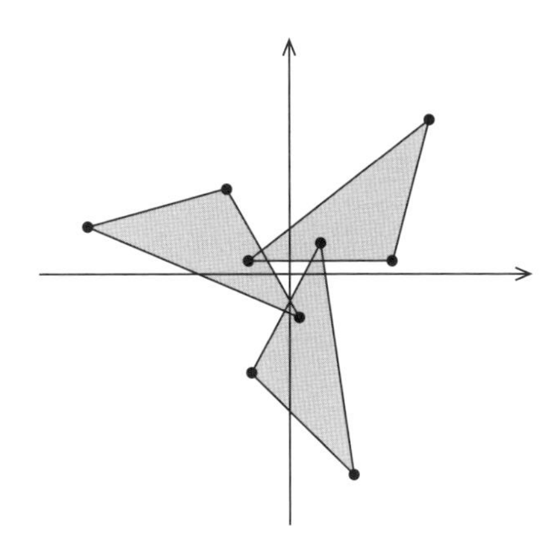

問題 1.4. 問題 1.2 の動きのうちで，次の図形を変化させない動きの集合 K を求めなさい．

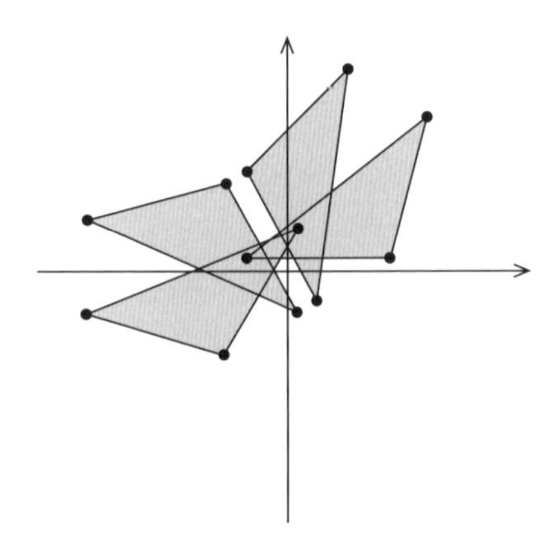

問題 1.5. 問題 1.3 で求めた集合 H が群の条件をすべて満たしていることを確認しなさい．

第 2 章

部分群：形が部分群を決める

一歩も動かない勇者

皆さんは，RPG『ドラゴンレーサー』で遊んだことがあるでしょうか？ プレーヤーは勇者が乗ったF1自動車を操作して，世界中を冒険し，宝を手に入れ，お姫様を助け，最後に大魔王を倒して，世界に平和をもたらします．まさに縦横無尽の大活躍ですが，画面を見ながらゲームを続けていると，別の視点があることに気がつきます．ほとんどの場面で勇者のF1は画面の中央に位置しています．プレーヤー(つまり私や皆さん)がコントローラーを操作すると，確かにF1が動いているように見えます．しかし視点を変えて動いているのは，F1ではなくF1をとりまく世界そのもので，F1自身は，周りの空間の変化に影響されず，その場に静止していると解釈することも可能なのです．こう考えるとプレーヤーは，F1ではなくF1を包んでいる空間を動かしていることになります．つまり，動いていたと思っていたF1はゲームの画面の中央に固定されていて，周りの空間が動くことで，F1を中

心とする風景が次々に変わっていったと解釈するのです．このように考えると，RPG『ドラゴンレーサー』も群論の守備範囲に含まれてしまいます．

さて，群論の話を始めましょう．第1章では，「空間の動き」として回転の動きcと上下線対称の動きσを紹介しました．またこの2つの動きの間には，等式

$$\sigma * c * \sigma = c^{-1} \tag{2.1}$$

が成り立つことを証明しました．特に，反時計回りで$\frac{2\pi}{3}$回転する動きc_3と動きσを組み合わせたすべての積の集合Gを群のイメージとして紹介しました．集合$\{c_3, \sigma\}$は，**生成元の集合**と呼ばれ，c_3とσで生成された群を$G = \langle c_3, \sigma \rangle$と表しました．この$G$が持つ大事な性質が，一般的な群を定義する条件になっています．

群の定義（復習）

集合Gに演算$*$が定義されていて，次の4つの条件を満たすとき，集合Gを**群**と呼びます．

(g1) Gに含まれる任意の元a, bについて，積$a * b$もGに含まれる．

(g2) Gに含まれる任意の元aについて，

$$a * e = e * a = a$$

が成り立つ元eがGに含まれる．このeを群Gの**単位元**と呼ぶ．

(g3) Gに含まれる任意の元aに対応して，

$$a * a^{-1} = a^{-1} * a = e$$

となる元a^{-1}がGに含まれる．このa^{-1}をaの**逆元**と呼ぶ．

(g4) Gに含まれる任意の元a, b, cについて，等式

$$a * (b * c) = (a * b) * c$$

が成り立つ．この掟を**結合律**と呼ぶ．

群Gの元aについて，$a^n = e$となる最小の自然数nが存在するとき，このnを元aの**位数**と呼びます．また，群Gに含まれる元の個数を群Gの**位数**と呼び，$|G|$で表すことにします．$G = \langle c_3, \sigma \rangle$の場合，

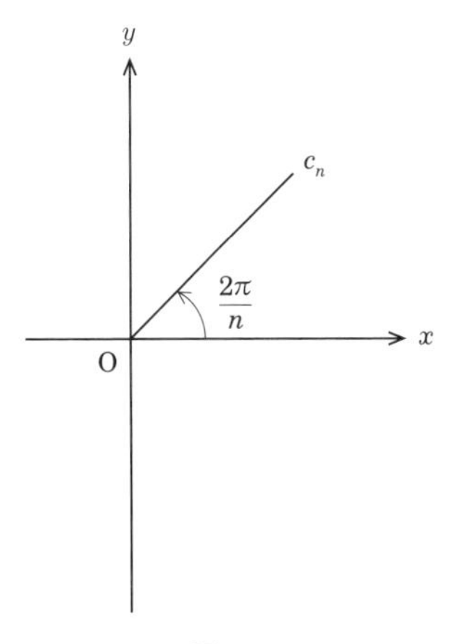

図 2.1

$$G = \{e, c_3, c_3^2, \sigma, c_3 * \sigma, \sigma * c_3\}$$

だったので，$|G| = 6$ となります．

本章では，回転の動き c_3 からもう少し一般化した回転を考えてみます．

自然数 n に対し，図 2.1 のように空間を反時計回りに $\dfrac{2\pi}{n}$ 回転させる動きを c_n と名付けます．c_n を n 回連続して行った c_n^n は，2π 回転となるので，回転により移動する点はありません．つまり，$c_n^n = e$ となります．また，$i < n$ となる自然数 i では，c_n^i は，2π 未満の回転となり，単位元 e となることはありません．つまり c_n は，n 乗して初めて，単位元となる回転であり，c_n の位数は n となります．また，c_n^i の逆元

$$(c_n^i)^{-1} = c_n^{-i} \overset{(\mathrm{g2})}{=} e * c_n^{-i} = c_n^n * c_n^{-i} = c_n^{n-i}$$

となります．等式(2.1)を回転の動き c_n^i に適応して，両辺に左から c_n^i，または右から σ をかけることで次の等式が得られます．

$$c_n^i * \sigma * c_n^i * \sigma = e \tag{2.2}$$

$$\sigma * c_n^i = c_n^{-i} * \sigma = c_n^{n-i} * \sigma \tag{2.3}$$

さらに，自然数 m を n の倍数とし，自然数 $k = \dfrac{m}{n}$ とします．このとき，動き c_n は，$\dfrac{2\pi}{n} = k \times \dfrac{2\pi}{m}$ 回転となるので，等式 $c_n = c_m^k$ が成り立ちます．

c_nとσで作られる群D_n

動きc_nとσで生成される群を$D_n = \langle c_n, \sigma \rangle$と呼ぶことにします．群$D_n$には，いくつの動きが含まれているでしょうか？ D_nに含まれるのは，c_nとσを組み合わせた積でしたので，この組み合わせに含まれるσの数を限定して，いくつの異なる積があるかを数えてみましょう．まず，σを1つも含まない場合，その積は，c_nのべき乗となり，c_nの位数がnであることから，異なる積は，

$$c_n,\ c_n^2,\ \cdots,\ c_n^{n-1},\ c_n^n = e$$

のn個となります．次に，σを1つ含んでいる場合は，どうでしょうか？等式(2.3)より，積に含まれているσを右端まで，移動させることが可能です．例えば，$n = 4$で積$c_4 * \sigma * c_4^2$を考えると，

$$c_4 * \sigma * c_4^2 \overset{(2.3)}{=} c_4 * c_4^2 * \sigma = c_4^3 * \sigma$$

となります．つまり，σを1つ含む積は，必ず積$c_n^i * \sigma$の1つと等しくなります．また，nはc_nの位数なので$0 \leqq i < n$の範囲で，$c_n^i * \sigma$はすべて異なります．以上より，σを1つだけ含む積もちょうどn個となります．さらに，等式(2.2)より$c_n^i * \sigma$はすべて位数2の元であることも分かります．

さて，σを2つ以上含む組み合わせの積も考えてみましょう．このときも，等式(2.3)からσをどんどん右に移動させることができます．右端に集まったσに対して，$\sigma * \sigma = e$であることを使うと，σは2個の固まりで単位元になって消えていきます．最終的に右端にはσが1個または，0個となります．このことから，D_nに含まれる元はすべてc_n^iまたは$c_n^i * \sigma$の形で表せることになり，その総数が$2n$であることが分かります[1)]．つまり，$|D_n| = 2n$となります．

c_nとσで作られる冒険世界

なんだが文字ばかりで夢のない話になってしまいましたので，気分を変えて，D_nを別の視点から見てみましょう．

『ドラゴンレーサー』を群論の立場から，「空間の動き」を使って再構成してみましょう．実際のゲームは複雑なので，多少(？)簡略化した形で，話を

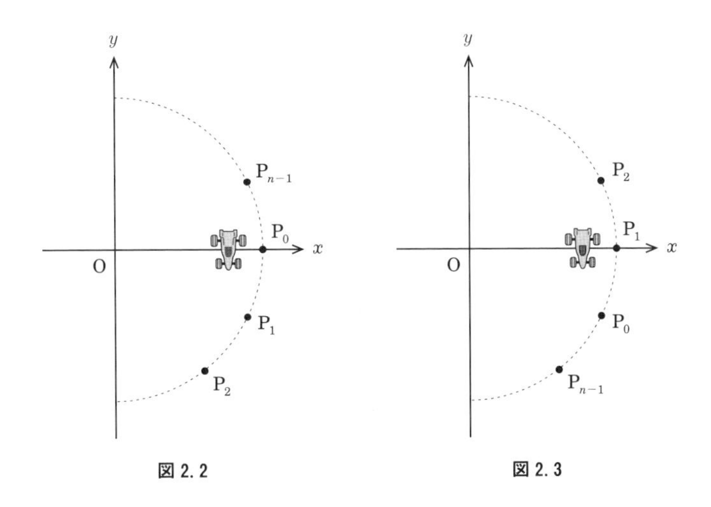

図 2.2　　図 2.3

進めます．2次元空間上の原点を中心とする半径1の円上に，図2.2のように等間隔にn個の町が点在しています．町には，P_0からP_{n-1}までの名前が時計回りで付けられています．これらの町は，「空間の動き」に合わせて動きます．プレーヤーのコントローラーには，c_nとσの2つのボタンが用意されていて，このボタンで世界を動かします．最初F1に乗った勇者は，町P_0に滞在し，町P_1の方角を向いているとします．コントローラーのc_nのボタンを1回押すと世界が反時計回りに回転し勇者のF1は，町P_1にたどり着きます．ボタンc_nを押すたびに勇者は次の町に進むことができます．ただし，本当は動いているのはF1ではなく空間と町の方です．では，ボタンσを押すとどうなるでしょうか？　世界はいきなりぐるりと半回転して図2.3のような位置にかわります．目の前で，世界が半回転したらいくら勇者でもびっくりして気絶してしまうかもしれません．

ところが，ここまでの動きを勇者を主体にして考えるとまったく別の光景となります．動いたのはF1であると考えると動きσは，ただ勇者のF1を反転させただけになります．このゲームでは，ボタンc_nでF1が前進し，ボタンσで，F1が反転することになります．先ほど使った等式(2.3)は，勇者主体の視点では，反転してからi回前進する動きとi回後退してから反転する動きが等しいことを表していることになります．この視点で見ると等式

1）$\sigma = c_n^i$となる自然数iが存在しないことを使います．

(2.3)が無理なく納得できますね．つまりD_nを，2つのボタンc_nとσを組み合わせたF1の動き全体の集合と見ることができます．

どのようにボタンを組み合わせても，F1はどこかの町P_iにいて，町P_{i+1}または，町P_{i-1}の方を向いてます．($i=0$のとき$P_{i-1}=P_{n-1}$，$i=n-1$のとき$P_{i+1}=P_0$とします．）つまり，勇者の状態は，F1がいる町P_i ($i=0,1,\cdots,n-1$) とF1の向きで決定し，その総数は，やっぱり$2n$となります．ここで重要なのは，空間の状態は，F1の位置と向きで完全に確定できる点です．空間とF1は相対的な関係で，両者の状態が1対1に対応します．

勇者を主体にして，動き$c_n*\sigma$を細かく見てみましょう．今，$m=2n$として，ボタンc_nの代わりにボタンc_mを使うことにします．c_mは，$\dfrac{2\pi}{m}=\dfrac{\pi}{n}$回転の動きで，$c_n=c_m^2$が成り立ちます．回転する角度がちょうど半分になったので，F1は，ボタンc_mで町と町の間の中間点まで進むことになります．勇者に対するより細かい命令が可能となりましたが，このとき，$c_m^2*\sigma$と命令してみましょう．勇者のF1は，ボタンc_m^2で図2.4のように町P_0から町P_1まで移動し，さらにσで反転します．

再び空間を主体にして考えます．等式(2.3)を使って$c_n*\sigma$を変形すると

$$c_n*\sigma=c_m^2*\sigma=c_m*(c_m*\sigma)\overset{(2.3)}{=}c_m*\sigma*c_m^{-1}$$

となります．右辺の3つの積は，図2.5(次ページ)のような水平軸を時計回りに$\dfrac{2\pi}{m}=\dfrac{\pi}{n}$だけ回転させた軸を使った線対称で空間を動かしたことになります．図2.4でのF1の動きも同じ線対称であることが見えます．まったく同じ考えを進めると，動き$c_n^i*\sigma$は水平軸をc_{2n}^{-i}で回転させた軸を使った

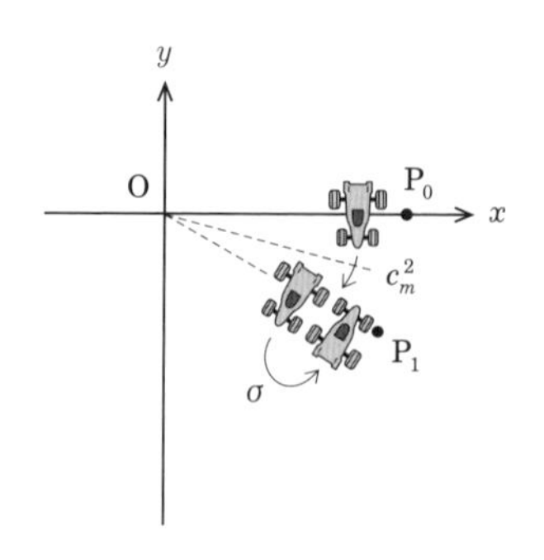

図 2.4

線対称で空間を動かしたことになります．

例えば，$n = 4$ の場合で，$\sigma, c_4 * \sigma, c_4^2 * \sigma, c_4^3 * \sigma$ の線対称の軸を表示させると図 2.6 のようにになります．

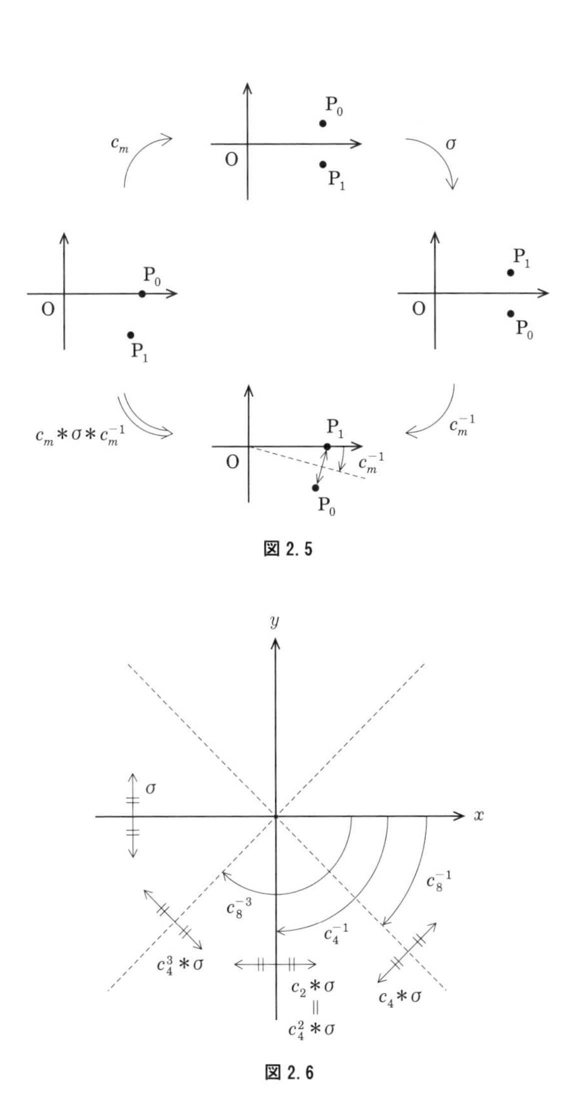

図 2.5

図 2.6

四角形とD_4の部分集合

第1章の冒頭で紹介した正方形の定義では，正方形がぴったり重なる回転の動きc_4が重要な役割を持っていました．そこで，空間にいろいろな四角形を置いて，群$D_4 = \langle c_4, \sigma \rangle$の元で，空間に置かれた四角形の位置が不変なものを集めたD_4の部分集合を作ってみましょう．

上で見たとおり，$H_0 = D_4$に含まれる元は，動かない動きeと回転の動き$c_4^i\ (i = 1, 2, 3)$，そして図2.6にある異なる4つの軸に対する線対称の動き$c_4^i * \sigma\ (i = 0, 1, 2, 3)$の全部で8つです．

原点を中心にもつ正方形を図2.7のように置くと，c_4の動きを施しても，σの動きを施しても正方形は，まったく位置を変えません．まだ，2つの動きしか確認していませんが，これだけでD_4のすべて元がこの正方形を不変に保つと**言い切れます**．というのもD_4の元は，動きc_4とσを組み合わせた積で表されているので，積の順番で空間を動かしても正方形は毎回不変のままなのです．

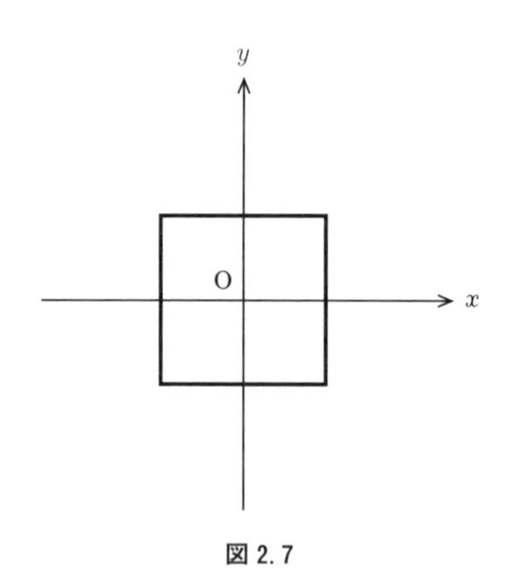

図 2.7

では，正方形の置き方が第1章で使った動きc_3で$\dfrac{2\pi}{3}$だけ回転させた図2.8（次ページ）の位置だと，どうでしょうか？　この置き方で正方形の位置を不変にする動きは，いくつあるでしょうか？　空間そのものを動かさないeと3つの回転の動き$c_4^i\ (i = 1, 2, 3)$は，この正方形を動かしません．しかし

図2.6で示した4つの線対称の動きについては，どの対称軸に対しても正方形が線対称の位置にないため，正方形は異なる位置に動くことになります．つまり，図2.8の正方形を不変にする動きは，$\{e, c_4, c_4^2, c_4^3\}$ となります．この集合を H_1 と呼ぶことにしましょう．

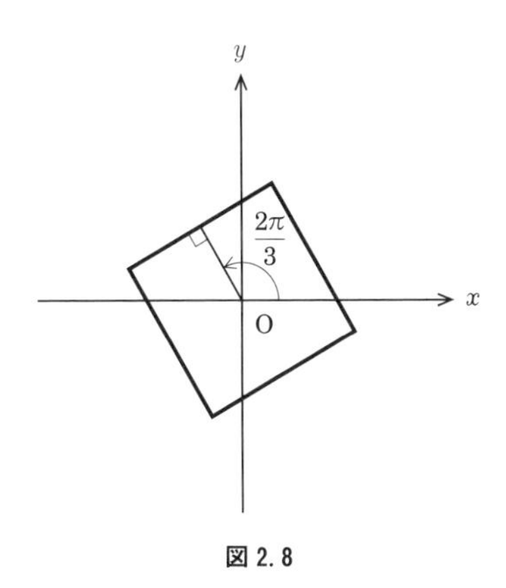

図 2.8

次に図2.9（次ページ）のように長方形を置いてみましょう．回転の動きでは，c_4^2 で長方形は不変です．また，2つの軸で長方形は線対称となっていますので，σ と $c_4^2 * \sigma$ でも長方形は不変です．これにいつでも不変の単位元を加えると，この図2.9の長方形を不変とする動き全体の集合は

$$H_2 = \{e, c_4^2, \sigma, c_4^2 * \sigma\}$$

となります．

次に図2.9の上辺と下辺を左右にずらして図2.10の平行四辺形を作ります．もはや上下線対称の性質が失われ，不変とする動き全体の集合 H_3 は，$\{e, c_4^2\}$ となります．実際，c_4 で不変となる四角形を正方形と定義できるように，c_4^2 で不変となる四角形は，平行四辺形となります．つまり，動き $c_4^2 = c_2$ が平行四辺形を特徴付けていると言うこともできます．

また，図2.11の左右の線対称性を残した台形を不変とする動きの集合 H_4 は，$\{e, c_4^2 * \sigma\}$ になります．

もちろん，線対称性のない図2.12のような四角形だと，不変な動きの集合は，単位元のみの集合 $H_5 = \{e\}$ となります．

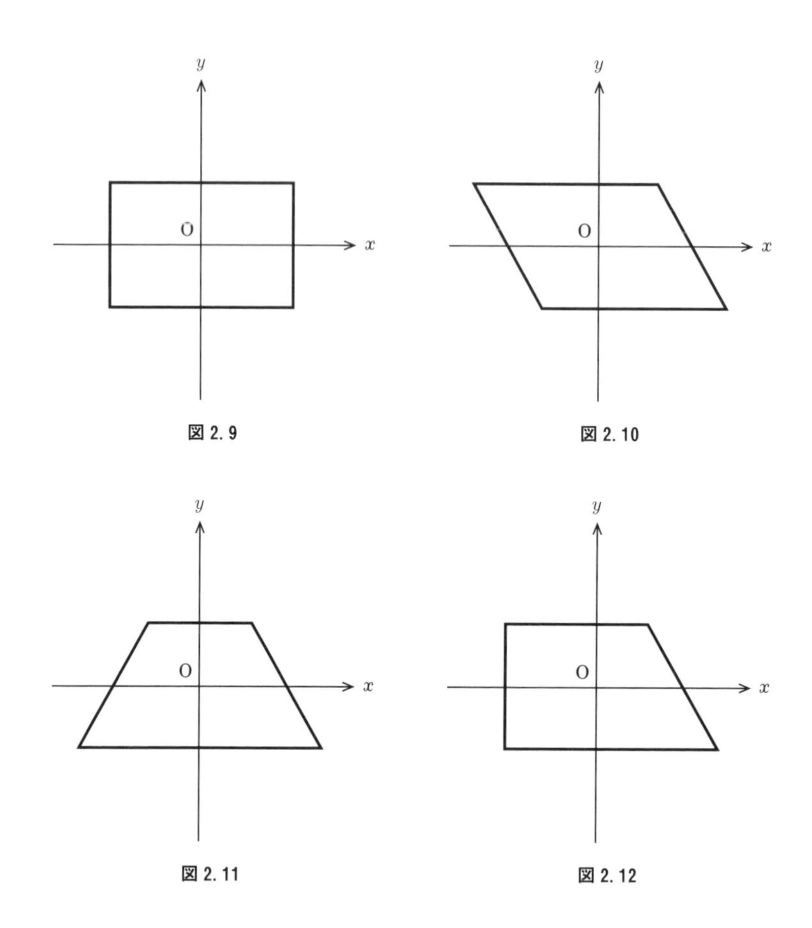

図 2.9　図 2.10

図 2.11　図 2.12

形が部分群を決める

いろいろな四角形に対し，その四角形を不変に保つ D_4 の部分集合 H_i $(i = 0, 1, \cdots, 5)$ が作られました．では，この部分集合 H_i が共通に持つ性質は，何でしょうか？　ある特定の四角形を不変にする動きからなる D_4 の部分集合を H とします．このとき，集合 H は次の性質を持ちます．

(h1) H **に含まれる任意の元** a, b **について，積** $a * b$ **も** H **に含まれる．**

(h2) H **に含まれる任意の元** a **について，その逆元** a^{-1} **も** H **に含まれる．**

これは，「群」となるための条件(g1)と(g3)そのものです．実際，元a, bがHの元なら，どちらもある特定の四角形を不変するので，その積$a*b$もこの四角形を不変のままにします．また逆元も四角形を動かしません．一般に群Gの空集合でない部分集合Hがこの条件(h1)，(h2)を満たすとき，この部分集合Hは群Gの**部分群**と呼びます．部分群Hについて$a \in H$なら条件(h2)より$a^{-1} \in H$で条件(h1)より，$e = a * a^{-1} \in H$が成り立ち，Hは条件(g2)も満たします．また，$H \subset G$でGが群であることから，Hは条件(g4)もクリアできるため，**部分群Hが群である**ことも示せました．

部分群が対称性を評価する

空間に置かれた四角形から部分群が作られることを見てきました．本章で登場した部分群と四角形との間にある関係を見てみましょう．

部分群を集合と見てその包含関係を，まとめると図 2.13 のようになります．

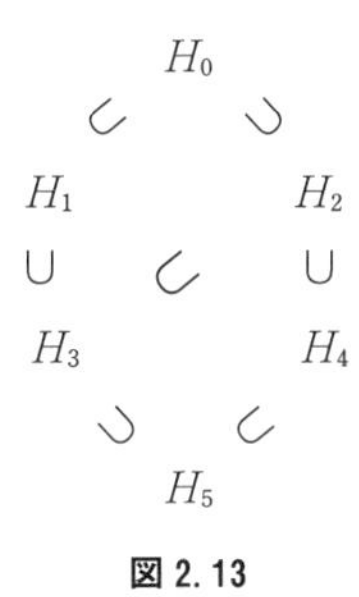

図 2.13

四角形には，位置および形が固定されていた図 2.7 の正方形から，まったく制約のない図 2.12 の四角形までがありました．中間には，位置が少しずれた正方形，長方形，平行四辺形，左右対称な台形があります．

図 2.13 のH_iの代わりに対応する四角形を並べて図 2.14（次ページ）を作ります．この図 2.14 は，対称性を基準とした四角形の強弱関係を表しているように見えます．

本章の話から，群と群が動かす図形との間で，対称性の高い図形には大き

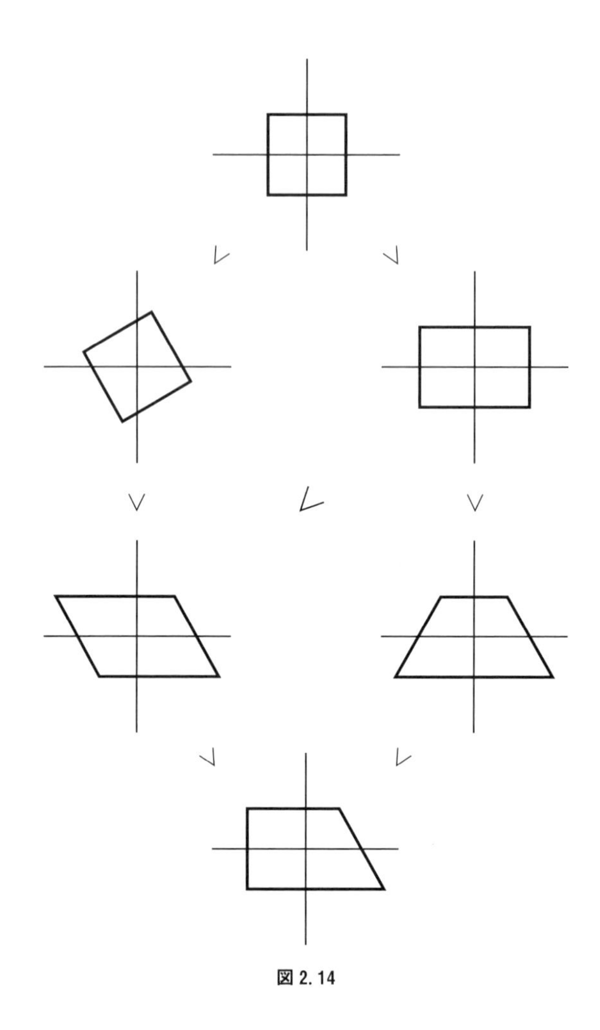

図 2.14

な部分群が対応し，対称性の低い図形には，小さい部分群が対応している関係が感じられたでしょうか？ 漠然としていた四角形の対称性が，部分群を通して明白に評価できることが分かります．

第3章では「置換」という言葉を通して，群が「作用する」とはどういうことなのかを紹介していきます．

なお，RPG『ドラゴンレーサー』は，本書のために考案した架空のゲームで既存のゲームとは何ら関係ありません．

章末問題

問題 2. 1. 群 $D_3 = \langle c_3, \sigma \rangle$ に含まれる動きをすべて求めなさい．

問題 2. 2. 群 D_3 の部分群と部分群で不変となる三角形の性質を見つけなさい．

問題 2. 3. 自然数 n が与えられてるとき，原点に重心があり，水平軸上に頂点がある正 n 角形は，群 D_n で不変であることを確認しなさい．

問題 2. 4. 自然数 n が自然数 m の約数のとき，D_n が D_m の部分群となることを示せ．

問題 2. 5. 群 G の部分群 H, K が与えられたとき，共通部分 $H \cap K$ も G の部分群となることを示せ．

問題 2. 6. 群 D_n の部分群で，次の状態を不変にする動きの集合を求めなさい．

(i) ドラゴンレーサーで勇者が乗っている F1 の向きを不変にする部分群．

(ii) ドラゴンレーサーで勇者が乗っている F1 の位置を不変にする部分群．

第 3 章

置換：動きを表す記号

センターを目指して

ポジションがどこになるかが非常に重要な世界があります．また，そのポジションは，パフォーマンス中でどんどん変わっていきます．そして，よりよいポジションに少しでも長くいることで，その世界での栄光を摑むことができます．そのためには，真剣勝負のジャンケンも拒みません．例えば，1曲の歌の中で，図 3.1 のように 8 か所のポジションが用意されていたとしましょう．舞台のセンターでカメラに映るポジション P_2, P_3, P_6, P_7 とそれ以外のポジションでは，まさに月とスッポンの違いとなります．8 人のメンバー

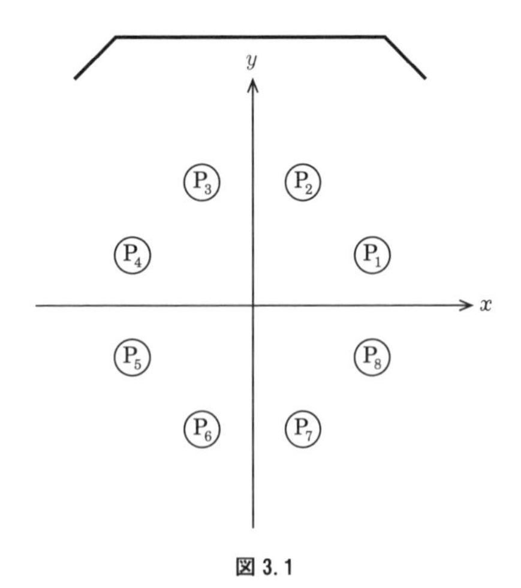

図 3.1

は，それぞれ異なるポジションに立っています．曲が進む中で，そのポジションはどんどん移り変わっていきます．このポジションの入れ替えは，とても複雑できちんと練習を積んで完璧に覚えていることが求められます．

さて，このポジション入れ替えを数学的に考えてみましょう．ポジションの集合を X とします．つまり，集合 X には，1〜8までのポジションの番号が含まれています．f を X から X への写像とします．$i \in X$ なるポジション i に立っていたメンバーが，次の楽節で移動する先をポジション $f(i)$ とします．猛訓練の成果としてメンバーは，ポジション i からポジション $f(i)$ にとても素早く，自然に移っていきます．さて，この移動の際に，絶対に守られなければならない掟が2つあることをご存知でしょうか？

1つめは，相異なるポジション i, j にいるメンバーが次の移動で**同じポジションに移動すること**が，あってはなりません．そんなことをしたら，ぶつかってきちんとパフォーマンスを続けることが，できなくなります．これを式で表すと，

$$\forall i, j \in X,\ \ i \neq j \Longrightarrow f(i) \neq f(j) \tag{3.1}$$

となります．写像 f がこの性質を満たすとき，**単射**であると呼びます．

もう1つの掟は，移動が完了したとき，**8か所すべてのポジションに必ず誰かが立っていること**です．つまり，各ポジションに対して，そのポジションに移動してきてくれるメンバーが必ずいることを保証することです．もし，誰もいない空白のポジションができると，全体のパフォーマンスが偏った形になってしまいます．これも式で表すと，

$$\forall k \in X,\ \ \exists i \in X,\ \ f(i) = k \tag{3.2}$$

となります．写像 f がこの性質を満たすとき，**全射**であると呼びます．

この2つの掟は，集合 X が有限集合の場合，どちらか片方が守られるともう一方も必ず守られることが分かります．例えば，写像 f で単射が成り立つとき，8人のメンバーはすべて相異なるポジションに移動します．すると空白となるポジションは存在できません．逆に，全射となっていれば，8人のメンバーで8か所のポジションを埋める必要があり，それぞれのメンバーは必ず相異なるポジションにいることになります．つまり，次の事実が証明できます．

事実

有限集合 X と，X から X への写像 f があるとき，f が単射であることと全射であることは，同値である．

有限集合 X から X への全単射な写像 f は，X の元の入れ替えを表し，これを X 上の**置換**と呼びます．また，集合 X を置換 f の**作用域**と呼びます．

「空間の動き」が引き起す作用

この本では，いままで「空間の動き」を群の元のイメージとして使ってきました．空間内の点や線分や多角形に焦点を合わせると，群の元は空間と一緒にこれらの図形を動かしていることが分かります．この動かすもの(群の元)と動かされるもの(空間内の図形)の関係を表したのが**作用**です．「空間の動き」で生成される群 G を用意します．空間内に存在する有限個の図形の集合を X とします．このとき，位置が固定された X の元 x が「空間の動き」a で移った先を x^a で表し，a が x に**作用した**と呼ぶことにします．群 G の任意の動き a に対し，X の元 x が常に $x^a \in X$ を満たすとき，集合 X は，群 G の作用で**閉じている**と呼びます．この条件を式で表すと，

$$\forall a \in G,\ \ \forall x \in X,\ \ x^a \in X \tag{3.3}$$

となります．例えば，図 3.2 (次ページ)にある点の集合 $X_{\mathrm{P}} := \{\mathrm{P}_1, \cdots, \mathrm{P}_8\}$ や，線分の集合 $X_{\mathrm{L}} := \{\mathrm{L}_1, \cdots, \mathrm{L}_4\}$，さらに，向かい合う 2 つの三角形を砂時計風に結合した面の集合 $X_{\mathrm{S}} := \{\mathrm{S}_1, \mathrm{S}_2\}$ を図形の集合とします．群 G を第 2 章で登場してもらった $D_4 = \langle c_4, \sigma \rangle$ とします．動き c_4 を図形に作用させると空間が反時計回りに $\dfrac{\pi}{2}$ 回転するので，

$$\mathrm{P}_1^{c_4} = \mathrm{P}_3, \qquad \mathrm{L}_1^{c_4} = \mathrm{L}_2, \qquad \mathrm{S}_1^{c_4} = \mathrm{S}_2$$

となります．また，σ を作用させると空間が上下線対称に入れ替わり，

$$\mathrm{P}_1^{\sigma} = \mathrm{P}_8, \qquad \mathrm{L}_1^{\sigma} = \mathrm{L}_1, \qquad \mathrm{L}_2^{\sigma} = \mathrm{L}_4, \qquad \mathrm{S}_i^{\sigma} = \mathrm{S}_i \qquad (i = 1, 2)$$

となります．

図 3.2 の図形全体は，動き c_4 と σ のどちらの作用でも頂点は頂点に，辺は辺に，面は面に，重なるので，X_{P} に属する図形は X_{P} に，X_{L} の図形は X_{L} に，そして，X_{S} の図形は X_{S} に含まれます．よって，集合 $X_{\mathrm{P}}, X_{\mathrm{L}}, X_{\mathrm{S}}$ は，群 D_4 の

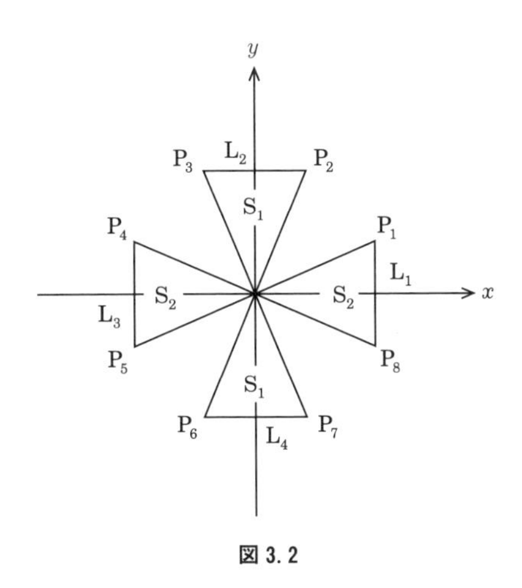

図 3.2

作用で閉じていることが分かります[1].

「空間の動き」による図形の作用では，次の 2 つの性質が成り立っています.

(a1) 単位元 e に対して X の元 x は常に不変である．つまり $x^e = x$.

(a2) G の元 a, b と X の元 x について，等式

$$x^{a*b} = (x^a)^b$$

が成り立つ.

(a1)は，単位元 e が空間のすべての点を不変のままにすることから当然のことです．また，(a2)も「空間の動き」の積から自然に理解できると思います.

一般に群 G と集合 X が与えられていて，X と G の直積集合

$$X \times G := \{(x, a) \mid x \in X, a \in G\}$$

から X への写像 φ があり，(x, a) の φ による像 $\varphi(x, a)$ を $x^a \in X$ で表すとします．この写像 φ について，2 つの条件(a1),(a2)が成り立つとき，群 G は集合 X への**右群作用**を持つと呼びます．また，集合 X を**右** G–**集合**と呼びます．この本では右からの作用のみを扱いますので，今後は単に**作用**，G–**集合**と呼ぶことにします.

次に，有限集合 X に与える群 G の作用が置換を作ることを示します.

1) 条件(3.3)では $\forall a \in G$ となっていますが，生成元 c_4 と σ を確認すれば十分であることは第 2 章で説明しました.

事実

群 G の元 a が有限 G-集合 X に作用しているとき，その作用は X から X への全単射写像 f_a（つまり X 上の置換）を作る．

証明

集合 X から X への写像 f_a を $x \in X$ について $f_a(x) := x^a$ と決めます．このとき，写像 f_a が全単射であることを示します．今 $\forall x, y \in X$ について $f_a(x) = f_a(y)$ を仮定すると，f_a の定義より $x^a = y^a$ なので，両辺に逆元 $a^{-1} \in G$ を作用させると等式

$$(x^a)^{a^{-1}} = (y^a)^{a^{-1}}$$

が成り立ちます．また，作用の条件(a2),(a1)より，

$$(x^a)^{a^{-1}} \overset{\text{(a2)}}{=} x^{(a * a^{-1})} = x^e \overset{\text{(a1)}}{=} x,$$
$$(y^a)^{a^{-1}} \overset{\text{(a2)}}{=} y^{(a * a^{-1})} = y^e \overset{\text{(a1)}}{=} y$$

が成り立つので，等式から $x = y$ が示せました．つまり，条件(3.1)の対偶

$$\forall x, y \in X,\ f_a(x) = f_a(y) \Longrightarrow x = y$$

が成り立つことから，f_a は単射となります．集合 X を有限集合と仮定していたので，030 ページの事実から f_a は全射でもあることが分かります． □

集合 X が有限集合の場合に，群の元 a が与える X 上の全単射写像 f_a を，a の X 上の**置換表現**と呼びます．次に，この f_a を置換としてどのように書き表すかを紹介します．

σ と c_4 の置換表現

舞台に上がったメンバーは，曲の途中でどんどんポジションを変えていきます．この複雑な入れ替えをできるだけ簡潔に表現するためには，どんな方法があるのでしょうか？ 例えば，舞台のポジションが図 3.1 の P_1 から P_8 に固定されている場合に，「空間の動き」に合わせて，メンバーが動くことを

考えてみましょう．メンバーは，ディレクターの指示する「空間の動き」に合わせてその位置を変えていきます．ディレクターが動きσを指示すると，図3.3のように前方のP_1からP_4のメンバーが，後方のP_8からP_5に下がり，逆に後方のポジションのメンバーが前方に上がることになります．

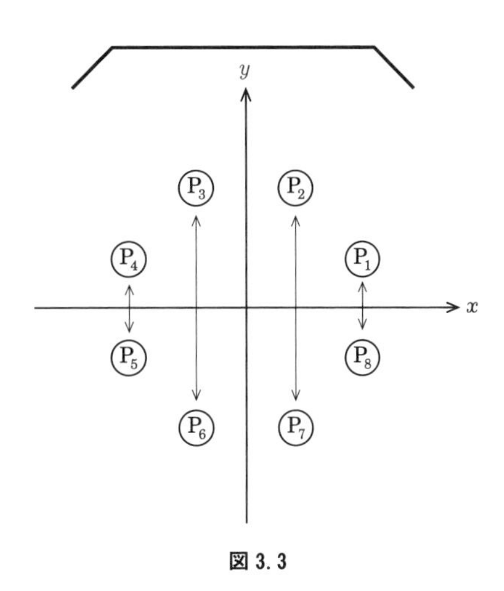

図 3.3

このポジションの変更を表にすると次のようになります．

移動前	P_1	P_2	P_3	P_4	P_5	P_6	P_7	P_8
移動後	P_8	P_7	P_6	P_5	P_4	P_3	P_2	P_1

また，動きc_4の指示が出ると，図3.4（次ページ）のように，反時計回りに2ポジション分だけシフトすることになります．こちらも，表にしてみると

移動前	P_1	P_2	P_3	P_4	P_5	P_6	P_7	P_8
移動後	P_3	P_4	P_5	P_6	P_7	P_8	P_1	P_2

となります．さて，このようなポジションの移動においてメンバーは，動きに対応したペアやグループを意識することになります．例えば，位数2の動きσでは，4つのペア

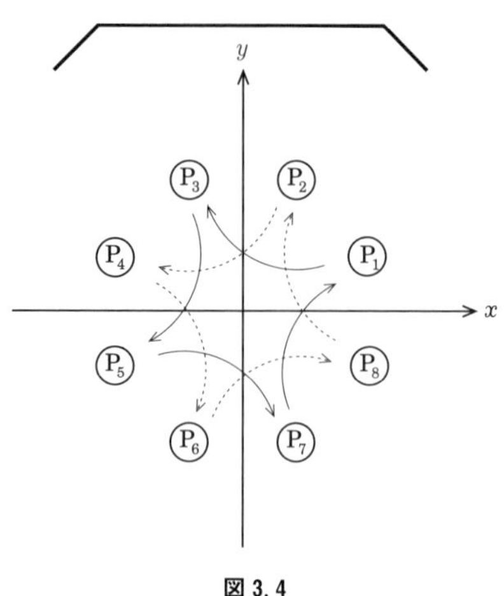

図 3.4

$$\{P_1, P_8\}, \quad \{P_2, P_7\}, \quad \{P_3, P_6\}, \quad \{P_4, P_5\}$$

が作られて，σ はこのペア内の入れ替えであることが分かります．また，位数 4 の動き c_4 では，4 人グループ

$$\{P_1, P_3, P_5, P_7\} \quad と \quad \{P_2, P_4, P_6, P_8\}$$

が形成され，グループ内のメンバーでポジションを巡回することが分かります．

動きをもっと簡明に表現するには，上のペアやグループを意識しながら余計な部分をそぎ落として，肝心な部分だけにする必要があります．要は，ポジション i に居た人がどこに移るのかさえ分かれば良いので，上の表をペアに分けて数字の列だけにすると，動き σ は，

$$\begin{pmatrix} 1 & 8 & : & 2 & 7 & : & 3 & 6 & : & 4 & 5 \\ 8 & 1 & : & 7 & 2 & : & 6 & 3 & : & 5 & 4 \end{pmatrix}$$

と表せます．また，動き c_4 も 2 つのグループにまとめて次のように表示できます．

$$\begin{pmatrix} 1 & 3 & 5 & 7 & : & 2 & 4 & 6 & 8 \\ 3 & 5 & 7 & 1 & : & 4 & 6 & 8 & 2 \end{pmatrix}$$

そして，最終的に，それぞれのポジションの移動をペアやグループで分けて表した次の形が σ, c_4 の置換表現となります．（矢印は付けません）

$$(1,\ 8)(2,\ 7)(3,\ 6)(4,\ 5)$$

$$(1,\ 3,\ 5,\ 7)(2,\ 4,\ 6,\ 8)$$

置換表現は,「空間の動き」そのものを表すのではなく空間内の図形の動きを表しています．そのため，G-集合 X によっては，群の元 a, b について $a \neq b$ であっても $f_a = f_b$ となることがあります．ここで2つの置換 f_a と f_b が**等しい**とは，その G-集合 X の任意の元 x について，$f_a(x) = f_b(x)$ となることです．

置換の積

動き c_4 と σ の置換表現が得られましたが，D_4 に含まれるほかの動きの置換表現はどのようになるでしょうか？　同じように，メンバーの動きを表にして，そこから置換表現を作ることも可能ですが，もっと簡単な方法があります．群 G の元 a, b について，その置換表現 f_a, f_b が分かっているとき，作用の条件(a2)より，積 $a*b$ の置換表現 f_{a*b} は，$x \in X$ に対し，写像の合成 $f_b \circ f_a$ で次のように表せます．

$$f_{a*b}(x) = x^{a*b} \overset{\text{(a2)}}{=} (x^a)^b = f_b(f_a(x)) = (f_b \circ f_a)(x)$$

よって等式 $f_{a*b} = f_b \circ f_a$ が得られます．一般に，2つの置換 f_a, f_b が与えられたとき，その置換の写像としての合成 $f_b \circ f_a$ を**置換の積** $f_a * f_b$ と定義します．先ほどの等式と組み合わせることで，次の式が得られます[2)]．

$$f_{a*b} = f_b \circ f_a = f_a * f_b \tag{3.4}$$

それでは積の置換表現 $f_{c_4*\sigma}$ を求めてみましょう．

$$f_{c_4} = (1, 3, 5, 7)(2, 4, 6, 8), \qquad f_\sigma = (1, 8)(2, 7)(3, 6)(4, 5)$$

より，置換 $f_{c_4*\sigma}$ は，$i \in X$ に対して，

$$i \xrightarrow{f_{c_4}} f_{c_4}(i) \xrightarrow{f_\sigma} f_\sigma(f_{c_4}(i))$$

を対応させる写像となります．具体的には，

$$1 \xrightarrow{f_{c_4}} 3 \xrightarrow{f_\sigma} 6, \quad 6 \xrightarrow{f_{c_4}} 8 \xrightarrow{f_\sigma} 1, \quad 2 \xrightarrow{f_{c_4}} 4 \xrightarrow{f_\sigma} 5, \quad 5 \xrightarrow{f_{c_4}} 7 \xrightarrow{f_\sigma} 2$$

$$3 \xrightarrow{f_{c_4}} 5 \xrightarrow{f_\sigma} 4, \quad 4 \xrightarrow{f_{c_4}} 6 \xrightarrow{f_\sigma} 3, \quad 7 \xrightarrow{f_{c_4}} 1 \xrightarrow{f_\sigma} 8, \quad 8 \xrightarrow{f_{c_4}} 2 \xrightarrow{f_\sigma} 7$$

2）写像の合成では，右から写像を適用しますが，置換の積では，左の置換から作用させるため順番が逆になります．

から，新しい４つのペアが作られ，

$$f_{c_4 * \sigma} = (1,6)(2,5)(3,4)(7,8)$$

と分かります．実際，$c_4 * \sigma$ でのポジションの動きは，$\dfrac{\pi}{4}$ 回転させた軸で線対称に移動するので図 3.5 のようになり，本章の計算が正しいことが分かります．

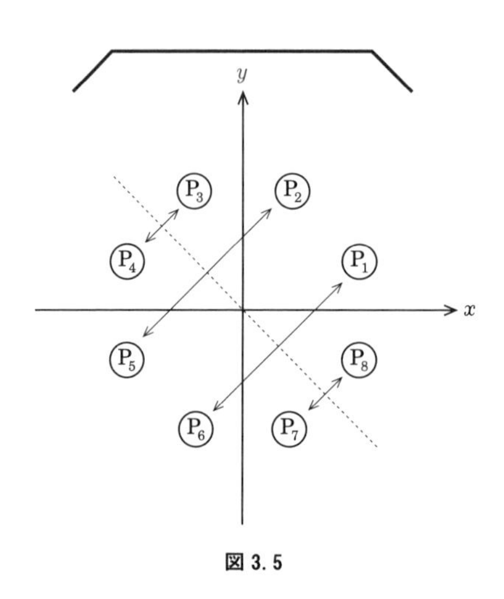

図 3.5

いろいろな置換表現

空間上の８つの頂点の集合 X_P を作用域として，動き c_4 と σ の置換表現を作ると $(1,8)(2,7)(3,6)(4,5)$ と $(1,3,5,7)(2,4,6,8)$ となることが分かりました．では，X_L や，X_S 上で考えるとどんな置換表現が現れるでしょうか？

まず，図 3.6（次ページ）を参考にして X_P のときと同様に，表を作ってみると，

c_4：

移動前	L_1	L_2	L_3	L_4
移動後	L_2	L_3	L_4	L_1

σ：

移動前	L_1	L_2	L_3	L_4
移動後	L_1	L_4	L_3	L_2

となります．ここから，X_L に関する c_4 と σ の置換表現を作ると，$(1,2,3,4)$

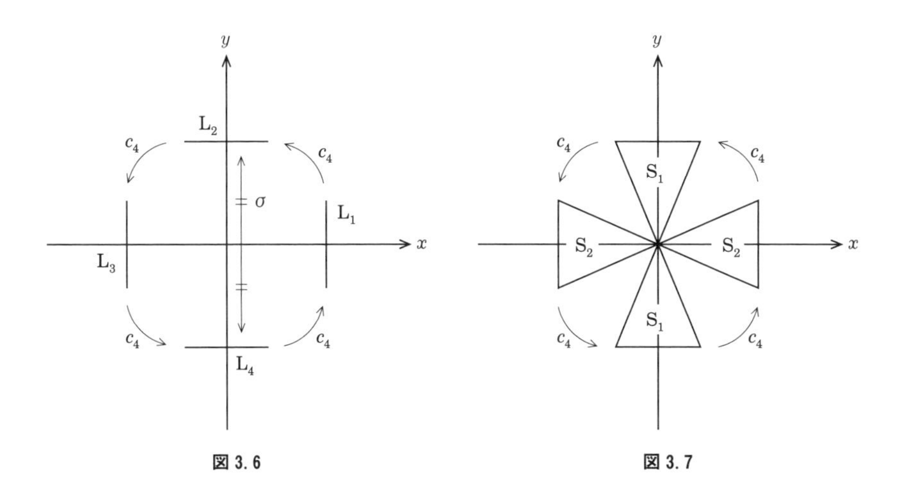

図 3.6　　図 3.7

と (2, 4) になります．σ では，L_1 と L_3 が動かないので，置換表現の中で 1 と 3 が省略されています．置換においては，動かないものは表記しません．

最後に，X_S を作用域とすると図 3.7 から，

$$S_1^{c_4} = S_2, \qquad S_2^{c_4} = S_1$$

が得られ，c_4 の置換表現は，(1, 2) となります．σ については，

$$S_1^{\sigma} = S_1, \qquad S_2^{\sigma} = S_2$$

より，**何も動かさない置換**となります．この置換を**恒等置換**と呼びます．この本では，恒等置換をその作用域 X をつけて，1_X と表すことにします．特に，混乱が起きないところでは，X を省略して単に「1」と書く場合もあります．動き σ の X_S での置換表現は，1_{X_S} となります．

置換表現とは，まさに動きの表現手法です．ここまで見てきたとおり，同じ「空間の動き」でも作用域 X の取り方で，置換表現は大きく変わります．空間の中で何をどれくらい細かく見るかでいろいろな置換表現が現れます．

D_4 から作られる置換群

群 D_4 には，全部で 8 つの元がありました．X_L を作用域としたとき，8 つの元それぞれにどんな置換表現が対応しているかを，表にまとめると

群の元 a	置換表現 f_a
e	1_{X_L}
c_4	$(1, 2, 3, 4)$
c_4^2	$(1, 3)(2, 4)$
c_4^3	$(1, 4, 3, 2)$
σ	$(2, 4)$
$c_4 * \sigma$	$(1, 4)(2, 3)$
$c_4^2 * \sigma$	$(1, 3)$
$c_4^3 * \sigma$	$(1, 2)(3, 4)$

となります．この表は，群の元とその置換表現との 1 対 1 対応を与えています．また等式(3.4)より，2 つの置換表現の積は，群 D_4 の元の積の置換表現となります．この右側の置換を集めた集合を G_{X_L} とすると，G_{X_L} は，置換の積を演算とし，1_{X_L} を単位元にもつ群となります．一般に，群 G と G-集合 X が与えられたとき，集合

$$G_X := \{f_a | a \in G\}$$

が群となるための 4 つの条件を満たすことを確認してみましょう．まず，等式(3.4)より，G_X の任意の元 f_a, f_b に対して，$f_a * f_b = f_{a*b} \in G_X$ となり**条件(g1)がクリア**されます．また，単位元 e に対応する置換表現 f_e は，恒等置換 1_X となり，G_X での単位元となりますので，**条件(g2)もクリア**します．さらに $f_a \in G_X$ に対し，$f_{a^{-1}} \in G_X$ で，等式(3.4)より

$$f_{a^{-1}} * f_a \overset{(3.4)}{=} f_{a^{-1}*a} = f_e = 1_X$$

となり，**条件(g3)が成り立つ**ことも示されます．最後に，f_a, f_b, f_c を G_X の元としたとき，$f_a * (f_b * f_c)$ と $(f_a * f_b) * f_c$ は合成関数として等しいので**条件(g4)もクリア**し，G_X が群となることが分かります．この G_X を作用域 X による群 G を表現した**置換群**と呼びます．特に $|G| = |G_X|$ のとき，この G_X は**忠実**であると呼びます．例えば $|D_4| = |G_{X_L}| = 8$ より G_{X_L} は D_4 を表現した忠実な置換群となります．

では，X_S を作用域として忠実でない置換群を作りましょう．こちらも群の元と置換表現を表にまとめると

群の元 a	置換表現 f_a
$e, c_4^2, \sigma, c_4^2 * \sigma$	1_{X_S}
$c_4, c_4^3, c_4 * \sigma, c_4^3 * \sigma$	$(1, 2)$

となり，$G_{X_S} = \{1_{X_S}, (1,2)\}$ は位数2の置換群となります．X_S を作用域にした場合，異なる「空間の動き」に同じ置換が対応しています．実は図形 S_1 と S_2 は，カメラに映るお月様ポジションと映らないスッポンポジションを表しています．つまり，置換群 G_{X_S} は，細かい動きの違いを無視して，メンバーにとってもっとも重要となる動き(月とスッポンのポジション変更)を抽出して表していることになるのです．

章末問題

問題 3.1. 集合 $X = \{1, 2, 3, 4, 5\}$ としたとき，X 上の置換 f の総数を求めなさい．

問題 3.2. メンバーが2人休んで，下の図の6人配置でパフォーマンスをすることになりました．集合 $X'_P = \{P_1, \cdots, P_6\}$ に関する c_3 と σ で生成される群 D_3 の置換表現をすべて求めなさい．

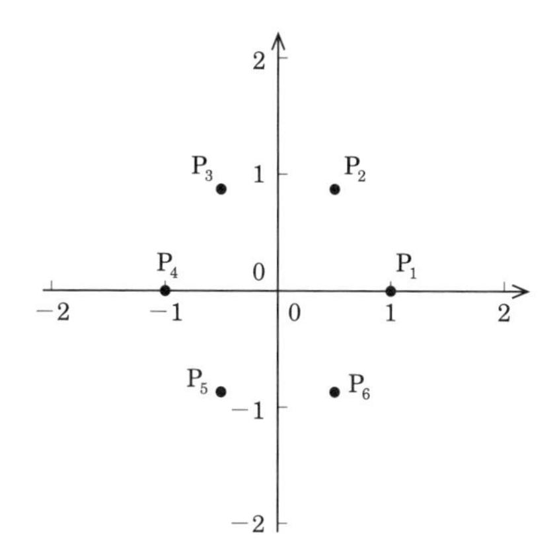

問題 3.3. 集合 $X_L = \{L_1, L_2, L_3, L_4\}$ に関する D_4 の置換表現で，L_1 が L_3 に移るものをすべて求めなさい．

問題 3. 4. 下の図のような3つの線分を組み合わせた図形の集合 $X_{\mathrm{Z}} = \{\mathrm{Z}_1, \mathrm{Z}_2, \mathrm{Z}_3, \mathrm{Z}_4\}$ に対する c_4, σ の置換表現を求めなさい．

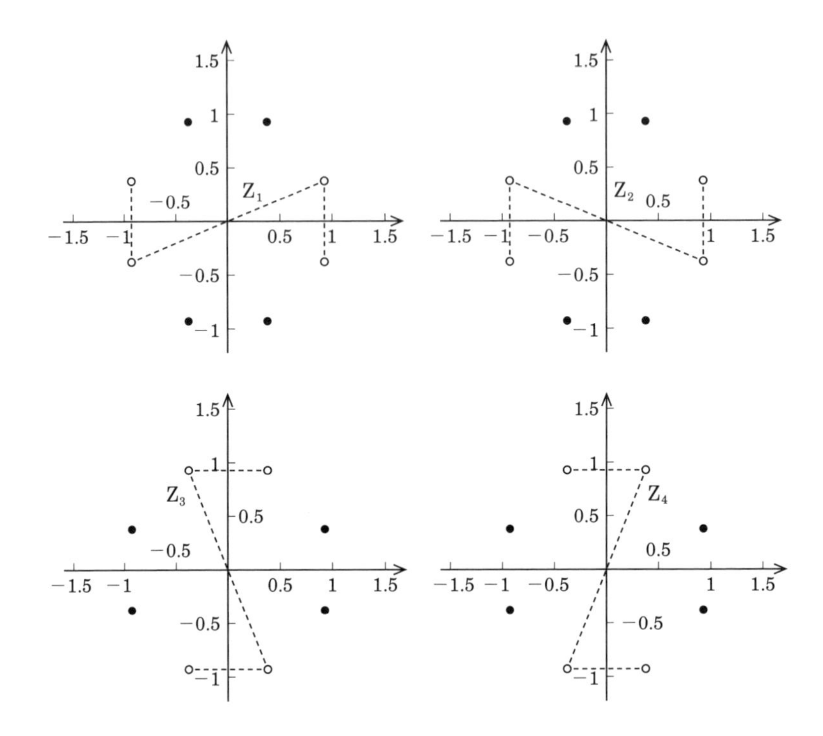

第4章

軌道：群が対称性を作る

鏡の国の群

万華鏡をのぞくと，そこには美しい対称模様が見えてきます．万華鏡の中には，ばらばらの紙切れが入っていて，万華鏡を回転させると，紙切れが万華鏡の中で移動します．この紙切れの移動に合わせて対称模様がどんどん変化していきますが，その対称性はくずれません．どうやって，あのすばらしい対称模様は作られるのでしょうか？ 万華鏡の内部では，3枚の鏡が鏡面を内側に向けて接着されています．鏡に囲まれた紙切れは，3枚の鏡に映って，3個の鏡像を作ります．この鏡像はべつの鏡に映ってさらに鏡像を増やしていきます．この様子を観察してみましょう．話を簡単にするため，鏡は2枚だけ使うことにします．まず，図4.1(次ページ)のように2枚の鏡を $\frac{\pi}{4}$ の角度でおき，その内側に正方形の紙切れを1枚入れてみましょう．

このとき，8枚の正方形の紙切れが現れます．よく磨かれた鏡なら鏡そのものの存在が見えなくなり，8枚の独立した正方形が2次元空間上におかれているように見えます．そこで，**鏡**を2次元空間内で新しい像を生み出す**仕組み**と考えることにします．そしてこの不思議な仕組みを備えた空間を**鏡の国**と呼ぶことにしましょう．鏡の国では，鏡の前後に鏡を軸として線対称に鏡像が作られます．

図4.1の鏡像ができる様子を真上からみた図4.2をもとに考えてみましょう．2枚の鏡のうち鏡0は，x 軸上にあり，鏡1は，x 軸から時計回りに $\frac{\pi}{4}$ だけ回転した軸上におきます．正方形の紙切れを x とすると図4.2の鏡0は，「空間の動き」σ が作用した鏡像 x^{σ} を作ります．また，鏡1は，「空間の動き」

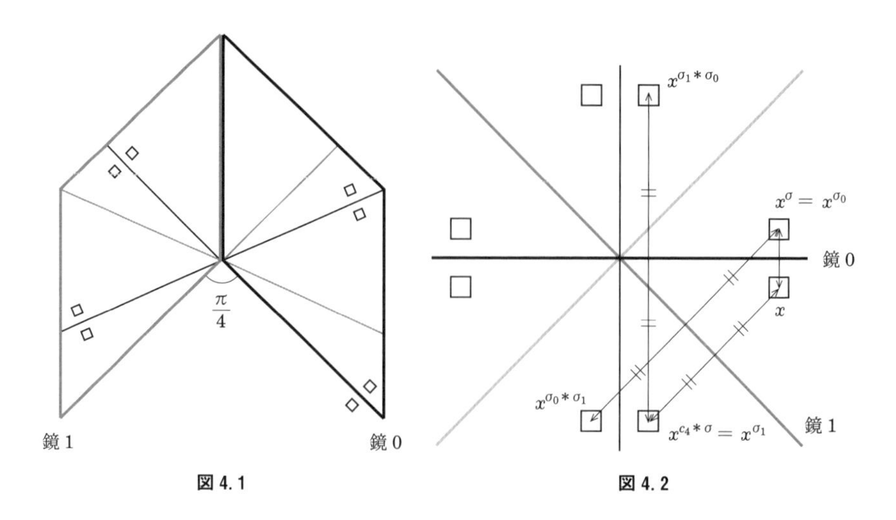

図 4.1　　図 4.2

$c_4*\sigma$ が作用した鏡像 $x^{c_4*\sigma}$ を作ります．この 2 つの「空間の動き」はちょうど前章で登場した群 D_4 の元です．記号を簡単にするため

$$\sigma_0 := \sigma, \qquad \sigma_1 := c_4*\sigma$$

としましょう．よって 2 つの鏡から作られた鏡像は，x^{σ_i} $(i=0,1)$ となります．2 つの鏡像も別の鏡によりさらに増殖します．鏡像の鏡像は $x^{\sigma_0*\sigma_1}$ と $x^{\sigma_1*\sigma_0}$ となります．この鏡による鏡像の増殖は無限に続くのでしょうか？

鏡によって次々作られる鏡像は，σ_0 と σ_1 の作用を交互に繰り返すことで，増殖します．つまりすべての鏡像は，σ_0 と σ_1 を組み合わせた積による作用で作られます．2 つの「空間の動き」σ_0 と σ_1 を組み合わせたすべての積の集合 $\langle\sigma_0,\sigma_1\rangle$ は，群でした．群 $G=\langle\sigma_0,\sigma_1\rangle$ とおくと，鏡の国に作られた鏡像の集合[1)]は，群 G を使って次のように定義できます．

$$\{x^a \mid a \in G\} \tag{4.1}$$

一般に群 G と G が作用している作用域の元 x が与えられているとき，(4.1) で表された集合を x の群 G の作用による**軌道**と呼び x^G と書き表します．軌道 x^G に含まれる任意の元 y には，必ず群 G の元 a が存在し，$y=x^a$ と表すことができます．まずは，この軌道が持つ性質を見てみましょう．

軌道x^Gの性質

群Gの作用による軌道x^Gには，どんな性質があるでしょうか？　もう一度，鏡の国に行ってみましょう．

2枚の正方形xとyを用意して，鏡の国におくと鏡像の集合x^Gとy^Gが作られます．2枚の正方形がこの国を動くと，それぞれの鏡像の集合x^Gとy^Gも動きます．もし，ある位置でx^Gとy^Gの鏡像の1つが重なったらどんなことが起こるでしょうか？　つまり，鏡像$z \in x^G \cap y^G$が存在したと仮定します．そのような状況が起こるのはxとyの鏡像がすべて重なっている場合のみで，$x^G = y^G$が成り立ちます．つまり

$$x^G \cap y^G \neq \emptyset \Longrightarrow x^G = y^G \tag{4.2}$$

が分かります．納得できない場合は性質(4.2)の対偶(4.3)を使ってイメージを膨らませましょう．

$$x^G \neq y^G \Longrightarrow x^G \cap y^G = \emptyset \tag{4.3}$$

性質(4.2)と同値な性質(4.3)は，鏡像の集合が異なる場合は，2つの集合に共通する鏡像がないことを主張しています．万華鏡の中で2枚の正方形が重ならずにおかれていれば，その鏡像**すべて**で，正方形が重ならずに映っているのがイメージできると思います．

事実

群Gとその作用域の元x, yについて軌道の性質(4.2)は，正しい．

証明

$z \in x^G \cap y^G$とすると$\exists a_0, b_0 \in G$で

$$z = x^{a_0} = y^{b_0}$$

となる．この等式の両辺にb_0^{-1}を作用させると$y = x^{a_0 * b_0^{-1}}$が得られるので，

$$\forall y^b \in y^G \Longrightarrow y^b = x^{a_0 * b_0^{-1} * b} \in x^G$$

より$y^G \subset x^G$が成り立つ．逆向きの包含関係は，zを含む等式で両辺にa_0^{-1}を作用させて$x = y^{b_0 * a_0^{-1}}$を得ると同様の計算で得られる．　□

1）　実体も鏡像の1つとしてこの集合に含めます．

次にこの鏡の国から生まれた群 $G=\langle\sigma_0,\sigma_1\rangle$ を調べてみましょう．

群 $G=\langle\sigma_0,\sigma_1\rangle$ の正体

群 $G=\langle\sigma_0,\sigma_1\rangle$ がどのような元を含んでいるかを正方形の鏡像を通して見ていきましょう．図 4.3 のように，σ_0 と σ_1 の作用から空間内に異なる 8 つの像が作られます．よって群 G には少なくとも次の 8 つの異なる元

$$\begin{Bmatrix} e, & \sigma_0, & \sigma_0*\sigma_1, & \sigma_0*\sigma_1*\sigma_0, \\ \sigma_1, & \sigma_1*\sigma_0, & \sigma_1*\sigma_0*\sigma_1, & (\sigma_1*\sigma_0)^2 \end{Bmatrix}$$

があることが分かります．また，元 $(\sigma_1*\sigma_0)^2$ と $(\sigma_0*\sigma_1)^2$ は，正方形 x を同じ場所に移動しています．実際，この 2 つの「空間の動き」は，等しい動きです．元 $(\sigma_1*\sigma_0)^2$ について c_4 の位数は 4 だったので，等式

$$(\sigma_1*\sigma_0)^4=(c_4*\sigma*\sigma)^4=c_4^4=e \tag{4.4}$$

が成り立ち $(\sigma_1*\sigma_0)^2$ の位数は 2 となります．つまり $(\sigma_1*\sigma_0)^2$ の逆元は $(\sigma_1*\sigma_0)^2$ 自身となるので，$\sigma_i^2=e\ (i=0,1)$ と合わせて考えると，次の等式が得られます．

$$(\sigma_1*\sigma_0)^2=\{(\sigma_1*\sigma_0)^2\}^{-1}=(\sigma_0*\sigma_1)^2 \tag{4.5}$$

次に G の元がちょうど 8 つであることを示します．$\sigma_0=\sigma,\sigma_1=c_4*\sigma$ より

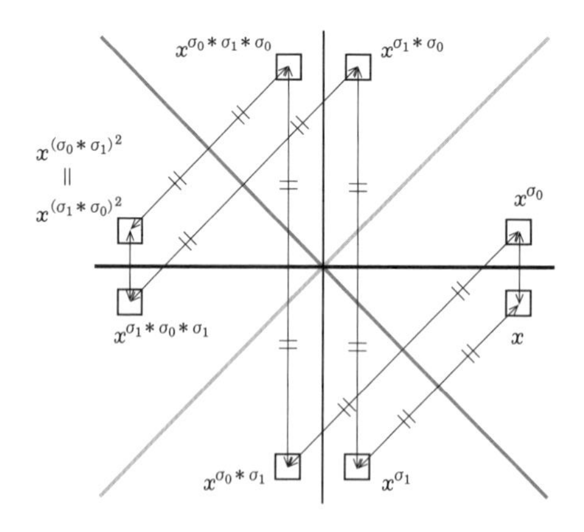

図 4.3

σ_0 も σ_1 も D_4 の元となり群の条件(g1)[2] より G に含まれる任意の σ_0 と σ_1 の積の組合せも D_4 に含まれます．よって $G \subset D_4$ が成り立ちます．D_4 には，全部で 8 つの元がありましたので，群 $G = \langle \sigma_0, \sigma_1 \rangle$ は，実は D_4 であったことが分かりました．

鏡像が重なるとき

さて，鏡の国で正方形を動かすとどんなことが起こるでしょうか？　正方形が移動すると鏡像の様子も変わります．万華鏡の中の紙切れが動くように，正方形 x がゆっくりと移動して図 4.4 のように鏡 0 の下に来ると，正方形の鏡像は 4 枚に見えます．正方形が図 4.1 の位置から図 4.4 の位置へ移動すると，最初に 8 枚あった鏡像が 2 枚で組を作って互いに近づいてやがて鏡像が重なり 1 枚になります．鏡像が 8 枚となる場所と 4 枚となる場所の違いは何でしょうか？

図 4.4 の位置に正方形 x が来ると，鏡 0 での鏡像と x が一致してしまいます．つまり σ_0 の作用で正方形 x は不変となります．

一般に作用域の元 x に対して，群 G の部分集合

$$G_x := \{g \in G \mid x^g = x\}$$

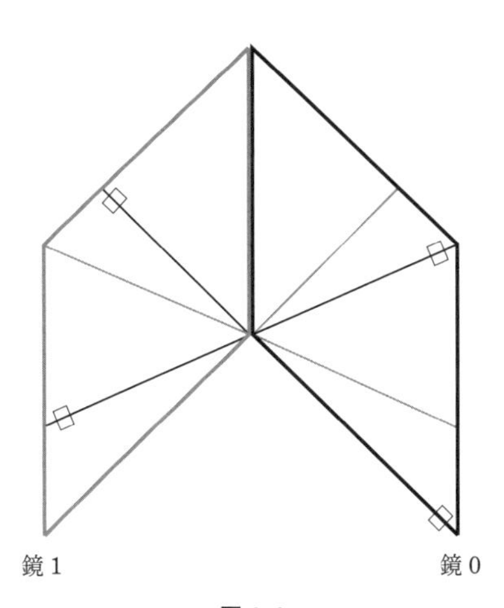

図 4.4

2）　群 D_4 に含まれる任意の元 a, b について，$a * b \in D_4$．

は群となります[3]．この部分群をxに対するGの**固定部分群**と呼びます．図4.1での正方形xを不変に保つ群G_xの元は単位元eのみでした．ところが，正方形xが図4.4の位置に移動することで，群G_xの元は単位元eとσ_0の2つに変わります．つまり鏡像の重なりは，固定部分群の位数で表現できることになります．

軌道と固定部分群

では，4つの鏡像が作られる過程を真上から見た図4.5を使って考えてみましょう．

正方形xは，「空間の動き」σ_0で不変のため，最初の作用は，σ_1となります．このσ_1の作用で作られた鏡像x^{σ_1}は，σ_0で不変とならないので，新しい鏡像$x^{\sigma_1 * \sigma_0}$が得られます．さらに，σ_1による作用を再度施すことで，最後の鏡像$x^{\sigma_1 * \sigma_0 * \sigma_1}$が得られます．群$G$の元から4つの鏡像がどのように作られたかをまとめると，

$$\begin{array}{ccccccc} x^{e} & & x^{\sigma_1} & & x^{\sigma_1 * \sigma_0} & & x^{\sigma_1 * \sigma_0 * \sigma_1} \\ \| & \xrightarrow{\sigma_1} & \| & \xrightarrow{\sigma_0} & \| & \xrightarrow{\sigma_1} & \| \\ x^{\sigma_0} & & x^{\sigma_0 * \sigma_1} & & x^{\sigma_0 * \sigma_1 * \sigma_0} & & x^{\sigma_0 * \sigma_1 * \sigma_0 * \sigma_1} \end{array}$$

となります．ここでGの元をxへの作用で**分類**してみましょう．鏡像の集

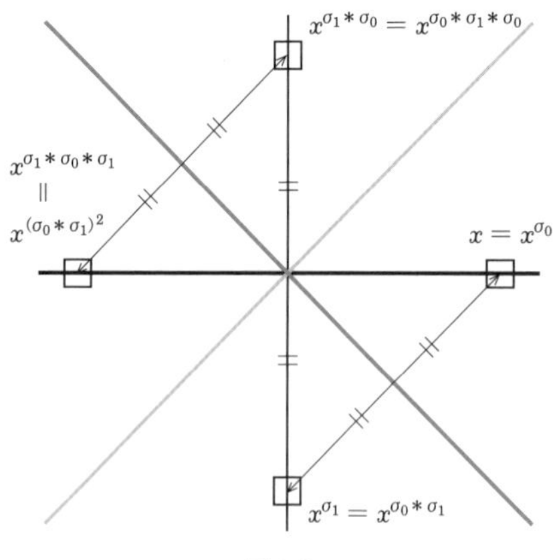

図 4.5

合 x^G の元 y について G の部分集合 $G_x(y)$ を

$$G_x(y) := \{g \in G | x^g = y\}$$

と定義します．定義から x^G の元 y, y' に対して，$y \neq y'$ ならば

$$G_x(y) \cap G_x(y') = \emptyset$$

で群 G は，互いに素な $G_x(y)$ の和集合で表され，次の等式が成り立ちます．

$$G = \bigcup_{y \in x^G} G_x(y) \tag{4.6}$$

群 G の8つの元は，部分集合 $G_x(y)$ で次のようにきれいに4等分されます．

$$\begin{aligned} G_x(x) &= \{e,\ \sigma_0\} \\ G_x(x^{\sigma_1}) &= \{\sigma_1,\ \sigma_0 * \sigma_1\} \\ G_x(x^{\sigma_1 * \sigma_0}) &= \{\sigma_1 * \sigma_0,\ \sigma_0 * \sigma_1 * \sigma_0\} \\ G_x(x^{\sigma_1 * \sigma_0 * \sigma_1}) &= \{\sigma_1 * \sigma_0 * \sigma_1,\ (\sigma_0 * \sigma_1)^2\} \end{aligned}$$

ここで部分集合 $G_x(y)$ の個数がすべて等しくなったのは偶然ではなく，必然であることを一般に示します．

事実

群 G が作用域の元 x に作用しているとき，軌道 x^G に含まれる任意の元 y に対し，G_x の位数と $G_x(y)$ に含まれている元の個数は等しい．

証明

$y \in x^G$ より，$b \in G$ で $y = x^b$ となる元 b が存在する．G_x の任意の元 a について，$x^a = x$ より

$$x^{a*b} = x^b = y$$

が成り立つので，$a * b \in G_x(y)$ が成り立つ．そこで，G_x から $G_x(y)$ への写像 f を

$$f(a) := a * b$$

で定義すると，写像 f は全単射となる[4]ので，G_x と $G_x(y)$ に含まれる G の元の個数は等しい．　□

特に，この事実と等式(4.6)より

3）第2章で示しました．

4）$a, a' \in G_x$ について，$f(a) = f(a')$ なら $a * b = a' * b$ より右から両辺に b^{-1} をかけると $a = a'$ が得られ，f が単射となることが分かります．

$$|G| = |x^G| \times |G_x| \tag{4.7}$$

が得られます．この等式を**固定部分群と軌道の関係**と呼びます．

鏡の国の四角形

さて，以前登場した四角形を鏡の国においてみましょう．まず，図 4.6 のように反時計回りに $\frac{2\pi}{3}$ だけ回転させた正方形 x をおいてみます．すると鏡による線対称によって，もう 1 つの正方形が現れます．軌道 x^G は，2 つの正方形となり，σ_0 を作用させた x^{σ_0} と σ_1 を作用させた x^{σ_1} は，同じ鏡像となり等式 $x^{\sigma_0} = x^{\sigma_1}$ が成立します．この等式の両辺に σ_0 を作用させると，$x = x^{\sigma_1 * \sigma_0}$ が得られ，$c_4 = \sigma_1 * \sigma_0$ は，G_x の元となります．c_4 の位数が 4 で，等式(4.7)より，G_x の位数も 4 なので，

$$G_x = \{e, c_4, c_4^2, c_4^3\}$$

が分かります．

次に長方形 y を図 4.7 のようにおいてみます．軌道 $y^G = \{y, y^{\sigma_1}\}$ にも，2 つの図形があるので等式(4.7)より，$|G_y| = 4$ です．この長方形 y は，x 軸で線対称なので，σ_0 の作用で不変となり $\sigma_0 \in G_y$ が分かります．また，鏡像 y^{σ_1} も x 軸に対して線対称なので

$$y^{\sigma_1} = (y^{\sigma_1})^{\sigma_0} = y^{\sigma_1 * \sigma_0}$$

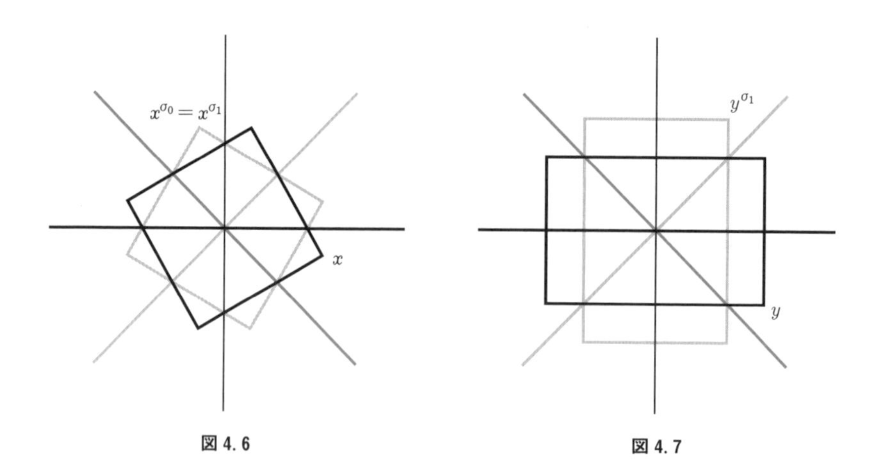

図 4.6　　図 4.7

が成り立ちます．この等式の両辺に σ_1 を作用させると，$y = y^{\sigma_1 * \sigma_0 * \sigma_1}$ となり，$\sigma_1 * \sigma_0 * \sigma_1 \in G_y$ が分かります．G_y は群なので，積

$$(\sigma_1 * \sigma_0 * \sigma_1) * \sigma_0 = (\sigma_1 * \sigma_0)^2$$

も G_y に含まれます．よって単位元 e と合わせて，

$$G_y = \{e,\ \sigma_0,\ \sigma_1 * \sigma_0 * \sigma_1,\ (\sigma_1 * \sigma_0)^2\}$$

が分かりました．

最後に，平行四辺形 z をおいた場合は，図4.8のように軌道 z^G には，4つの図形が含まれました．よって等式(4.7)より，G_z の位数は2です．ここで，正方形 x の固定部分群 G_x と長方形 y の固定部分群 G_y による平行四辺形 z の軌道 z^{G_x} と z^{G_y} は図4.9と図4.10になります．図形としてみた z^{G_x} と z^{G_y} には，それぞれ図形 x および y と同等の対称性があることを感じられるでし

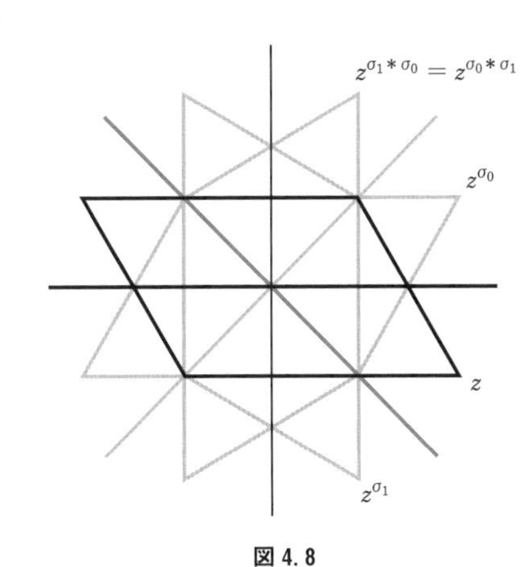

図4.8

図4.9

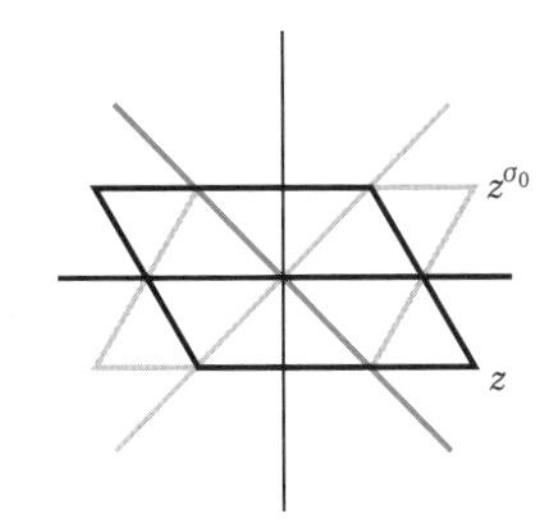

図4.10

ょうか？　これは，図形 x の固定部分群 G_x を作用させることで，その軌道は，図形として x が持つ対称性を兼ね備えることを表しています．

図形 z の群 G_x での固定部分群を $(G_x)_z$ と表すことにします．図 4.9 と図 4.10 より

$$|z^{G_x}| = |z^{G_y}| = 2$$

なので，等式(4.7)から，

$$|(G_x)_z| = |(G_y)_z| = 2$$

が分かります．固定部分群の定義から

$$(G_x)_z \subset G_z, \qquad (G_y)_z \subset G_z$$

が成り立ち，$|G_z| = 2$ だったので，

$$G_z = (G_x)_z = (G_y)_z$$

が得られます．特に，

$$G_z \subset G_x \cap G_y = \{e, (\sigma_1 * \sigma_0)^2\}$$

が成り立ち，

$$G_z = \{e, (\sigma_1 * \sigma_0)^2\}$$

が分かります．

群が対称性を作る

鏡の国におかれた四角形は，その軌道によりどれも対称性の高い図形へと変化しました．図形 x に対して，群 G の作用により作られた軌道 x^G は，集合として G の作用で閉じています[5)]．また，軌道 x^G を 1 つの図形と見ると，G の元によるすべての作用で不変となる対称性をもっています．まさに，万華鏡の中に現れる対称模様は，**万華鏡に潜んでいる群による**紙切れに対する群作用が作る軌道だったわけです．

章末問題

問題 4.1. 2枚の鏡(鏡0と鏡1)を $\frac{\pi}{3}$ の角度で置いた場合を考えます．鏡0による線対称は，本文と同じ $\sigma_0 = \sigma$ とし，鏡1での線対称を σ_2 とします．2つの鏡の間に，紙切れを置くと，鏡の世界に何枚の紙切れが現れるでしょうか？

問題 4.2. 群 $G' = \langle \sigma_0, \sigma_2 \rangle$ としたとき，G' に含まれる空間の動きをすべて求めなさい．

問題 4.3. 問題4.1の紙切れに文字「あ」が書かれていたとき,「あ」が鏡文字にならない鏡像を作る「空間の動き」をすべて求めなさい．

問題 4.4. 下の図にある鏡の国に置かれている正三角形を x とするとき，この三角形 x の軌道 $x^{G'}$ を求めなさい．

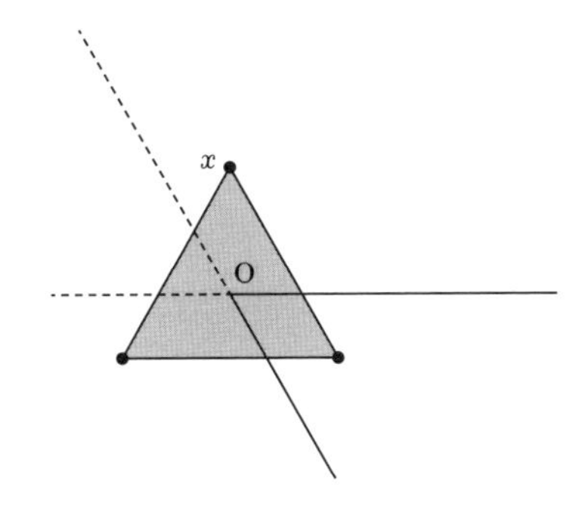

5）　この言葉は，第3章で定義しました．

第5章

剰余類：空間からの解放

剰余類の壁

群論を学んでいく過程で，剰余類が学生の皆さんに「大きな壁」となっているなと感じることがあります．その原因は，剰余類が群 G の部分集合でありながら，あるときは集合として議論し，またあるときは，剰余類を1つの元として扱う二面性にあるのではないかと考えました．

しかし，よく考えてみると私たちは日常生活で同じような認識の切り替えを自然に行っているようです．「近頃の学生は，○○だ！」と学生全体の集合を1つのものとして取り扱ったと思えば，学生ひとりひとりの顔を思い出しながら，試験を採点することもあります．

数学的には，1つの四角形をある条件を満たす4本の線分の集合ととらえたり，1つの線分を2つの頂点の組で特徴付けたりします(図5.1)．このよ

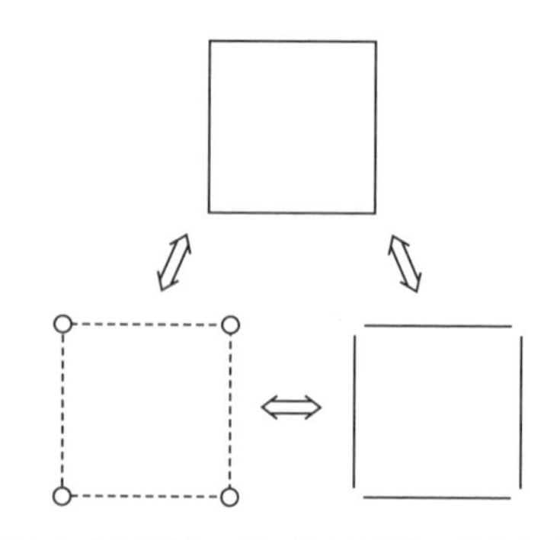

図5.1 四角形を，点の集合や線分の集合と見る

うに，**共通部分を強調して1つの固まりとしてみたり，細かい違いを区別して集合ととらえたりする**ことが自由にできれば，この章で挑戦する剰余類の壁もきっと乗り越えられると思います．

評価による分類

私たちは，意識的にまたは無意識の中で，自分の持つそれぞれの基準で物事を**分類**しています．夕食の食材を買いに行くときに，「あのスーパーの野菜は，新鮮だ．」とか「お肉ならやっぱり近所の小売店が間違いない．」など「野菜」「お肉」のような大きな固まりで，考えるときもあります．逆に，スーパーで「どれでも3本120円」のキュウリを色や大きさや表面のとげの様子から，自分が買うべきキュウリと避けるべきキュウリとに評価して分類します．この真剣作業の横で，店員が迷惑そうに「どれも**同じ**キュウリだからさっさと買ってくれないかな？」とつぶやくかもしれません．この一言は，店員が行ったキュウリに対する別の分類を表しています．彼の目には，そこに並んだすべてのキュウリは**同じ**であり，全体が1つの大きな固まり「3本120円のキュウリ」として分類されています．

二人の分類方法の違いは，それぞれの立場の違いであり，その根本にある心理は，1本，1本のキュウリはすべて**異なる**もので厳密に分類されるべきものであると考えるお客さんと，すべては**同じ**「3本120円のキュウリ」であり，分類は不要であると考える店員の違いとなります．

つまり，分類の基準は，「同等」を判定する基準ということができます．ここで問題を数学的に扱うために，この「同等」という関係をきちっと定義してみましょう．まず，スーパーのキュウリを使って「同等」の性質を列挙してみます．Xをスーパーに並んだキュウリの集合とします．2本のキュウリ$a, b \in X$について2つのキュウリを「同等」と判定したときは，$a \sim b$と書き表すことにします．この「同等」の判定は「必ずできる」ことを大前提とします．べたべた触った上で「今日は決められない」というのはダメです．このとき，キュウリに対する「同等」の性質として次の式が与えられます．

(e1) $\forall a \in X,\ a \sim a.$

これは，唯一無二のキュウリ a について a と a 自身が「同等」であることを示しています．これを**反射律**と呼びます．

(e2) $\forall a, b \in X,\ a \sim b \Longrightarrow b \sim a.$

これを日本語にすると，「a と b が同等ならば b と a も同等」となります．a と b を同等のキュウリとすれば，当然 b と a も同等となります．つまり，a と b の立場を入れ替えてもよいことを表し，これを**対称律**と呼びます．

(e3) $\forall a, b, c \in X,\ a \sim b, b \sim c \Longrightarrow a \sim c.$

これは，b を通して a と c を「同等」で結んだ形になっています．ただし，キュウリの場合は，a と b が「同等」，b と c も「同等」と判断しても，a と c は，「同等」と認められない場合もあります．これを**推移律**と呼びます．

一般に，集合 X の任意の元に対して，上の3つの条件を満たす関係 $\sim$ が存在したとき，この $\sim$ を X 上の**同値関係**と呼びます．この同値関係 $\sim$ により，元 $a \in X$ と「同等」な元を集めた部分集合

$$C(a) := \{b \in X | a \sim b\}$$

を a の**同値類**と呼びます．また，基準となった元 a を同値類の**代表元**と呼びます．そして，集合 X は，**共通部分を持たない**いくつかの同値類の和集合として，**分類**されることが分かります．

事実

$$C(a) = C(b) \Longleftrightarrow C(a) \cap C(b) \neq \emptyset. \tag{5.1}$$

証明

左を仮定すると，(e1)より

$$C(a) \cap C(b) = C(a) \ni a$$

で右が成立する．右を仮定して $\exists c \in C(a) \cap C(b)$ なら，$a \sim c$ と $b \sim c$ が成り立つ．(e2)より $c \sim b$ が出るので，(e3)から $a \sim b$ が分かる．

すると任意の元 $x \in C(b)$ について，$a \sim b$ と $b \sim x$ より $a \sim x$ が得

られて，$x \in C(a)$ となる．これで，$C(a) \supset C(b)$ が分かるが，$b \sim a$ を使えば，逆の包含関係も出る． □

$C(a)$ の任意の元 b について，b を代表元とする同値類 $C(b)$ を考えたとき，条件(e1) より $b \in C(b)$ で $C(a) \cap C(b) \ni b$ となり，上の事実から $C(a) = C(b)$ となります．つまり上の事実は $C(a)$ の任意の元が $C(a)$ の代表元となれることを示しています．

動きの評価

第3章で2次元空間にある図5.2の図形に関する群 D_4 の作用を扱いました．点の集合 $X_{\mathrm{P}} = \{\mathrm{P}_1, \cdots, \mathrm{P}_8\}$，線分の集合 $X_{\mathrm{L}} = \{\mathrm{L}_1, \cdots, \mathrm{L}_4\}$，面の集合 $X_{\mathrm{S}} = \{\mathrm{S}_1, \mathrm{S}_2\}$ について，線分 L_1 を2つの点の組 $\{\mathrm{P}_1, \mathrm{P}_8\}$ と見ることができます．

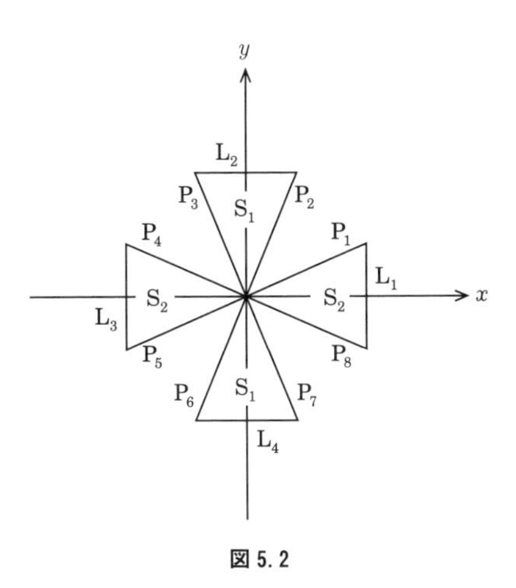

図 5.2

ほかの3つの線分も同様に2つの点の組で表せますので，各線分を X_{P} の部分集合と見ることができます．面 S_2 には線分 L_1 と L_3 が含まれて，この2つの線分で面を確定できます．つまり，面 S_2 を X_{L} の部分集合 $\{\mathrm{L}_1, \mathrm{L}_3\}$ と見ることができるわけです．また，面 S_2 を4つの点の集合 $\{\mathrm{P}_1, \mathrm{P}_4, \mathrm{P}_5, \mathrm{P}_8\}$ と思うこともできます．このように，図形をその部分に分解して集合とみること

固まり	集合
L_1	$\{P_1, P_8\}$
L_3	$\{P_4, P_5\}$
S_2	$\{L_1, L_3\}$
S_2	$\{P_1, P_4, P_5, P_8\}$

で，056 ページ上の表のような固まりと集合の対応が作られます．

「空間の動き」σ で上下線対称に空間を変えたとき，図形 L_1 を 2 つの点の**集合と見ると**，$P_1^\sigma = P_8$, $P_8^\sigma = P_1$ と 2 つの点は「**動いた**」と見ることができます．ところが，図形 L_1 を 1 つの**固まりと見ると** $L_1^\sigma = L_1$ で，線分は「**動いていない**」と逆の結論になります．同じ図形を見ながら，どこに焦点を合わせるかにより動きの評価が変わってくるわけです．

部分群と図形

この本では，部分群を図形 x を不変にする「空間の動き」全体の集合(固定部分群)としてイメージしてきました．上で見てきたように，図形への作用がその焦点のあて方で変わってくることは，固定部分群の定義にも影響します．群 G と図形 x が与えられたとき，固定部分群は，

$$G_x := \{a \in G \mid x^a = x\}$$

で定義されました．点，線分，面で作用の考え方が変わることで，点 P_1 を含む 3 つの図形 P_1, L_1, S_2 に対して，その固定部分群は，

$$G_{P_1} = \{e\}, \qquad G_{L_1} = \{e, \sigma\}, \qquad G_{S_2} = \{e, \sigma, c_4^2, \sigma * c_4^2\}$$

と変わります．

逆に適当な部分群 H を用意することで，点 P からスタートして，点の集合である軌道 P^H を 1 つの図形と見ることも可能です．例えば，点 P_1 について，部分群 G_{L_1} の軌道

$$P_1^{G_{L_1}} = \{P_1^e, P_1^\sigma\} = \{P_1, P_8\} = L_1$$

から線分 L_1 が作られました．また，部分群を G_{S_2} に変えると軌道はより大きくなり

$$P_1^{G_{S_2}} = \{P_1, P_4, P_5, P_8\} = S_2$$

から面 S_2 が作られます．線分 L_1 からでも

$$\mathrm{L}_1^{G_{\mathrm{S}_2}} = \{\mathrm{L}_1^e, \mathrm{L}_1^\sigma, \mathrm{L}_1^{c_4^2}, \mathrm{L}_1^{\sigma * c_4^2}\} = \{\mathrm{L}_1, \mathrm{L}_3\} = \mathrm{S}_2$$

で面 S_2 が作られます．ここで，同じ S_2 が点や線分の集合として**自由**に表されているところに注目してください．

剰余類と図形

ここまで，1つの線分や面を点の集合とみることで，軌道から図形を作るところを見てきました．このとき，最初の基準となる点 P_1 は，作り出す図形 L_1 や S_2 の一部であることが必要でした．では，点 P_1 からスタートして，P_1 を含まない図形を作ることは，できないのでしょうか？

例えば，線分 L_2 には，点 P_1 が含まれていませんので，どのような部分群 H を用意しても，P_1^H が線分 L_2 になることはありません．しかし,「空間の移動」c_4 は，線分 L_1 に作用して $\mathrm{L}_1^{c_4} = \mathrm{L}_2$ と，L_2 を作ってくれます．これを利用して図 5.3 のように c_4 を作用させると，

$$(\mathrm{P}_1^{G_{\mathrm{L}_1}})^{c_4} = \mathrm{L}_1^{c_4} = \mathrm{L}_2$$

から線分 L_2 が作られます．つまり，まず G_{L_1} で L_1 を作った上で，c_4 で L_1 を L_2 に変えてしまうわけです．

第3章で示した図形に対する作用の性質(a2)[1] を使うと，

$$(\mathrm{P}_1^{G_{\mathrm{L}_1}})^{c_4} = \mathrm{P}_1^{G_{\mathrm{L}_1} * c_4}$$

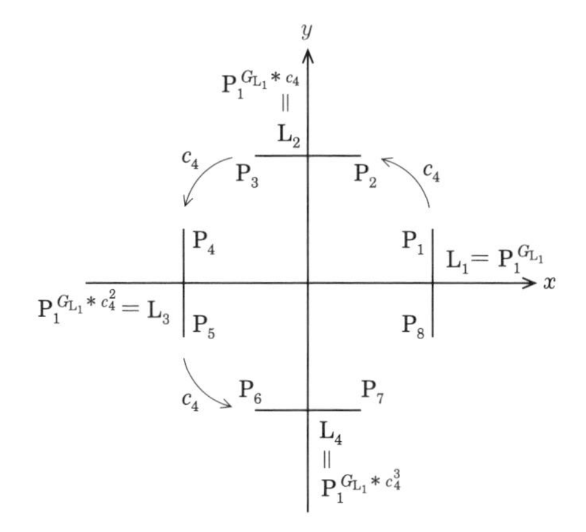

図 5.3

1）　$x^{a * b} = (x^a)^b$.

となります．ここで，$G_{L_1} = \{e, \sigma\}$ より

$$G_{L_1} * c_4 := \{a * c_4 | a \in G_{L_1}\} = \{c_4, \sigma * c_4\}$$

と G の部分集合が定義できます．これで点 P_1 に群 G の部分集合 $G_{L_1} * c_4$ を作用させると，線分 L_2 ができることが分かりました．同じように考えていくと，線分 L_3 を作るには $G_{L_1} * c_4^2$，そして線分 L_4 は $G_{L_1} * c_4^3$ を作用させた軌道から作られることが分かります．実は，点 P_1 から軌道 L_1^G に含まれる4つの線分を作り出した部分集合 $G_{L_1} * c_4^i$ $(i = 0, 1, 2, 3)$ こそ，本章の主役である**剰余類**となります．

本章で作った4つの剰余類を表にまとめると次のようになり，軌道 L_1^G に含まれる線分と剰余類との間にきれいな対応がついていることが分かります．

線分	剰余類	剰余類の元
L_1	G_{L_1}	e，σ
L_2	$G_{L_1} * c_4$	c_4，$\sigma * c_4$
L_3	$G_{L_1} * c_4^2$	c_4^2，$\sigma * c_4^2$
L_4	$G_{L_1} * c_4^3$	c_4^3，$\sigma * c_4^3$

剰余類のイメージ

では，部分集合 $G_{L_1} * c_4^i$ $(i = 0, 1, 2, 3)$ に含まれる元がどんなものなのかを調べてみましょう．

第4章で群 G と図形 x が与えられたとき，軌道 x^G に含まれた図形 y ついて，G の部分集合

$$G_x(y) := \{g \in G | x^g = y\}$$

を定義しました．そして，$G_x(y)$ に含まれる G の元の個数が，固定部分群 G_x の位数と等しいことを証明しました．ここで，$x = L_1$ とし y を L_1^G から選ぶと上の表と図5.4（次ページ）より，

$$G_{L_1} * c_4^i \subset G_{L_1}(L_{i+1}) = \{g \in G | L_1^g = L_{i+1}\} \qquad (i = 0, 1, 2, 3)$$

となることが分かります．しかし $G_{L_1}(L_{i+1})$ に含まれる元の個数は，（G_{L_1} と等しく）2個となるので，等式

$$G_{L_1} * c_4^i = G_{L_1}(L_{i+1})$$

が成り立ちます．

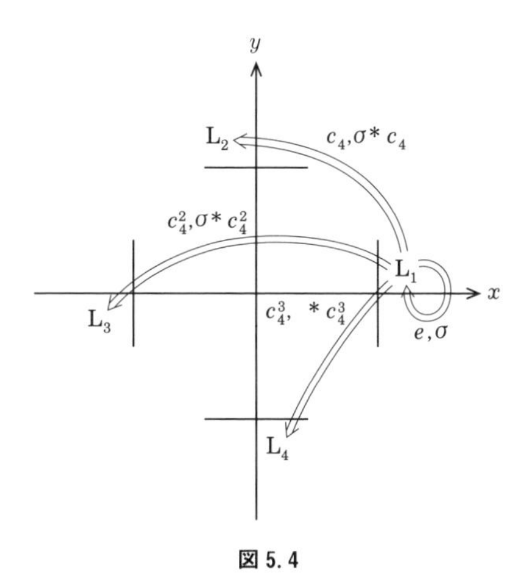

図 5.4

つまり，剰余類 $G_{L_1} * c_4^i$ は，線分 L_1 を線分 L_{i+1} に移す「空間の動き」全体の集合とイメージできることになります.

一般に，群 G と図形 x が与えられたとき，$y \in x^G$ ならば，$\exists a \in G,\ y = x^a$ です．このとき，部分集合 $G_x(y)$ は，G_x を使って次のように表せます.

事実

$$G_x(y) = G_x * a := \{h * a \mid h \in G_x\}. \tag{5.2}$$

証明

定義より $G_x * a$ の任意の元 $h * a$ について

$$x^{h*a} = (x^h)^a = x^a = y$$

より

$$h * a \in G_x(y)$$

が成り立つ．逆に，$b \in G_x(y)$ なら

$$x^b = y = x^a$$

より，両辺に a^{-1} を作用させると $x^{b*a^{-1}} = x$ となり，元 $b * a^{-1}$ は，図形 x を不変にし G_x に含まれる．よって

$$\exists h \in G_x,\ b * a^{-1} = h$$

となり，

$$b = h * a \in G_x * a.$$ □

剰余類の定義と性質

ここまでの話で，剰余類と呼ばれる群 G の部分集合について具体的なイメージはできてきたでしょうか？ このイメージをもとに剰余類の一般的な定義からスタートして，剰余類が持つ性質を示していきます．

群 G とその部分群 H が与えられたとき，群 G の元 a について，部分集合

$$H * a := \{h * a | h \in H\}$$

を部分群 H の(**右**)**剰余類**と呼びます．また，剰余類を定義するために使った元 a を剰余類 $H * a$ の**代表元**と呼びます．$H * a$ の定義で，

$$b := h * a \in G \qquad (h \in H)$$

と置くと，$h = b * a^{-1}$ となるので，剰余類 $H * a$ は次のように表すこともできます．

$$H * a = \{b \in G | b * a^{-1} \in H\} \tag{5.3}$$

まずは，この右剰余類の持つ大事な２つの性質を示します．

事実

$a, b \in G$ について，

$$|H * a| = |H * b|. \tag{5.4}$$

証明

写像

$$f : H \longrightarrow H * a$$

を，

$$f(x) = x * a$$

で定義する．このとき，写像 f は全単射となる(証明は，第４章で $|G_x(y)| = |G_x|$ を示したときと同じ)．よって $|H| = |H * a|$ となり，この性質は a の選び方によらないので

$$|H * a| = |H| = |H * b|$$

となる． □

事実

$a, b \in G$ について，

$$H * a = H * b \Longleftrightarrow b * a^{-1} \in H. \tag{5.5}$$

証明

左を仮定すると

$$H * a = H * b \ni b$$

より，

$$\exists h \in H,\ b = h * a,$$

よって

$$b * a^{-1} = h \in H$$

となり右が示される．逆に $b * a^{-1} \in H$ なら

$$b = h_0 * a$$

となる $h_0 \in H$ が存在するので，$H * b$ の任意の元 $h * b$ について，

$$h * b = h * (h_0 * a) = (h * h_0) * a \in H * a$$

が示され，

$$H * b \subset H * a$$

が分かる．等式となることは，(5.4)から分かる．□

上の事実は，図 5.5 で，元 $b * a^{-1}$ が剰余類 H に含まれる単位元 e からスタートして，剰余類 $H * a = H * b$ に含まれる元 b を経由して剰余類 H の元

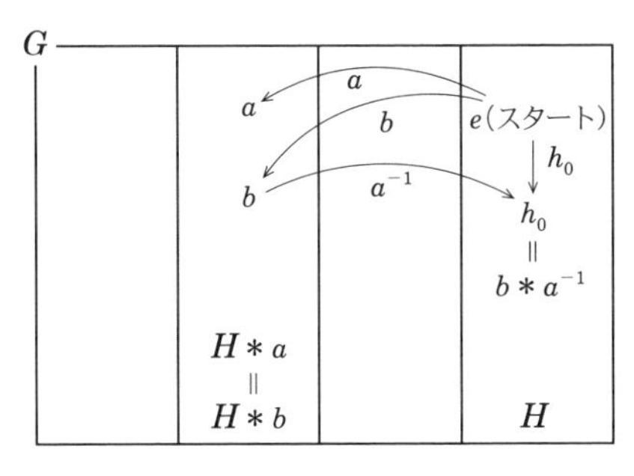

図 5.5

h_0 に戻ったと見ることができます.

群の元を分類する

等式(5.2)より剰余類は，図形 x を図形 y に移動する「空間の動き」全体の集合であることが分かりました．そこで，群 G の元を図形 x の**移動先で分類**してみましょう．この分類で 2 つの動き a, b が「同等」であるとは，等式 $x^a = x^b$ が成立つことです．この等式の両辺に a^{-1} を作用させると，$x = x^{b*a^{-1}}$ が得られます．よって「同等」となるための条件を固定部分群 G_x を使って表すと，$b*a^{-1} \in G_x$ となり，「同等」であることの基準は，

$$a \sim b \Longleftrightarrow b*a^{-1} \in G_x \tag{5.6}$$

となります．この「同等」の定義が条件(e1)〜(e3)を満たすことはすぐに確認できて，同値関係となることが分かります．また，(5.3)と(5.6)より，

$$C(a) = G_x * a$$

が成り立ち，右剰余類がこの同値関係の同値類であることも分かります．

ここで，群 G の 2 つの元を「同等」と見るかどうかの基準は，部分群 G_x の大きさに依存してることが分かります．

例えば，$x = \mathrm{P}_1$ とすると，$G_x = \{e\}$ となり，

$$a \sim b \Longleftrightarrow a = b$$

とスーパーのお客のような厳しい基準となります．逆に $x = \mathrm{S}_2$ とすると，G_x の位数は 4 となり，群 G の 8 つの元のうち，4 つが「同等」な元と評価されます．

部分群を固定部分群にする

部分群のイメージとして，図形 x を不変にする固定部分群を使ってきましたが，より複雑な群を扱うためには，空間の作用から解放される必要があります．

しかし，群の構造を調べるとき，群そのものを調べる以上に，群が作用している作用域の動きを見ることは，とても有用です．これは，動きの速い獲物を捕らえるときに，獲物そのものではなくその獲物の動きに影響されて揺

れる草花から獲物の動きを認識することに似ています．つまり，空間に変わるもっと柔軟性のある作用域が必要となるわけです．

群 G とその部分群 H が与えられたとき，元 $a, b \in G$ に対して，次の条件で同値関係を入れることができます．

$$a \sim b \Longleftrightarrow b * a^{-1} \in H \tag{5.7}$$

この同値関係に対し(5.3)と(5.7)より，等式 $C(a) = H * a$ が成り立ち，右剰余類が同値類となります．この等式と(5.1)の対偶から

$$H * a \neq H * b \Longleftrightarrow H * a \cap H * b = \emptyset \tag{5.8}$$

が成り立ちます．相異なる剰余類の集合 $\{H * a | a \in G\}$ を X としたとき，集合として群 G は，共通部分をもたない右剰余類の和集合で

$$G = \bigcup_{H * a \in X} H * a \tag{5.9}$$

と表せます．さらに(5.4)より

$$|H * a| = |H| \tag{5.10}$$

となるので，(5.8), (5.9), (5.10)より等式

$$|G| = \sum_{H * a \in X} |H * a| = \sum_{H * a \in X} |H| = |X| \cdot |H| \tag{5.11}$$

が得られます．この等式から部分群 H の位数が，群 G の位数を割り切ることが分かります．これを**ラグランジュの定理**と呼んでいます．また X に含まれる相異なる剰余類の個数が $\dfrac{|G|}{|H|}$ であることも分かります．

群 G の元 g に対して，X に含まれる右剰余類 $H * a$ への作用を，

$$(H * a)^g := H * (a * g)$$

で定義することができます．実際，$H * a = H * b$ なら(5.5)より，$b * a^{-1} \in H$ で，

$$H \ni b * a^{-1} = (b * g) * (a * g)^{-1}$$

より

$$H * (b * g) = H * (a * g)$$

が成り立ち，作用がきちんと決められていることが分かります．このとき，X の元(つまり剰余類)として $x = H$ を選ぶと，

$$G_x := \{g \in G | x^g = x\} = \{g \in G | H * g = H\} \overset{(5.5)}{=} H$$

となり，剰余類の集合 X を，H を固定部分群にする作用域として構成するこ

とができました.

例えば，$G := D_4$，$H := \langle c_4^2 \rangle = \{e, c_4^2\}$ とした場合，異なる右剰余類は，

H,

$H * c_4 = \{c_4, c_4^3\}$,

$H * \sigma = \{\sigma, c_4^2 * \sigma\}$,

$H * c_4 * \sigma = \{c_4 * \sigma, c_4^3 * \sigma\}$

の 4 つです.

この 4 つの剰余類に対する G の元 c_4 と σ の作用は，図 5.6 のように表されます.

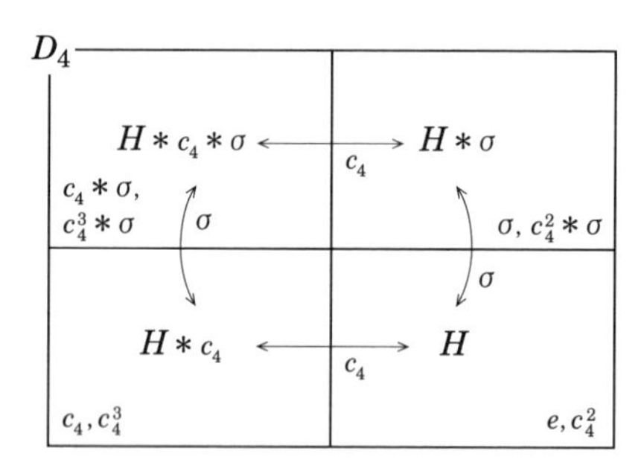

図 5.6

群 G とその部分群 H が与えられたとき，剰余類の集合 $\{H * a | a \in G\}$ を G/H と書き表します．この G/H こそより自由な対称性を表現するための作用域となる集合です.

章末問題

問題 5. 1. 群 G と部分群 H が与えられたとき，$g, h \in G$ に対して，

$$a \sim b \Longleftrightarrow b * a^{-1} \in H$$

と定義したとき，「～」が同値関係となることを確認しなさい．

問題 5. 2. 問題 1.2, 1.4 に登場した群 $D_3 = \langle \sigma, c_3 \rangle$，部分群 $K = \{e, c_3 * \sigma\}$ としたとき，K の右剰余類を求めなさい．

問題 5. 3. 群 G と部分群 H が与えられたとき，任意の H の元 a で $H * a = H$ となることを示せ．

問題 5. 4. 群 G と部分群 H が与えられ $|G| = 2 \times |H|$ のとき，G の任意の元 a に対して，$H * a = a * H$ となることを示せ．

問題 5. 5. 群 G の部分群 H, K について，H と K の位数の最大公約数が 1 のとき，$H \cap K = \{e\}$ となることをラグランジュの定理を用いて示せ．

第６章

シローの定理：素数の魔力

存在の証明

昨年の春に大学に入学した鈴木君もいよいよ２年生になり，専門科目の１つである「群論入門」を受講しています．新緑の頃もすぎ，そろそろ半袖で出歩くことが多くなってきています．今日も平凡な一日が始まると思っていた鈴木君の前に，一人の白髪の老人が現れました．周りを見回すとどうやらこの老人が見えているのは，自分だけであることに気がつきました．その老人は，いきなり鈴木君に話しかけてきました．

> おぬしは，今日あるものを救う使命を受けた．わしは，この使命が無事に遂行できるようにここに赴いた．

鈴木君は，自分の周りにまとわりつく「何か」を感じながら，何だか大変なことが自分に降りかかっているような気分になりました．老人は１本の木を指さしながら，次のように話しました．

> あそこの木に９羽の鳩がいる．おまえは，９羽の鳩の中につがいとなっていない鳩が存在することが証明できるか？

そして，この一言を残して老人は，霧のように消えてしまいました．すごく厳かに聞こえましたが，よく考えてみると当たり前のことを言っていることに気がつきました．もし，**すべての鳩がつがいだったら**鳩の数は，つがいの組の2倍で必ず**偶数**となるはずです．よって鳩の数が9羽で奇数なら**必ず**つがいでない鳩が存在します．

こんな，当たり前のことをなんであんな風にもったいぶって話したのだろうか？

4つの石

ぼんやりと考えているうちに，鈴木君は何かに導かれるように，歩き始めていました．気がつくと周りには人影もなくなり，小さな駅が1つ見えました．恐る恐る駅の改札を通り抜けたとたん，どこか超えてはならない一線を越えてしまったような感覚におそわれました．

次の瞬間，鈴木君は空中に浮かんだ4つの輝く石を見つけました．赤，緑，青，白の4つの輝きを放つ石は，白石を中心にして，残りの3つの石が同心円状に並んでいました．白石の上に赤石，白石の左下に緑石，そして白の右下に青石があります．よく見るとそれぞれの石の中には，数字が現れています．白石には，「1」が浮かんでいました．

赤石，緑石，青石の中には，それぞれ「2」,「3」,「4」が見えています(**図6.1**)．

鈴木君は，最初に，真ん中の白石に触ってみましたが，何の変化も起こりませんでした．そこで，赤石に触ってみると，かすかな囁きが聞こえて，赤石の数字が「1」となり白石の数字は，「2」に変わりました．つまり，白石と赤石の数字が入れ替わったのです．もう一度，赤石に触ると再び数字が入れ

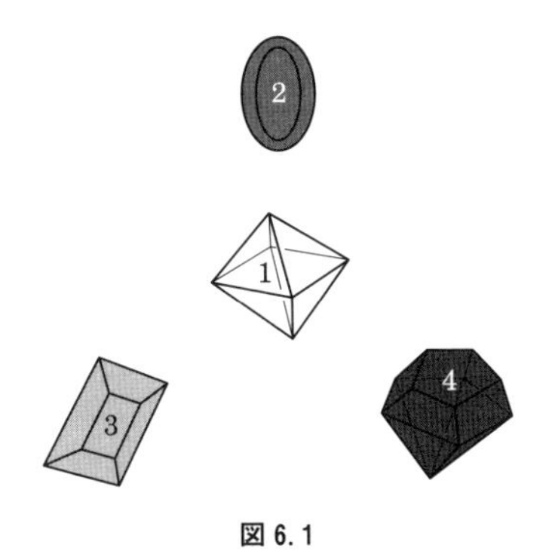

図6.1

替わり白石には「1」，赤石には「2」が現れ最初の状態に戻りました．次に，緑石に触ると，別の囁きが響き，緑石の数字が「1」に，白石の数字が「3」に変わりました．どうやら，赤石，緑石，青石に触ると何か呪文のような囁きが生まれ，触った石の数と中心の白石の数字が入れ替わるようです．

●動く数字

鈴木君は，この魔法のような数字の変化を次のようなカードにまとめることにしました(図 6.2)．

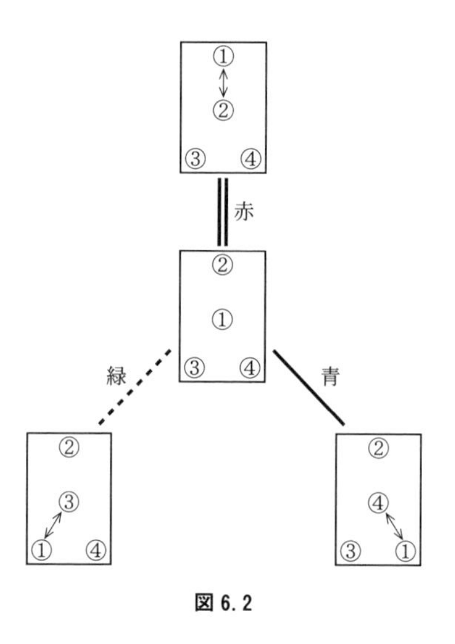

図 6.2

石の中に浮かぶ数字の組合せは，全部で 4! ＝ 24 通りです．大学で群論を少し学んでいた鈴木君には，すぐに石を触ることで発動する「数字の動き」は，4 次対称群による 4 つの数字への作用であることに気がつきました．

まず分かったことは，同じ石を 2 回連続で触ると触る前の状態に戻ることです．これは，赤石，青石，緑石を触ることで起こる「数の動き」を位数 2 の置換とみることができることを意味しています．

次に異なる石を連続して触ったときの数字の変化を見ます．赤石の次に緑石に触ると，最初に白石と赤石の数「1」と「2」の入替えの後に，白石と緑石の数「2」と「3」の入替えが起こります**(図6.3)**.

この「数字の動き」は，まったく触っていない状況から考えると「1」は「2」があった場所に移り，「2」は，「3」があった場所に，「3」は「1」があった場所に移動しています．これは置換で表すと (1,2,3) となります．赤石と緑石だけを触っている限りでは，数字の 4 はまったく動きません．

また，石を触る順番が異なっても，数字の最終的な位置が同じになる場合もあります．例えば次の図 6.4 のように，赤—緑—赤の順で石に触った場合と，緑—赤—緑と触った場合，どちらも数字の 2 と 3 の入れ換えの動き (2,3) となります．

どんどん数字の動きをカードにまとめていくと全部で予想通り，24 枚のカードが作られました．そして，石を触ることによって起こる「数字の動き」を図にまとめることができました**(図6.5，次ページ)**．いくつかのカードは重複

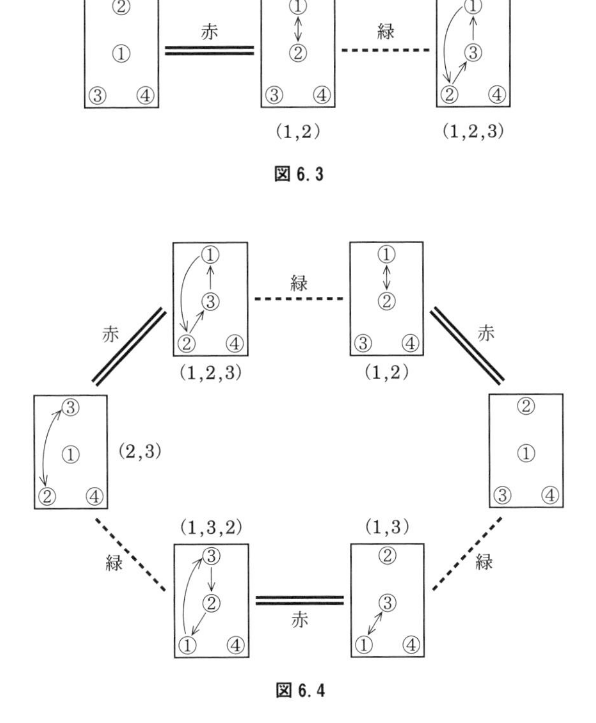

図 6.3

図 6.4

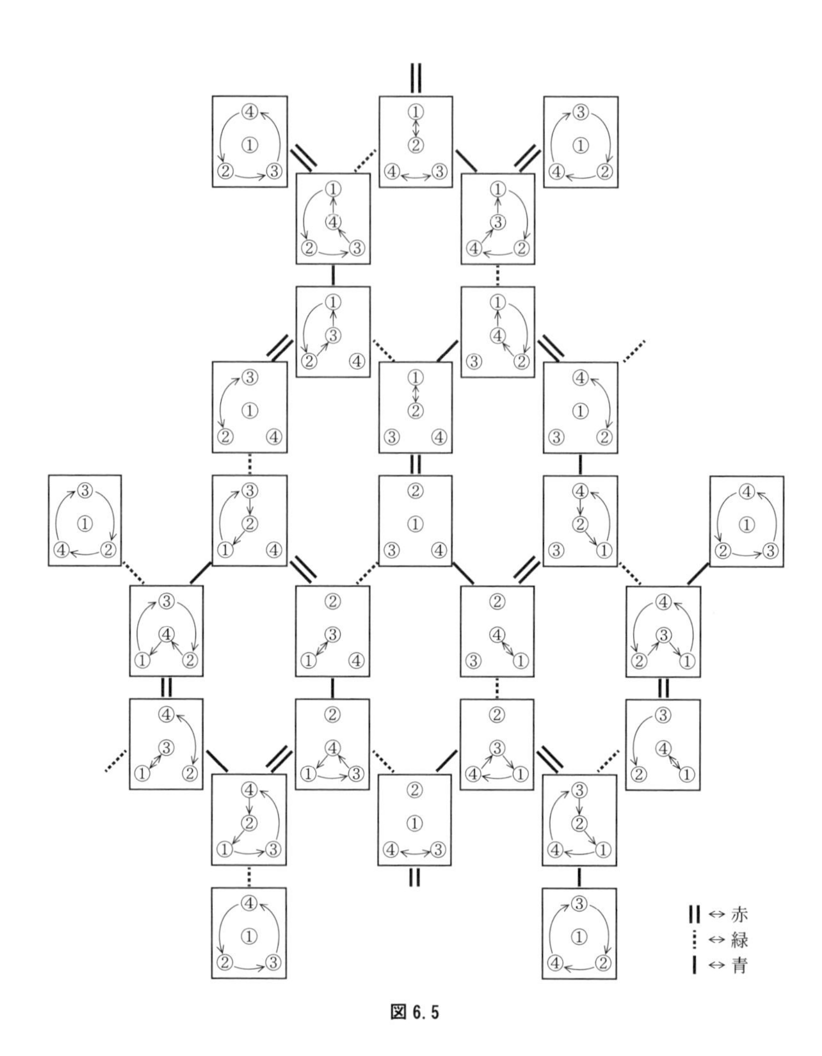

図 6. 5

して現れてしまいますが，全体が六角形の構造を持って平面に敷き詰められている様子に，鈴木君は人知を越えた美しさを感じ始めました．

●囁く石

石の中の数字の動きをまとめながら，いったいこの石は何なのだろうともう一度，真剣に石を見つめ直したとき，真ん中で輝く白石から，石に触ったときに発生する呪文と同じ声で，小さな囁きが聞こえてきました．

私を蘇らせて…

きっとこの石たちには神秘の力が宿っていると考えていた鈴木君は，突然の白石からの意味の分かる囁きに動揺しつつも，すぐ白石に向かって聞き返しました．「あなたを蘇らせるためには，何をすれば良いの？」すると白石から，次のような囁きが聞こえてきました．

8つの呪文で作る部分群妖精の存在を証明して

もしかすると，これは悪魔の罠かもしれないと一瞬戸惑った鈴木君でしたが，白石から放たれる清らかな輝きを信じて，協力することにしました．

鈴木君は，この囁きが求めているのはこの呪文のような「数の動き」が表す置換を8つ集めて部分群を作ることが求められていると予想しました．そして，自分が学んだ群や部分群の定義，そして剰余類などの知識を組み合わせれば，24の呪文から，部分群となり得る8つの呪文を見つけ出すことは，簡単にできると思いました．

●部分群の探索

まず初めに，鈴木君は存在の可能性について必要条件を確認することにしました．ラグランジュの定理より，群 G の部分群 H の元の数(位数)は，G の位数の約数であることが必要です．自分がまとめたカードから呪文全体の集合が位数24の群 G となります．よって部分群の位数は，24の約数であることが必要です．今回求めたい部分群の位数は，8で24の約数なので，この必要条件を満たしています．

鈴木君は，試行錯誤をしながら呪文を表す8枚のカードを選んでみましたが，どうも，上手に部分群を作ることができませんでした．そこで，いったい何通りの組合せがあるのかを計算してみることにしました．24枚のカードから8枚を選ぶ組合せなので，

$$ {}_{24}C_8 = \frac{24!}{8! \cdot 16!} = 735471 \tag{6.1} $$

関数電卓の表示を見て，これは闇雲に8枚のカードを選んではいけない気がしてきました．この組合せの数は，鈴木君を打ちのめすのには，十分の数でした．

新たな道を求めて

こんなにたくさんの組合せがあっては，途中で同じ組合せを選んでしまう可能性もあります．鈴木君は，重複が出ないように自動的に8枚のカードを作る方法が必要になると思いました．

このとき，先週大学の講義で学んだばかりの集合への群の作用を思い出しました．群 G と8つの元を持つ G の部分集合 S が与えられているとします．群 G の元 g に対して，集合

$$ S^g := \{s * g | s \in S\} $$

は，8つの元を持つ G の別の部分集合となります．なぜなら S から S^g への写像として $s \in S$ に対して $s * g$ を対応させると，この写像が全単射写像となることがすぐに分かるからです．（章末問題6.1を参照してください．） ここで，$g \in G$ をいろいろ変えることで，部分集合 S から作られた8つの元を持つ部分集合の集合

$$ S^G := \{S^g | g \in G\} $$

を作ることができます．これを，G の右からの積による部分集合 S の軌道と呼びます．この方法の良いところは，いったん軌道 S^G を作ると次に S^G に含まれない8つの元を持つ部分集合 T を1つ用意するだけで，S^G には含まれていない8つの元を持つ部分集合の集合 T^G で作れることです．2つの部分集合の集合 S^G と T^G に共通部分がないことは，軌道の持つ次の性質により保証されます．

$$ S^G \neq T^G \Longrightarrow S^G \cap T^G = \emptyset \tag{6.2} $$

先ほど計算した735471の部分集合は，重複することなくどれかの軌道に含まれています．よって735471の部分集合は，共通部分を含まない異なる軌道の和集合となり，

$$「異なる軌道に含まれる元の数」の総和 = 735471 \quad (6.3)$$

になります．鈴木君は，大学で学んだ群論がこんなところで活用できることに密かな喜びを感じました．

次に1つの軌道に含まれている8つの元を持つ部分集合の数を，計算することにしました．鈴木君は，固定部分群の講義で軌道 S^G に含まれるの元の数は，S を固定する固定部分群

$$G_S := \{g \in G | S^g = S\}$$

の位数で群 G の位数を割った値となると学びました．つまり，固定部分群の位数が小さければ，軌道にはたくさんの部分集合が含まれることになります．群 G の元 g を右から掛けるだけでどんどん部分集合が作られます．

ここまで来て，鈴木君はとても大事なことに気がつきました．群 G の位数が 24 なので，固定部分群が最も小さい単位群であっても軌道に含まれる部分集合の数は，最大で 24 にしかなりません．鈴木君は，この 24 と 735471 の差に再び打ちのめされ絶望的な気分になりました．

位数が8の部分群を見つけ出すことをを諦めかけたとき，鈴木君の頭にあの囁きが，ふたたび蘇ってきました．

8つの呪文で作る部分群妖精の存在を証明して

あれ!?，よく考えると部分群を見つけ出せとは**求めていない**．やるべきことは，**存在することを証明**するだけでよいのです．しかし，実際に8つの元で作る部分群を具体的に示すことなしに，その存在を証明することは，可能なのだろうか？　これは，妖精を見せることなく人々に妖精が本当にいることを納得させることに等しいではないか？　そんなかとが本当に可能なのだろうか？

わき上がった希望が萎み，自分に課せられた使命は果たせそうにないと感じ始めたとき，今日初めてあった白髪老人の言葉が浮かびました．老人は，つがいになってない鳩の**存在を証明できるか**？　と聞いていました．あのとき，鈴木君は，つがいでないの鳩を**見つけることなく**その**存在を証明**しました．これこそ今，鈴木君がぶつかっている問題を解決する新たな道である気がしてきました．

固定部分群に注目

鈴木君は，位数が8の部分群を直接見つけ出すことをせずに，群Gの部分群を広く見つめ直すことにしました．群Gの部分群について昨日の「群論入門」で「部分群を作りたければまず固定部分群を使え」と黒板に書かれていたことを思い出しました．どんなSを選んでもSの固定部分群G_Sは，必ずGの部分群となります．そこで，Sを確定しない状況で，固定部分群G_Sの位数がどこまで分かるか調べることにしました．

部分集合Sの元を$\{s_1, s_2, \cdots, s_8\}$としておきます．$g \in G_S$について，$s_1^g \in S^g = S$なので，$s_1^g$は，$S$の8つの元$s_i (1 \leqq i \leqq 8)$のどれかになります．このとき，固定部分群$G_S$から集合$\{1, 2, \cdots, 8\}$への写像$f$を

$$f(g) := i \quad ただし \quad s_1^g = s_1 * g = s_i \tag{6.4}$$

で定義します．この写像fは，単射になります．実際$g, h \in G$について$f(g) = f(h) = i$なら，

$$s_1 * g = s_1^g = s_i = s_1^h = s_1 * h \tag{6.5}$$

より，両辺に左から逆元s_1^{-1}を掛けてあげると$g = h$が得られます．ここで，fが単射と言うことは，

$$|G_S| \leqq |\{1, 2, \cdots, 8\}| = 8$$

となり固定部分群G_Sの位数は，8以下であることが証明できました．さらに，ラグランジェの定理から固定部分群の位数は24の約数なので，位数は1, 2, 3, 4, 6または8となります．ここまで考えて，鈴木君はちょっとびっくりしました．というのも集合Sを確定していないのに，固定部分群G_Sの位数がかなり確定されてしまったからです．

でもこれだけでは，まだ位数が8の部分群の存在を証明したことになりません．鈴木君は，「背理法」を使うことにしました．つまり，求めたいのは位数が8の部分群の存在証明なので，位数が8の固定部分群が存在しないと仮定して，何か矛盾を引き出すのです．

この仮定より固定部分群G_Sの位数は，1, 2, 3, 4または6となります．よってそれぞれの場合の軌道の長さは，24, 12, 8, 6または4となります．鈴木君はすべての軌道の長さが偶数であることに違和感を感じました．命題(6.2)を思い出せば，**軌道に含まれる部分集合の総数は偶数**になります．ところが，

実際の軌道の総数は「735471」で奇数です．これは，最初に出した仮定「すべての固定部分群が位数8未満」としたところが矛盾を生んだことになります．よって背理法により固定部分群には，位数が8となるものが少なくとも1つは存在しなければならないことが証明できました．

群妖精の復活

位数8の固定部分群の存在証明が，鈴木君の頭の中で完成したとき，4つの石の輝きが増し，4つの透き通ったクリスタルに変わり，鈴木君の前に小さな妖精が現れました．「助けていただいて，ありがとうございます．」「私は，群妖精で S_4 妖精と呼ばれています．」やっと本来の姿に戻れてほっとしているようですが，しかし，その顔には笑顔がありません．S_4 妖精はさらに話を続けます．「かつて，この場所は，群妖精がたくさん暮らしていました．ところがシローと呼ばれる魔法使いが現れ，すべての群妖精を石に変えてしまいました．」「この魔法を解くためには，群妖精が魔法使いシローの望むある部分群妖精を含んでいることを証明しなければなりません．」鈴木君は，S_4 妖精にシローが望んでいる部分群妖精とはどんなものかを聞いてみました．すると S_4 妖精は，次のように説明しました．

群妖精 G が n 個の呪文を持つとします．この整数 n の約数となる各素数 p に対して，p^m が n の約数となる最大の m があります．シローは，n の約数となるそれぞれの素数 p に対して，p^m 個の呪文を持つ部分妖精の存在を望んでいます．例えば，私の呪文数は，24で $24 = 2^3 \times 3^1$ と素因数分解できるので，元の個数が $2^3 = 8$ と3の部分群妖精の存在が必要でした．3個の呪文で作る部分妖精はすぐに見つかりました．

S_4 妖精はそう言って，鈴木君のカードから3枚のカードを取り出

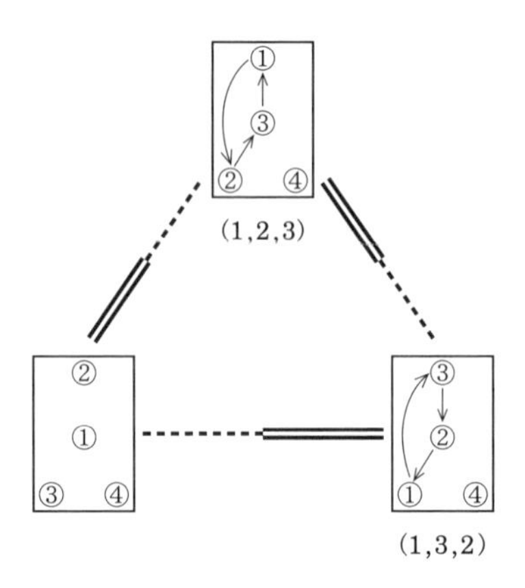

図 6.6

しました(図 6.6).

「これでシローの魔法が弱くなり石の姿のままで少し囁くことができるようになったのですが，8 個の呪文で作る部分群妖精の存在を証明することができずに，助けを求めていました．鈴木様がその存在を証明してくれたおかげで，このように元の姿に戻ることができました．しかし，この場所には，石の姿に変えられてしまった群妖精がたくさんいます．鈴木様の力で，何とかみんなを助けていただけないでしょうか？」

鈴木君は，S_4 妖精の言葉から今自分がこの場所にいる意味と与えられた使命を知りました．そして，この使命を達成する決意を固めました．

群妖精救出大作戦

鈴木君は，S_4 妖精に，ここにいる群妖精は全部でいくついるのかを聞きました．S_4 妖精の答えは，「群妖精は無限に存在しています」でした．つまり，群妖精を順番に助け出していてはいつまでたってもこの使命は完結しないのです．鈴木君は，シローが望んでいる部分群妖精の存在を群妖精を確定しないで証明しなければならないのでした．

鈴木君は，S_4 妖精でうまくいった方法を一般化して考えることにしました．$n = 24$ で $8 = 2^3$ なので，今回は $p = 2$ の場合で証明したことになります．

そのあと，24の呪文から8つを選ぶ方法の総数 ${}_{24}C_8 = 735471$ を計算して，この数が偶数でないことが証明のカギとなりました．素数 p に対するシローの望む部分群妖精を，シロー p-部分群妖精と呼ぶことにします．シロー p-部分群妖精がもつ呪文の数 p^m は，群妖精の呪文総数 n を割り切る最大の p 冪です．よって次の等式が成り立ちます．

$$n = p^m \times k \quad \text{ただし} \quad k \text{は，} p \text{で割り切れない} \tag{6.6}$$

$n = p^m k$ の呪文から p^m 個を選ぶ選び方の総数は，${}_{p^m k}C_{p^m}$ です．S_4 妖精では，$p = 2$ でこの値が「**偶数でない**」ことが大事だったわけで，これを「**2で割り切れない**」と読み替えれば，一般化した性質は，「**p で割り切れない**」となるのではと考えました．

鈴木君の方法を，すべての群妖精に適用できるようにするには，この性質を証明することがどうしても必要となりますが，まずはこの性質が成り立つと仮定して，最後まで証明できるかを確認することにしました．

p^m 個の呪文の集合を S とし，$S = \{s_1, s_2, \cdots, s_{p^m}\}$ としておきます．固定部分群 G_S について，$g \in G_S$ を1つ選ぶと，固定部分群 G_S から集合 $\{1, 2, \cdots, p^m\}$ への写像 f を

$$f(g) := i \quad \text{ただし} \quad s_1^g = s_1 * g = s_i \tag{6.7}$$

で定義できます．この写像 f が単射となることをすでに示しているので，固定部分群 G_S の位数は，p^m 以下であることが証明できました．もし，**位数が p^m の固定部分群が存在しないと仮定**すると再びラグランジュの定理を使えば，固定部分群の位数は $p^i s (0 \leqq i < m)$ で，s は，k の約数となります．すると，集合 S の軌道の長さは，

$$\frac{n}{p^i s} = \frac{p^m k}{p^i s} = p^{m-i} \times \frac{k}{s} \tag{6.8}$$

s の仮定から $\dfrac{k}{s}$ は自然数で，i の仮定から，p^{m-i} は p で割り切れます．つまり，**軌道の長さは必ず p で割り切れる**と言えます．よって命題(6.2)より各軌道の総和も p で割り切れます．

各軌道の総和が，部分集合 S の種類の総数 ${}_{p^m k}C_{p^m}$ に等しくなるので，もしこの数が，「**p で割り切れない**」と矛盾が発生し，背理法により位数が p^m となる固定部分群の存在することになります．

●最後の壁

魔法を解くための最後の壁は，${}_{p^m k}\mathrm{C}_{p^m}$ が「p **で割り切れない**」ことを証明することとなりました．鈴木君は，${}_{p^m k}\mathrm{C}_{p^m}$ の定義を書いてみることにしました．

$$ {}_{p^m k}\mathrm{C}_{p^m} = \frac{p^m k \times (p^m k - 1) \times \cdots \times (p^m k - p^m + 1)}{p^m \times (p^m - 1) \times \cdots \times 2 \times 1} \tag{6.9} $$

分子と分母を素因数分解したとき，それぞれ p 冪で割り切れる最大数 p^a と p^b が存在し，$a \geqq b$ の関係になっています[1)]．よって ${}_{p^m k}\mathrm{C}_{p^m}$ が p で割り切れないための必要十分条件は，$a = b$ となります．しかし，この a と b は，簡単には求められそうにありません．a と b が分からないのに $a = b$ を証明することなんて，できるのでしょうか？

限界にさしかかった鈴木君は，原点に戻って S_4 妖精を助けたときの $n = 24$ の場合で，もう一度考えてみることにしました．${}_{24}\mathrm{C}_8$ の値が 2 で割り切れないことは，実際に ${}_{24}\mathrm{C}_8$ を計算して，偶数にならないことを確認しました．では，${}_{24}\mathrm{C}_8$ が 2 で割り切れないことを ${}_{24}\mathrm{C}_8$ を計算することなしに，求めることができるでしょうか？　鈴木君は，${}_{24}\mathrm{C}_8$ も定義に戻って計算をやり直すことにしました．

$$ {}_{24}\mathrm{C}_8 = \frac{24 \cdot 23 \cdot 22 \cdot 21 \cdot 20 \cdot 19 \cdot 18 \cdot 17}{8 \cdot 7 \cdot 6 \cdot 5 \cdot 4 \cdot 3 \cdot 2 \cdot 1} \tag{6.10} $$

鈴木君は最後の壁を乗り越えるため，目の前の式に意識を集中しました．鈴木君は分母と分子の積を計算する代わりに，分母と分子の数の積の中に 2 が何回現れているかを数えることにしました．分母と分子はそれぞれ 8 つの数の積になっています．この 8 つの数字の組を見てみると，驚いたことに，分母も分子も右から 1 番目，3 番目，5 番目，7 番目は奇数なので，2 では割り切れません．右から 2 番目と 6 番目は 2 で割り切れます．4 番目は，$4 = 2^2$ で割り切れています．8 番目は $8 = 2^3$ で割り切れています．

まさに，分母の 8 つの数と分子の 8 つの数は，約数に持つ 2 冪の数がつがいの鳩のように揃って等しくなっています．よって 8 つの数字の積においても分子と分母を素因数分解したときの 2 冪の数は等しくなり，約分により分母と分子の 2 冪はきれいに消えてなくなります．これこそ ${}_{24}\mathrm{C}_8$ が奇数となった理由です．

この $n=24$ で起こったことが，一般でも起きることを証明できれば，すべての魔法が解かれます．

この事実を一般化すると ${}_{p^m k}C_{p^m}$ では，分母と分子は p^m 個の積になります．積の右から l 番目の分母分子は，

$$\frac{p^m k - p^m + l}{l} \qquad 1 \leqq l \leqq p^m \tag{6.11}$$

となります．ここで，分母に来る l の素因数分解が $l=p^a s$ だとします $(0 \leqq a \leqq m)$．すると分子の数は，

$$p^m k - p^m + l = p^m k - p^m + p^a s = p^a(p^{m-a}(k-1)+s)$$

となります．仮定より s は p で割り切れないので，$p^{m-a}(k-1)+s$ も p で割り切れません．よって分子と分母の素因数分解で現れる p 冪の数は共に p^a で等しくなり，約分により p 冪は分母からも分子からも消えてなくなります．ここにいたって，数 ${}_{p^m k}C_{p^m}$ が p で割り切れないことが証明されました．

鈴木君が高らかに証明を言い終えたあと，大地が揺れ初め地面より白い煙が噴き上がりました．やがて，地面に埋もれていたたくさんの石が浮かび上がり，輝きだしました．浮かび上がった石はすべてクリスタルに変わり，たくさんの群妖精が姿を現しました．最初に吹き出した煙は，やがて1つに凝縮して小さな箱に変わりました．

最初に助けられた S_4 妖精は仲間と共に，鈴木君の前に進み出て深々と頭を下げました．S_4 妖精は，「鈴木様，あなたは使命を達成し，この場所を元の状態に復活させました．」「私たちにはまだ，仕えるべき王を持ちませんが本日のところは私が代表者となりお礼を申し上げます．」「この箱は，シローの魔法が解けた証として，あなた様がお持ちください．」と言って，鈴木君に小さな箱を手渡しました．その瞬間，気がつくと鈴木君は最初にいた駅の前に来ていました．その駅には，最初に気がつかなかった看板があり，「有限群村駅」と書かれていました．小さな箱を抱えてその駅を通りすぎるとき，鈴木君は自分はいつかこの駅に戻ってくるかもしれないと思いました．

1）　${}_{p^m k}C_{p^m}$ は整数なので，分子は分母で割りきれる．

章末問題

問題 6.1. 群 G とその部分集合 S が与えられたとき，G の元 g を使った写像

$$f : S \longrightarrow S^g : f(s) = s * g$$

は，全単射であることを示せ．

問題 6.2. 群 G と n 個の元からなる G の部分集合 $S = \{s_1, s_2, \cdots s_n\}$ が与えられたとき，固定部分群 G_S から集合 $\{1, 2, \cdots, n\}$ への写像 f を $g \in G_S$ について，$f(g) = i$(ただし $s_1 * g = s_i$) と定義するとき，f が単射となることを証明しなさい．

問題 6.3. 図 6.5 で鈴木君が作ったカードから，位数 3 の部分群となるカードをできるだけ多く選びなさい．

問題 6.4. 群 G と n 個の元からなる G の部分集合 $S = \{s_1, s_2, \cdots, s_n\}$ が与えられたとき，固定部分群 G_S の位数が n ならば，集合 S が G_S の剰余類となることを示せ．

第 7 章

関係式：見える群を作る

兄弟げんか

母親と 3 人の子供が，レストランに昼食を食べに来ました．長男は 6 年生，長女は 4 年生，末っ子の次女は 2 年生です．みんな，母親が大好きです．レストランには，長方形のテーブルが置かれて，向かい合って二人ずつが並んで座れます．図 7.1 のように，席には 1 番から 4 番までの番号がついていて，4 人が好きな場所に座ります．

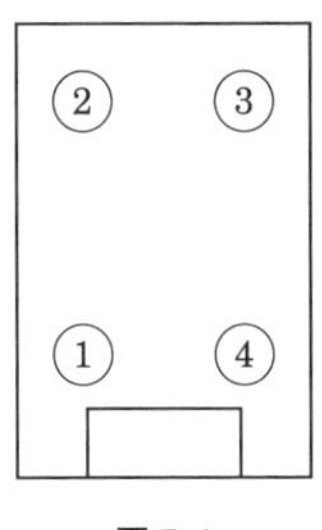

図 7.1

ところが，娘 2 人が毎回どちらが母親の隣に座るかで，けんかになります．なかなか席が決まらないことに，腹を立てた長男が「いいかげんにしろ！」と 2 人を一喝します．でも，そのあと，小さな声で「ぼくは我慢しているのに」とつぶやきます．どうやら，長男も母親の隣に座りたかったようです．

席替えカード

そこで，母親が図 7.2 のような 4 枚のカードを使った席替えをすることを提案します．

レストランに来たら，まず前回座った席に腰掛けて，母親が裏返したカードから 1 枚を選びます．4 人はそのカードの指示に従って，席替えを行います．例えば，カード a_1 が出たら，1 番と 2 番の席が入れ替わります．カード b_1 が出たら，2 番と 3 番の席が入れ替わります．毎回，4 つの中の 2 つの席が入れ替わります．特等席は，もちろん母親の隣の席です．

さて，この席替えは全部で何通りあるのでしょうか？ これは，4 枚のカードによる席替えを作用と考えたときの置換が生成する群の位数と同じになります．2 つのカード a, b の積は，カード a による席替えの後に，カード b の席替えを行う置換です．この 4 枚のカードで生成される群はいったいどんな群になるのでしょうか？ すべてのカードは 2 つの席の入れ替えを行いますので，同じカードが続けて 2 回出ると元の状態に戻ります．

$$a_1^2 = a_2^2 = b_1^2 = b_2^2 = e \tag{7.1}$$

一般に，群 G が与えられたときに，その群の生成元が満たす等式のことを

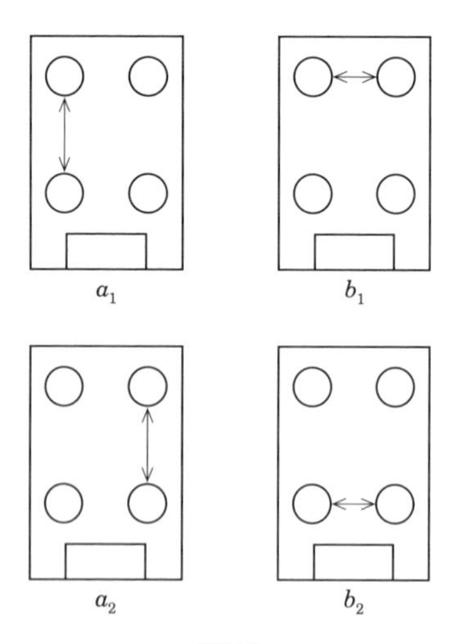

図 7.2

生成元の**関係式**と呼びます．生成元の関係式をいくつか明示して，その関係式を満たす**最大**の群を**生成元と関係式で定義された群**と呼びます．

例えば，群 G を１つの生成元 a と関係式 $a^6 = e$ で定義された群とします．このとき，群 G の元は，$\{e, a, a^2, a^3, \cdots, a^5\}$ の６つとなります．この関係式 $a^6 = e$ で定義された群を

$$G := \langle a | a^6 = e \rangle$$

と書き表します．第１章の c_3 を使って，$a := c_3$ とすると，$c_3^3 = e$ より関係式 $c_3^6 = e$ が成り立ちます．しかし関係式で定義された群は，その条件を満たす**最大**の群としているので，位数３の $\langle c_3 \rangle$ は，関係式で定義された群とはなりません．また，２つの生成元 a, b と関係式 $a^2 = b^2 = e$ で定義された群を考えると，i が偶数のとき $a^i = e$，i が奇数のとき $a^i = a$ となります（b についても同様）．よって，a, b の積の組合せは，$a * b * a * \cdots$ または，$b * a * b * \cdots$ の形になります．この積は，無限に長く続くので，この関係式で定義された群は，無限に元をもつ群になります．

次女の願い

今，母親は１番の席に，次女は母親の隣の２番の席に座っています．次女は，カード a_1 と a_2 だけが出ることを，毎日神様にお願いしています．この２つのカードが出ている限り，母親と次女の座る場所はずっと左側のテーブルに**固定**されます．そして母親の隣という特等席は，いつも自分のものとなります．

さて，図 7.3（次ページ）でカード a_1 と a_2 から生成される群

$$H_1 := \langle a_1, a_2 \rangle$$

を考えてみましょう．まず，関係式(7.1)が成り立っていました．また，$a_1 * a_2$ と $a_2 * a_1$ が表す席替えは，どちらも１番と２番，および３番と４番の席替えで等しい作用であることが分かります．つまり，等式

$$a_1 * a_2 = a_2 * a_1$$

が得られます．(7.1)を使って $a_2 * a_1$ を左に移項すると，関係式

$$(a_1 * a_2)^2 = e$$

が得られます．

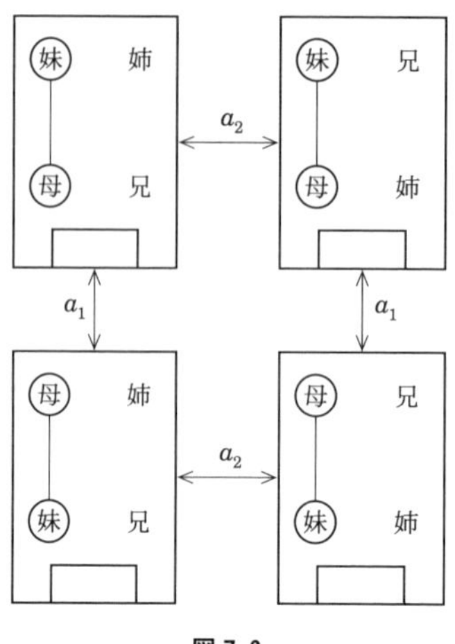

図 7.3

この2つの関係式により定義される，次女の望む席替え全体が作る群は，

$$H_1 := \langle a_1, a_2 | a_1^2 = a_2^2 = e,\ \ (a_1 * a_2)^2 = e \rangle$$

と定義できます．この群の位数は4になります．実際，3つの元の積は $a_1 * a_2 * a_1$ と $a_2 * a_1 * a_2$ だけですが，どちらも H_1 の関係式を使うと，

$$a_1 * a_2 * a_1 = a_1 * a_1 * a_2 = a_2, \qquad a_2 * a_1 * a_2 = a_2 * a_2 * a_1 = a_1$$

と短くなるので，群 H_1 の元は2つ以下の生成元の積で表され，

$$H_1 = \{e, a_1, a_2, a_1 * a_2\}$$

となります．

長女の思い

長女は，母親の斜め向かいの3番の席に座っています．次女が，カード a_1 と a_2 だけが出ることを，神様にお願いしていることも知っています．姉としてそんな妹の願いを聞き入れてあげたいと思いつつ，自分もちょっとは母親の隣に座りたいとの気持ちを捨てられずにいます．そこで，まずカード b_1 が出て自分が母親の隣に座ることを願いました．でも，妹の悲しむ顔を見るのもつらいので，その次には，必ず b_2 が出てまた妹が母親の隣になれるように祈ることにしました．つまり，長女はカード a_1, a_2 そして連続して b_1 と b_2

が出ることつまり積 $b_{12} = b_1 * b_2$ を神様にお願いしました．この3つの席替えでは，積 $b_1 * b_2$ で少しの間，長女が母親の隣に座る以外は，常に次女が母親の隣となります．図7.4ではカード a_1, a_2, b_{12} で生成される群

$$H_2 := \langle a_1, a_2, b_{12} \rangle$$

での作用を表しています．

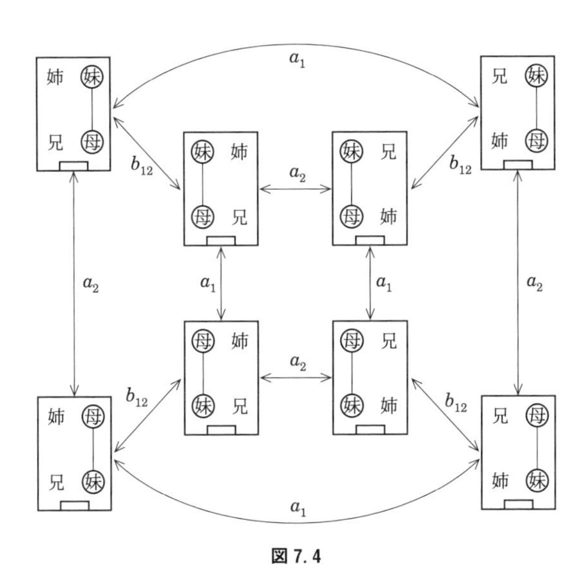

図7.4

図7.4の中央には，次女の群 H_1 が母親と次女を左側のテーブルに固定する固定部分群としてあり，b_{12} を作用させると，母親と次女を右側のテーブルに移動する剰余類 $H_1 * b_{12}$ が，その外側にできます．よって長女の望む席替え全体の作る群 H_2 の位数は8です．また，図7.4から関係式

$$b_{12} * a_1 * b_{12} = a_2$$

も得られ，群 H_2 は生成元と関係式で次のように定義されます．

$$H_2 := \left\langle a_1, a_2, b_{12} \,\middle|\, \begin{array}{l} a_1^2 = a_2^2 = b_{12}^2 = e, \\ (a_1 * a_2)^2 = e, \\ b_{12} * a_1 * b_{12} = a_2 \end{array} \right\rangle$$

長男の諦め

長男は，母親の向かい側の4番の席に座っています．次にどのカードが出ても自分が母親の隣に座ることはありません．母親の隣に座るためには，まずはカード a_1 または a_2 が出て，母親の斜め向かいの席に移り，その後にカード b_1 または b_2 が出ることが必要です．長男は，母親の隣を諦めて別のことを考え始めました．長男は自分が座っている席が大好きな飲み放題ドリンクバーから一番近いことに気がつきました．そこで，カード a_1 と b_1 だけが出ることを，神様にお願いすることにしました．この2つのカードが出ている限り，自分は4番の席に座り続けられます．図7.5のカード a_1 と b_1 によって生成される群

$$K := \langle a_1, b_1 \rangle$$

は，どうなるでしょうか？ 妹達の群と同様に，関係式(7.1)が成り立ちます．積 $a_1 * b_1$ は，1番を3番に，3番を2番に，そして2番を1番の席に替えます．この席替えは3回繰り返すと元に戻るので，関係式

$$(a_1 * b_1)^3 = e$$

が成り立ちます．

この2つの関係式により定義される長男の望む席替え全体が作る群 K は，

$$K := \langle a_1, b_1 | a_1^2 = b_1^2 = e,\ (a_1 * b_1)^3 = e \rangle$$

で構成される位数が6の群となります．実際，2番目の関係式に右から $b_1 * a_1 * b_1$ を掛けると，等式

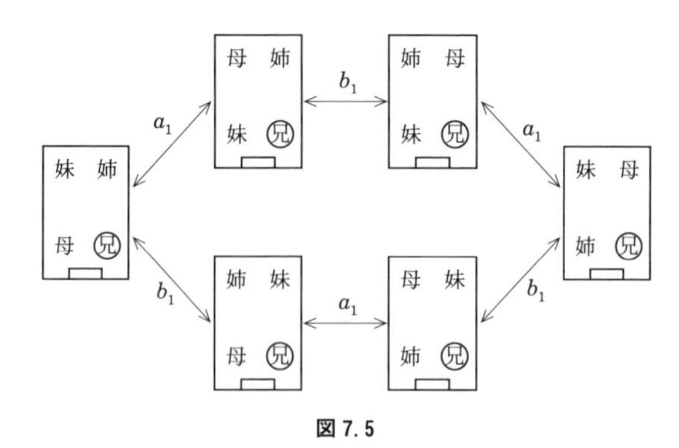

図7.5

$$a_1 * b_1 * a_1 = b_1 * a_1 * b_1 \tag{7.2}$$

が得られます．この等式(7.2)より長男の群 K の元は，必ず3つ以下の積で表せることが分かります．例えば，4つの生成元の積は

$$b_1 * a_1 * b_1 * a_1 \overset{(7.2)}{=} b_1 * b_1 * a_1 * b_1 \overset{(7.1)}{=} a_1 * b_1$$

と変形が可能です．また，積 $b_1 * a_1$ は，$a_1 * b_1$ の逆元で $a_1 * b_1$ とは逆回りの席替えを行います．

よって長男の望む席替え全体の作る群は，

$$\{e, a_1, b_1, a_1 * b_1, b_1 * a_1, a_1 * b_1 * a_1\}$$

で構成される位数6の群になります．

席替えカードが作る群

では，席替えカード全体が作る群

$$G := \langle a_1, a_2, b_1, b_2 \rangle$$

は，どんな関係式で定義することができるでしょうか？　まずは，群 G の位数を確定しましょう．第5章で紹介したラグランジュの定理から群の位数は，部分群の位数の倍数になることが分かりました．本章の群では，位数が8の部分群(長女の群)と位数6の部分群(長男の群)が存在しますので，群 G の位数が24[1]の倍数であることが分かります．ところが，席替えは4つの席を4人の家族に座らせる並べ替えなので，その組合せは最大4!つまり24となります．よって，席替えカードが作る群 $G = \langle a_1, a_2, b_1, b_2 \rangle$ の位数は24であることが分かりました．

次に，席替えカードによる長男の移動に注目してみましょう．部分群 K では，長男は4番の席から移動しません．つまり K は，長男を4番の席に固定する固定部分群 G_4 に含まれます．さて，長男は群 G により1番から4番までのすべての席に移動しますので，長男の軌道 4^G は，1番から4番のすべての席となります．固定部分群と軌道の関係から，

$$24 = |G| = |4^G| \cdot |G_4| = 4 \cdot |G_4|$$

が成り立つので，群 G_4 の位数は6と分かり $K = G_4$ となります．次に，固定部分群 K による群 G の剰余類を計算してみましょう．席替えカード a_2 は，長男を4番から3番の席に移動させます．よって，剰余類 $K * a_2$ が群 G の

1)　8と6の最小公倍数．

元で，3 番の席に移動させる作用全体となります．続いてカード b_1 がでると，長男は 2 番の席に移動します．よって，剰余類 $K*a_2*b_1$ は，2 番の席に移動させる作用全体となります．さらにカード a_1 を作用させると，長男は 1 番の席に移動します．つまり剰余類 $K*a_2*b_1*a_1$ こそ，1 番の席に移動させる作用全体となります．これで，長男を 1〜4 番の各席に移動できました．剰余類の性質より，各剰余類は 6 個の元を持ち，互いに重複する元を含みません．よって群 G は，次のように互いに素な部分集合の和で表されます．

$$G = K \cup K*a_2 \cup K*a_2*b_1 \cup K*a_2*b_1*a_1$$

ここで，1 つ注目したい事実があります．部分群 K は，a_1 と b_1 で生成されていました．そして，4 つの剰余類は K に a_2, b_1, a_1 を掛けて作っています．つまり 3 つの元 a_1, a_2, b_1 の積の組み合わせで群 G の元はすべて表されることが分かります．これは，生成元として**カード b_2 が不要**であることを示しています．実際，b_2 は長男を 4 番の席から 1 番の席に移動させますので，剰余類 $K*a_2*b_1*a_1$ に含まれていますが，

$$b_2 = a_1*b_1*a_2*b_1*a_1$$

となることが確認できます．よって，群 G は，3 つの元 a_1, a_2, b_1 で生成できることが分かります．

新しい関係式

それでは，席替えカードが作る群 G を関係式を使って定義しましょう．生成元 a_1, a_2, b_1 について知られている関係式は，(7.1) と $(a_1*a_2)^2 = e$，$(a_1*b_1)^3 = e$ の 3 つです．ここまでの関係式では，a_2 と b_1 の関係が未知のため積 a_2*b_1 の位数は確定できません．位数 24 の群 G を定義するためには，新たな関係式を追加する必要があります．そこで，積 a_2*b_1 の位数を求めてみましょう．目的は，$(a_2*b_1)^n = e$ となる最小の自然数 n を求めることですが，厳密な観察の前に，剰余類への作用から概算を試みましょう．もし，ある自然数 n で $(a_2*b_1)^n = e$ となっていたら，等式

$$K*(a_2*b_1)^n = K$$

が成り立つはずです．そしてこの等式が成り立つための必要十分条件とは，4 番の席に座っていた長男が，$(a_2*b_1)^n$ の作用で，4 番の席に座っているこ

とが条件となります．図7.6から，$(a_2 * b_1)^3$ で長男が4番の席に戻ってくることが分かります．つまり $(a_2 * b_1)^3 \in K$ が成り立ちます．

さらに，図7.6で2番の席に座っている次女からスタートしても $(a_2 * b_1)^3$ で次女は2番の席に戻ります．1番に座った母親は，a_2 でも b_1 でも動きません．母親，長男，次女の場所が不変であれば，残る長女の場所も当然不変となり，関係式 $(a_2 * b_1)^3 = e$ が示せました．

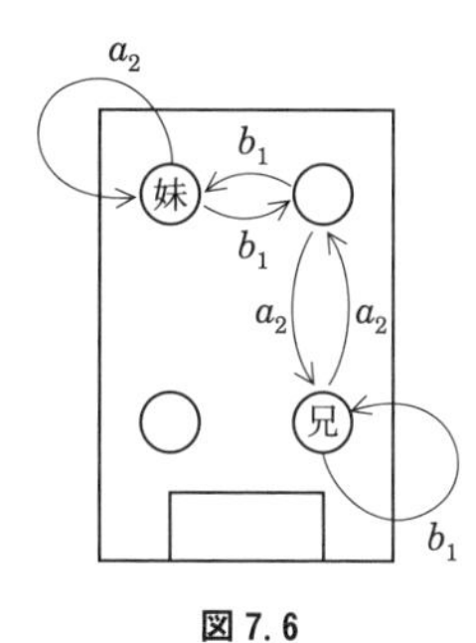

図7.6

関係式を確定するために

これまで，群 G に関する4つの関係式を作り出しましたが，群 G を定義する上で，これで十分なのかが問題になります．この4つの関係式で位数24の群 G が本当に定義できたのかをどのように確認したら良いのでしょうか？

一般に群 G_0 が生成元と関係式で表されていたときに，群 G_0 の位数を計算する方法を考えます．まず，生成元の部分集合で生成される部分群 K_0 を選びます．ここで部分群 K_0 の位数 m は，簡単に確定できるとしておきます[2)]．このとき，部分群 K_0 による G_0 の剰余類の個数 r が関係式の情報だけで確定できれば，ラグランジュの定理からこの関係式で定義された群 G_0 の位数は，$m \times r$ となります．

関係式から剰余類の集合

$$G_0/K_0 = \{K_0 * g \mid g \in G_0\}$$

を決める手順は，次のようになります．

2）例えば，生成元が1つならすぐに計算できます．

Step1 集合 X を剰余類 $K_0 = K_0 * e$ を元に持つ集合 $X = \{K_0\}$ とする.

Step2 集合 X から剰余類 $K_0 * a$ を選び生成元 x を作用させて，剰余類 $K_0 * a * x$ が集合 X に含まれている剰余類と等しいかを調べる.

Step3 もし X に含まれるどの剰余類とも等しいと**確認できなかった**場合，剰余類 $K_0 * a * x$ を集合 X に加える.

Step4 Step 2 の作業を X に含まれるすべての剰余類で行い，その際新たに X に加えられる剰余類が生まれなかったら，$X = G_0/K_0$ となる.

Step5 Step 2, Step 3 の作業を繰り返して，いつまでも新しい剰余類が生まれてしまう場合，群 G_0 を定義する関係式が不十分だと判断する.

Step 2 で，2 つの剰余類が等しいかどうかを判定するのは簡単ではありません．この判定を行うときに使う命題を紹介します．

$$x \in K_0 \Longrightarrow K_0 = K_0 * x. \tag{7.3}$$

(7.3)を使うと x が K_0 の生成元のとき，

$$\forall a \in G_0,\ K_0 * a = K_0 * x * a \tag{7.4}$$

が成り立ちます．

G_0 の任意の元が生成元の積で表されることから，Step 4 で得られた集合 X では，

$$\forall x \in G_0,\ \forall K_0 * a \in X,\ K_0 * a * x \in X \tag{7.5}$$

が成り立ちます．今回の手順はもともと $X = \{K_0\}$ からスタートしていますので，(7.5)が成り立つと

$$\forall g \in G_0,\ K_0 * g \in X$$

となり $X = G_0/K_0$ と結論することができます．

群 G を定義する関係式

では，上の手順に従って群 G の関係式を確定しましょう．関係式のみから群を確定するため，今までの群 G を離れて次の 4 つの関係式で定義された群

G_0 を考えます．$(x \leftrightarrow a_1,\ y \leftrightarrow b_1,\ z \leftrightarrow a_2)$

$$x^2 = y^2 = z^2 = e \tag{7.6}$$

$$(x * y)^3 = e \tag{7.7}$$

$$(y * z)^3 = e \tag{7.8}$$

$$(x * z)^2 = e \tag{7.9}$$

また，等式(7.2)と同様に上の関係式を組み合わせると，

$$x * y * x = y * x * y \tag{7.10}$$

$$y * z * y = z * y * z \tag{7.11}$$

$$x * z = z * x \tag{7.12}$$

も得られます．群 G_0 は，上の関係式を満たす最大の群となりますが，もし群 G_0 の位数が 24 であることを証明できれば，群 G を定義する関係式は 4 つで十分ということになります．

まず群 G_0 の部分群 K_0 を次のように定義します．

$$K_0 := \langle x, y \mid x^2 = y^2 = e,\ (x * y)^3 = e \rangle$$

部分群 K_0 は，長男の群 K のときと同様に位数が 6 の群となります．そして，部分群 K_0 を定義した関係式を図 7.7 のようなグラフで表すことができます．ここでは，グラフの点が群 K_0 の元に対応しています．起点となる単位元の点 e から，生成元 x や y の積で作られる元は，x や y のラベルの付いた辺に沿って移った先にある点と対応しています．図 7.7 の 6 角形の頂点○は，剰余類 K_0 の元と見ることができます(Step 1)．

剰余類 ○ $:= K_0$ とおくと，(7.3)より，

$$○ * x = ○, \qquad ○ * y = ○$$

が得られます(Step 2)．

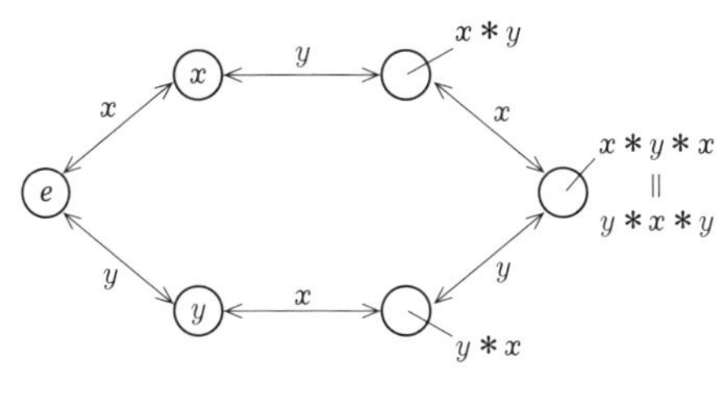

図 7.7

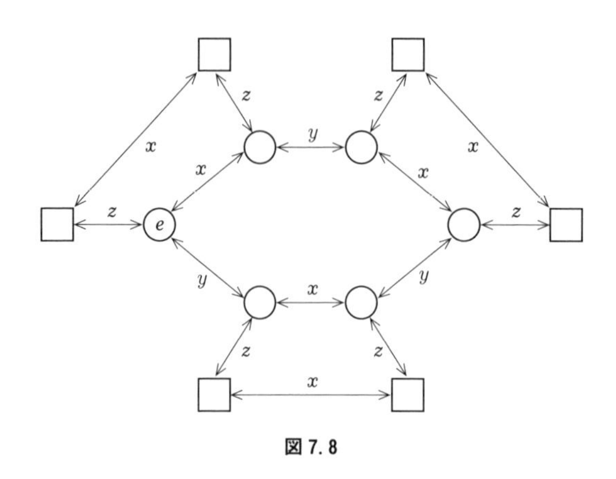

図 7.8

次に，図 7.8 のように剰余類 K_0 に元 z を掛けて剰余類

$$\square := K_0 * z$$

を書き加えます(Step 3)．そして $K_0 * z$ に元 x を掛けてみます．

$$\begin{aligned} K_0 * z * x &\overset{(7.4)}{=} K_0 * x * z * x \\ &\overset{(7.1)}{=} K_0 * x * z * x * z * z \\ &= K_0 * (x * z)^2 * z \\ &\overset{(7.9)}{=} K_0 * z \end{aligned}$$

より，等式 $\square * x = \square$ が成り立ちます．これは，図 7.8 で □ に元 x を掛けても□に移っていることに対応しています(Step 2)．図 7.8 では，上の計算で使った関係式 $(x * z)^2 = e$ が書き加えられていることに気づいたでしょうか？

さらに図 7.9 (次ページ)のように剰余類 $K_0 * z$ に元 y を掛けて剰余類

$$\triangle := K_0 * z * y$$

を加えます(Step 3)．ここで剰余類 $K_0 * z * y$ に z を掛けてみます．

$$K_0 * z * y * z \overset{(7.11)}{=} K_0 * y * z * y \overset{(7.3)}{=} K_0 * z * y$$

より，等式 $\triangle * z = \triangle$ が成り立ちます．これは，図 7.9 で △ に元 z を掛けても △ に移っていることに対応します．図 7.9 では，上の計算で使った関係式 $(y * z)^3 = e$ が書き加えられています(Step 2)．

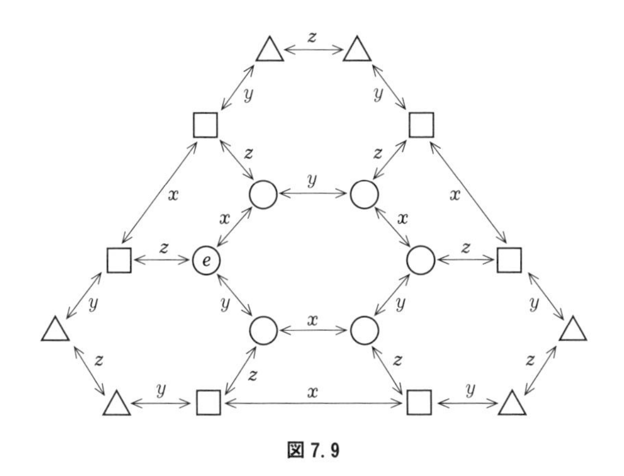

図 7.9

最後に図 7.10 (次ページ)のように剰余類

$$☆ := K_0 * z * y * x$$

を書き込みます(Step 3). 剰余類 $K_0 * z * y * x$ に元 y を掛けると

$$\begin{aligned} K_0 * z * y * x * y &\overset{(7.10)}{=} K_0 * z * x * y * x \\ &\overset{(7.12)}{=} K_0 * x * z * y * x \\ &\overset{(7.3)}{=} K_0 * z * y * x \end{aligned}$$

より，等式 $☆ * y = ☆$ が成り立ちます．

また $K_0 * z * y * x$ に元 z を掛けると

$$\begin{aligned} K_0 * z * y * x * z &\overset{(7.12)}{=} K_0 * z * y * z * x \\ &\overset{(7.11)}{=} K_0 * y * z * y * x \\ &\overset{(7.3)}{=} K_0 * z * y * x \end{aligned}$$

より，$☆ * z = ☆$ が分かります．図 7.10 では，上の計算で使った関係式 (7.7), (7.9)が書き加えられました．

ここまでの手順で，

$$X = \{○, □, △, ☆\}$$

の 4 つの剰余類が得られ，群 G_0 のすべての生成元 x, y, z の X への作用は，図 7.11 のようになります．よって剰余類の集合 X は，(Step 4)を満たします．つまり $X = G_0/K_0$ であることが分かりました．

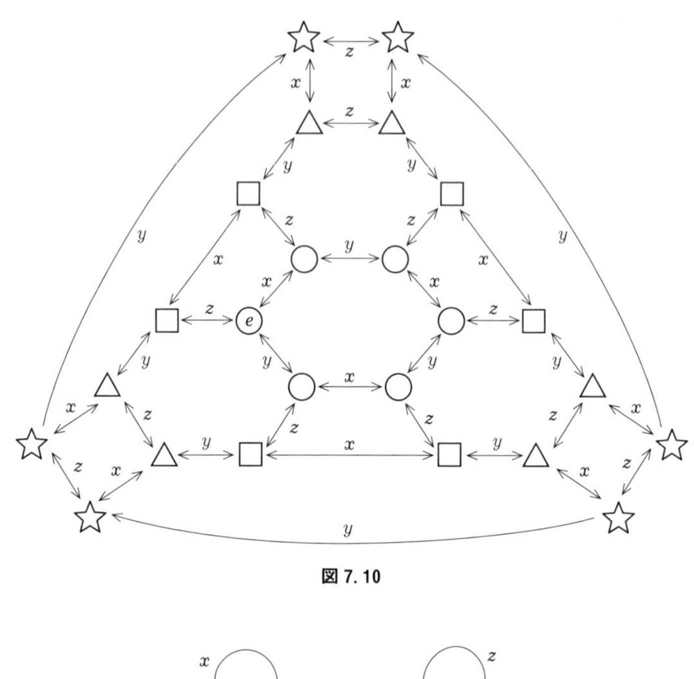

図 7.10

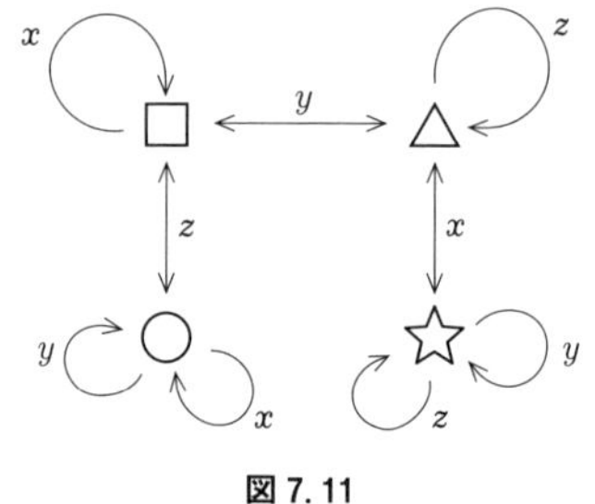

図 7.11

母の気持ち

母親は，まだまだ素直で幼いと思っていた3人の子供達が，兄妹の間で繰り広げる駆け引きを見ながら，それぞれの間に存在する複雑な人間関係を感じていました．しかし，このどうにも収拾が付かないと思われた問題が，微妙な釣り合いの中で，調和のとれた解決へ向かっている様子を見ながら，心の中に潜むお互いを思いやる気持ちを見つけた気がしました．

3つのカード a_1, a_2, b_1 はどれも単純な席替えでしたが，3つのカードの積の組合せから複雑な群の構造が作り出されました．それは，関係式と呼ばれる必要にして十分な等式にまとめられ，調和のとれた群の姿を表現します．図7.10には，群Gに含まれるすべての元がグラフの頂点として登場しています．このグラフを生成元x, y, zに関する群Gの**ケーリー図**と呼びます．図7.12は，図7.10を3次元空間で配置したもので，群Gを視覚化した対称性の高いグラフが出来上がります．

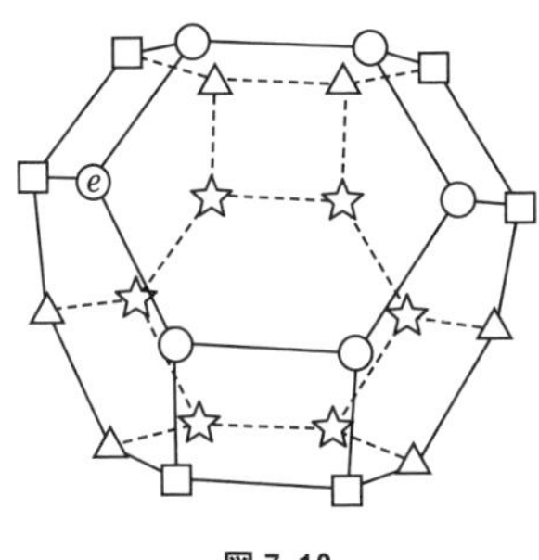

図7.12

章末問題

問題7.1. 群$G_1 = \langle x, y | x^2 = y^3 = e,\ x * y = y * x \rangle$とする．このとき，群$G$の位数を求めなさい．

問題7.2. 問題7.1の元$x * y$の位数を求めなさい．

問題7.3. 群$G_n = \langle x, y | x^2 = y^2 = e,\ (x * y)^n = e \rangle$のとき，群$G_n$の位数が$2n$となることを証明しなさい．

問題7.4. 群$G_0 = \langle x, y, z | x^2 = y^2 = z^2 = e,\ x * y = y * z = z * x \rangle$とする．部分群$K_0 = \{z | z^2 = e\}$を使って，群$G_0$の位数が6であることを示せ．

第 8 章

共役：群の席替え

席替えカードの追加

母親が作った図 8.1 の 4 枚の席替えカードを見ていた長男が，もっとたくさんのカードを作りたいと考えました．

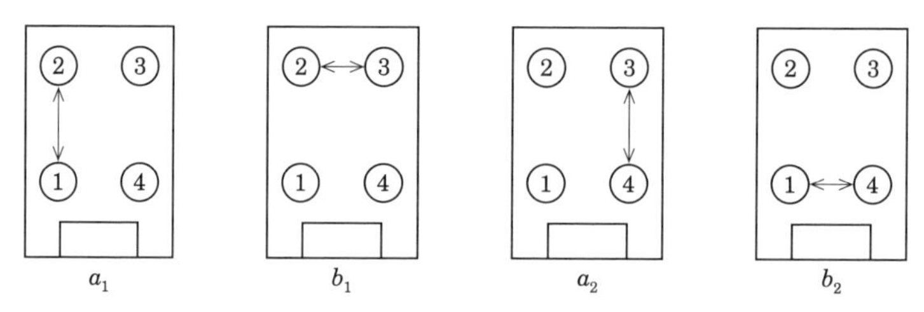

図 8.1

そこでまず長女の群の生成元に使われた b_1 と b_2 の積 b_{12} や位数が 3 となる積 $a_1 * b_1$ を表すカードを図 8.2（次ページ）のようにデザインしました．

長男は，この位数 3 のカードを t_4 と名付けることにしました．というのも，4 番目の席に座った人が動かないからです．また，3 つのカード a_1, b_1, a_2 の積からは，図 8.3 のように位数が 4 のカード f_1 が作れることも分かりました．f_1 を作った積の順番を全部逆にした $a_2 * b_1 * a_1$ からその逆元 f_1^{-1} も作れました．

第 7 章の話から，3 つのカード a_1, a_2, b_1 で生成される群 G には全部で 24 個の元があることが分かっているので，あと 17 枚のカードがデザインできま

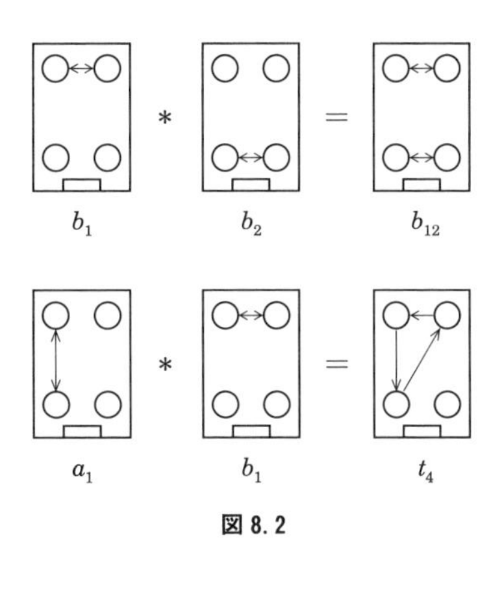

図 8.2

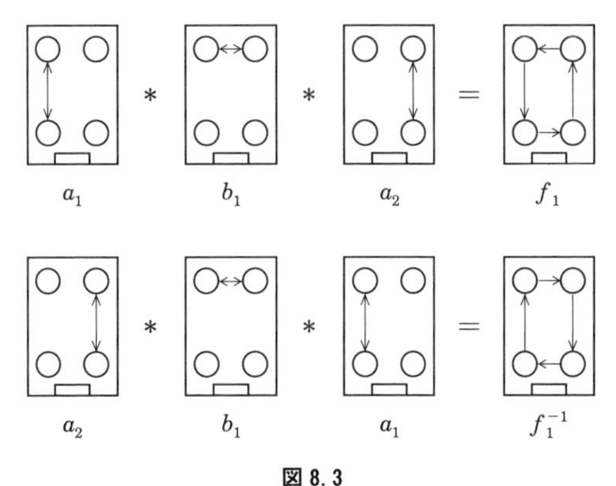

図 8.3

す．長男は，この 24 枚のカードを効率よくゲットすることができるでしょうか？

席替えの話を数学的に考えるときは，やはり置換を使って考えるのが，一番自然です．最初に与えられた 4 枚のカードは 1 番から 4 番の席に座った人の置換を表しています．これは，席番号 $i\ (1 \leqq i \leqq 4)$ に座っていた人がカード a により移る先の席番号を i^a と決めるわけです．この考えで図 8.1 の各カードを置換で表現すると，

$$a_1 = (1, 2), \quad b_1 = (2, 3), \quad a_2 = (3, 4), \quad b_2 = (1, 4)$$

となります．例えば，4 番に長男が座っていたときに，カード b_2 が作用する

と，長男は，$4^{b_2}=1$ 番の席に移ることになります.

カードの席替え

ここまでの作業から，長男は自分が始めたことが意外と手間のかかる作業であることに気がつきました．今まで作ったカードから積を計算して，それが，これまで作ったどのカードとも違う席替えを表していることを確認したら，それを新しいカードとして追加するわけですので，毎回の積の計算や，今までのカードとの比較など面倒な作業がたくさんあります．

その様子を見ていた長女が，長男のまねをして図 8.4 のような計算をして，新しいカードを作ったと言い出しました．

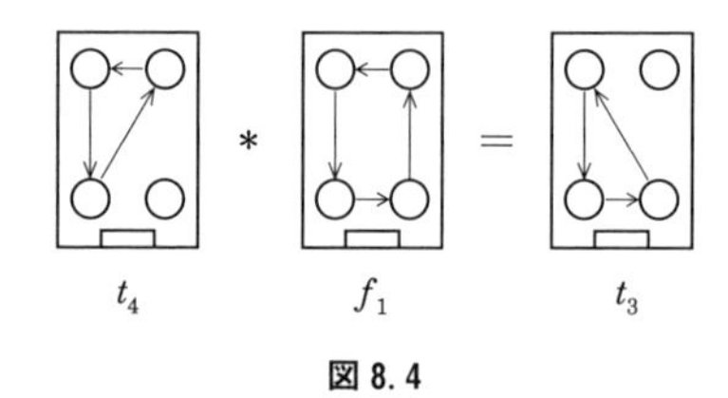

図 8.4

これを見て，長男は妹に少し馬鹿にしたような視線を向けて，「おまえ，1 枚目のカードの ○ を 2 枚目のカードで動かしたな！ 席替えカードの計算はそんな単純な計算ではないのだよ．本当の計算なら 1 番の席はカード t_4 で 3 番に移って，カード f_1 でさらに，2 番に移るので，1 番の席が 2 番に移るのが正解だよ．」といいました．

負けず嫌いの長女は，「でもこのカードもありそうじゃん！」と言いながら，怒って部屋を出て行きました．長男もこんな「カード自身の席替え」計算で新しいカードが作れたら苦労がないのにと思いました．そして，長女が作ったカード t_3 をカード t_4 と f_1 から作れないかを考え始めました．

カード t_4 と t_3 の違いは，固定される席が 4 番から 3 番になっている点です．4 番の席に長男が座って，3 番の席に長女が座っている状態なら，t_4 では長男が動かないし，t_3 なら長女が不変です．t_4 から長女が動かない t_3 を作るには，いったん長女を t_4 では動かない 4 番の席に移動させた上で，t_4 を実行し，その後に，長女を3番の席に戻せば，良いのではないか！　と考えました．3番の席にいる長女を4番に移すのは，さっき作ったカード f_1 の逆元 f_1^{-1} を実行すれば良いことになります．そして，再度長女を3番の席に戻すときは，f_1 を実行します．ここまでの考えで長男は，$f_1^{-1} * t_4 * f_1$ で t_3 が作れるかもしれないと考えました．実際，図8.5のように計算してみるとたしかに，

$$f_1^{-1} * t_4 * f_1 = t_3$$

となっていることが確認できました．

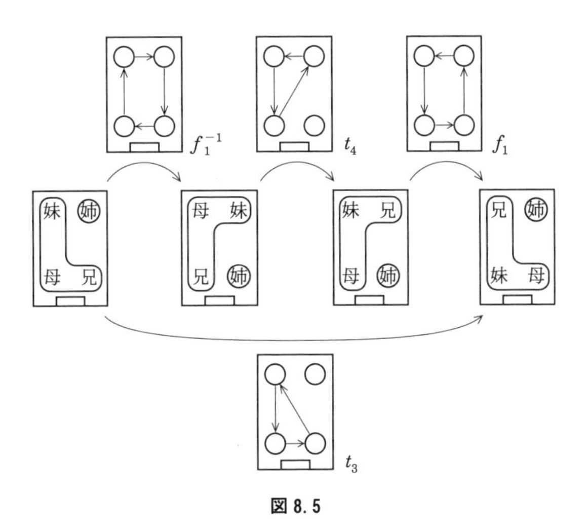

図 8.5

一般に，群 G の2つの元 a, b が与えられたとき，$a^{-1} * b * a$ を a による b の**共役**と呼び b^a と表します．上の例では，等式 $t_3 = t_4^{f_1}$ を示したことになります．

事実

席替えカード b を席替えカード a で席替えしてできるカードは，a による b の共役 $a^{-1} * b * a$ である．

証明

i 番目の席に座っていた人物は，カード a では，i^a に移動し，b では，

i^b に移動する．カード a が席ではなくカード b に書かれている○を移動した場合，i 番目にある○が i^a 番目に移動する．よって，**カード** b **を** a **で席替えしたカード**では，i^a 番目の席に座っていた人物が，i^{b*a} 番目の席に移動する．ここで，$j := i^a$ と置くと，$i = j^{a^{-1}}$ となるので，

$$i^{b*a} = (j^{a^{-1}})^{b*a} = j^{a^{-1}*b*a}$$

となり，席替えしたカードでは，j 番目の席に座っていた人物が $j^{a^{-1}*b*a}$ 番目の席に移動することが分かる． □

共役カード集め

席替えカードの席替えが，新しいカードになることに気がついた長男は，この方法で新しいカードをどんどん作ることにしました．まず，○が4つ付けられた，なにも矢印の付いていない無地カードをたくさん用意して，今まで見つけたカードからスタートして，カード a_1, a_2, b_1 でのカードの席替えからできる新しいカードを無地カードに矢印を書き込んで作っていきます．カード a_1 からスタートして席替えカードを作っていくと，斜めに席替えするカード d_1, d_2 が加わって，図 8.6 のように 6 つのカードが出来上がりました．

次に，カード t_4 からスタートして，席替えカードを作っていくと，図 8.7 (次ページ)のように，全部で 8 つのカードが出来上がりました．

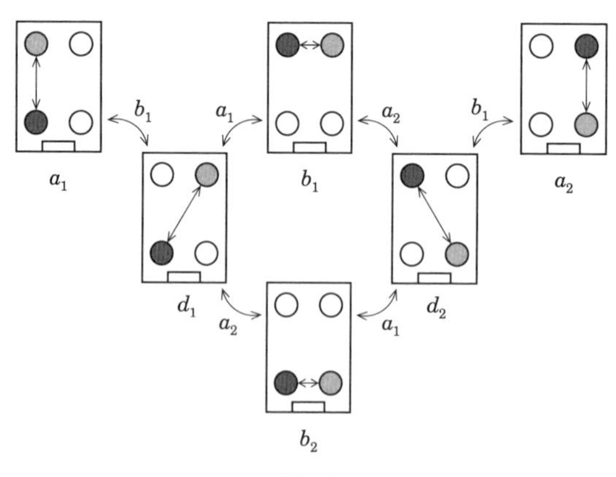

図 8.6

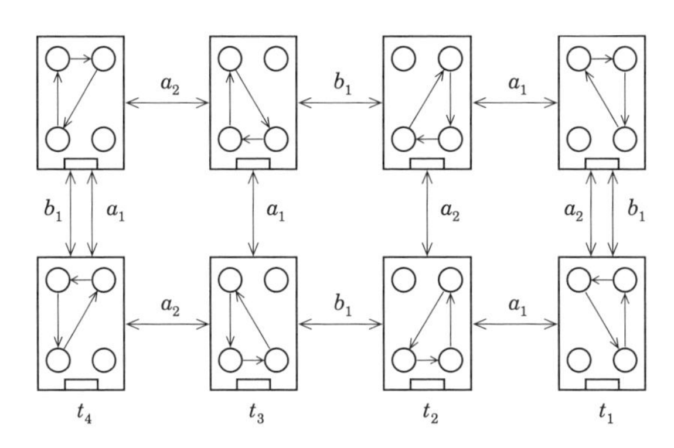

図 8.7

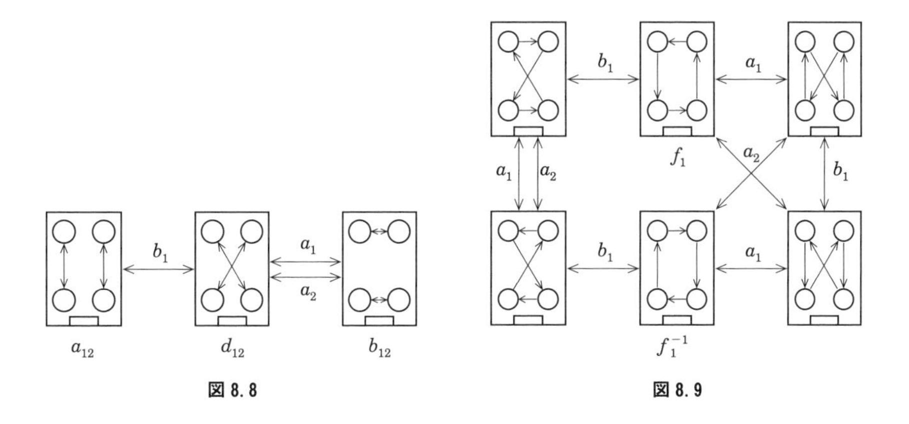

図 8.8　　図 8.9

図8.8のようにカード b_{12} からだと

$$a_{12} = a_1 * a_2, \qquad d_{12} = d_1 * d_2$$

が加わり，3つのカードが作れました．

最後に，カード f_1 からスタートした場合は，図8.9の6つのカードができました．

これで，

$$6+8+3+6 = 23 \text{ 枚}$$

のカードが出来上がりました．

一般に群 G の2つの元 a, b について，ある $g \in G$ が存在し，$a^g = b$ となるとき，元 a, b は，群 G で**共役である**と呼びます．元 a と b が共役のとき

$a \sim b$ と書き表すと，この $\sim$ は第5章の条件(e1), …, (e3)を満たし同値関係となります．この同値関係で同値な元を集めた同値類を**共役類**と呼び

$$a^G := \{a^g | g \in G\}$$

と書き表します．上の図8.6から図8.9は，それぞれ共役類 a_1^G, t_4^G, b_{12}^G そして f_1^G に含まれるカードを集めたことになります．

共役類の性質

長男は，得られたカードを見ながら，席替えで作られたカード同士は，何だか形がよく似ているなと思いました．そこでなぜ似ていると感じたのかを箇条書きにしてみました．

- 席替えで得られたカード同士は，移動しない席の数が等しい．
- 席替えで得られたカード同士は，使われる矢印の数が等しい．
- 席替えで得られたカード同士は，同じ回数の席替えを繰り返すと最初の状態に戻る．

ここで，長男が感じた何だか似ているという感覚を群論的に示してみましょう．箇条書きの1番目と2番目は，席替えによる作用で動かない席と動く席の数を表しています．$a^g = b$ を満たす共役なカード a, b について，席の集合 $X = \{1, 2, 3, 4\}$ として席替えカード a で動かない席の集合

$$X_a := \{i \in X | i^a = i\}$$

としましょう．同様に X_b を定義したとき，$i \in X_a$ について $i^g \in X_b$ となります．実際 $i^a = i$ より

$$(i^g)^b = i^{g*b} = i^{g*g^{-1}*a*g} = i^{a*g} = i^g$$

が成り立ち $i^g \in X_b$ となります．ここで，i を i^g に移す X_a から X_b への写像は全単射写像となり，X_a と X_b に含まれる元の個数が等しいことが分かります．つまり箇条書きの1番目が示されました．2番目は，席全体の数 $|X|$ から X_a と X_b の元の数を引いたものなので，1番目からすぐに分かります．3番目は，共役類に含まれる元の位数が等しいことをいっています．実際，ある自然数 n と G の元 g について

$$a^n = e \Longleftrightarrow (g^{-1} * a * g)^n = g^{-1} * a^n * g = e$$

より，a と $a^g = g^{-1} * a * g$ の位数が等しいことが分かります．

最後の1枚

長男が24番目のカードを見つけられずに悩んでいると，今度は，末っ子の次女が顔を出しました．興味本位に長男の悩みをしつこく聞く次女に，長男は，最後の1枚が見つからないことと，とても難しい計算だから，末っ子のおまえなんかに分かる問題ではないことを話しました．「おまえなんかに」と言われた次女は，ぷんぷん怒りながら，まだ矢印を書き込んでいない無地カードを投げて，「それならこのカードでも付けといたら，24枚でしょ！」と捨て台詞を残して部屋を出て行きました．あきれた顔で次女を見送っていた長男が，次女の投げた無地カードを拾い上げたとき，まさにこのカードが最後の1枚であったことに気がつきました．矢印のない無地カードとは，どの席のメンバーも**動かない**不変のカード e であり，積 $a_1 * a_1$ から生まれます．さらにこの不変のカード e には，どのような席替えを行っても e 以外のカードになりません．つまり共役類 e^G は，e だけを含みます．これで，24枚のカードがすべてそろったことになります．

部分群作り

カード完成の知らせを聞いた姉妹は，長男が作った24枚のカードを見に来ました．次女は24枚のカードから，席替え後も**母親と次女がお隣同士になるカード**だけを集めてみました．集めたカードで似ているカード毎にグループを作ると図8.10（次ページ）のようになりました．

驚いたことに，集めた8枚のカードは，長女の部分群

$$H_2 := \langle a_1, a_2, b_{12} \rangle$$

になるようです．この部分群は**母親と次女がお隣同士**という**位置関係**を固定している部分群と言うことができます．

このカードの集合にちょっと不満がある長女は，8枚のカード全部に同じ席替えをするとどんなカードの集まりができるか考えてみようと提案します．

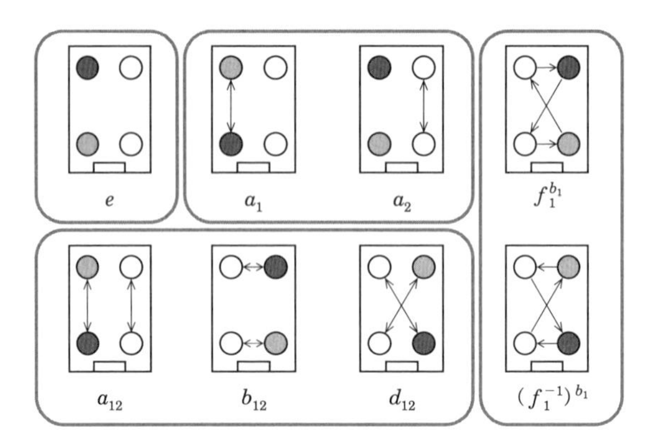

図 8.10

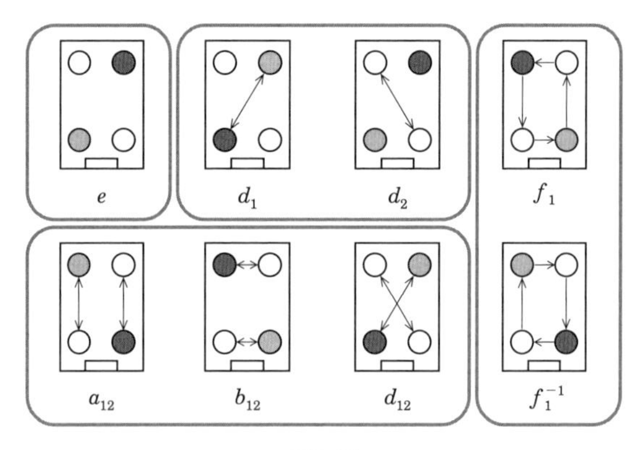

図 8.11

部分群 H_2 のカード全部に，b_1 による席替えを行うと，図 8.11 のようになりました．このカードの集合を $H_2^{b_1}$ と呼ぶことにします．

集合 $H_2^{b_1}$ では，**母親と長女の位置関係がいつも斜め向かい**であることが分かりました．そして，どうやら $H_2^{b_1}$ は，母親と長女の位置関係を固定する部分群になるようです．つまり，部分群に含まれるすべてのカードの席替えにより，新しい部分群ができるのです．

一般に，群 G とその部分群 H が与えられたとき，元 $g \in G$ による**部分群 H の共役** H^g を

$$H^g := \{g^{-1} * h * g \mid h \in H\}$$

で定義します．この H^g も G の部分群となります．実際，H^g の2つの元 $g^{-1} * h_1 * g$ と $g^{-1} * h_2 * g$ の積は，

$$g^{-1} * h_1 * h_2 * g \in H^g$$

となり，逆元についても

$$(g^{-1} * h_1 * g)^{-1} = g^{-1} * h_1^{-1} * g \in H^g$$

が成り立ちますので，H^g は，第2章の条件(h1)，(h2)を満たします．さらに，部分群 H が2つの元 a, b で生成されているとき，つまり，$H = \langle a, b \rangle$ なら $H^g = \langle a^g, b^g \rangle$ が成り立ちます．

例えば，前章に登場した長男の部分群 $G_4 = \langle a_1, b_1 \rangle$ の $g = a_2$ による共役 G_4^g は，$a_1^{a_2} = a_1$ と $b_1^{a_2} = d_2$ で生成されます．どちらの元も3番の席に座った人を移動させないので，$G_4^g = G_3$ となります．

事実

集合 X に作用する群 G について，点 $x \in X$ の固定部分群

$$G_x := \{g \in G \mid x^g = x\}$$

が与えられたとき，G の元 h による G_x の共役は，点 x^h の固定部分群となる．つまり次の等式が成り立つ．

$$(G_x)^h = G_{x^h}$$

証明

$$\begin{aligned} y \in (G_x)^h &\Longleftrightarrow \exists g \in G_x,\ \ y = h^{-1} * g * h \\ &\Longleftrightarrow x^{h * y * h^{-1}} = x \\ &\Longleftrightarrow (x^h)^y = x^h \\ &\Longleftrightarrow y \in G_{x^h} \end{aligned}$$

□

特別な部分群

姉妹は，部分群 $H_2^{b_1}$ にさらに a_1 による席替えで新しい部分群を作ってみました．出来上がった部分群は，図8.12（次ページ）のようになりました．この部分群では，**母親と長男の位置関係**が不変になりました．それから，い

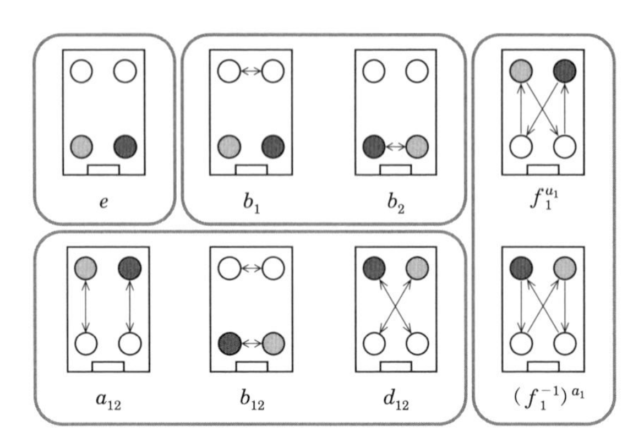

図 8.12

ろいろな席替えをしてみましたが，この3つ以外の部分群を作ることは，できませんでした．

姉妹は，新しい部分群を作りながら4枚のカード $e, a_{12}, b_{12}, d_{12}$ だけは，いつも含まれていること，さらにこの4枚のカードも部分群となっていることに気がつきました．そして，この4枚のカードで作られる部分群が，この席替えにとってとても大事な役割を演じているのではないかと感じ始めました．

一般に部分群 H の共役を集めた集合は，

$$H^G := \{H^g | g \in G\}$$

で部分群の集合となります．この集合に含まれる部分群の共通部分をとったもの

$$\bigcap_{K \in H^G} K = \bigcap_{g \in G} H^g$$

を部分群 H の**正規核**と呼びます．特に，H の正規核が H 自身となったとき，H は G の**正規部分群**であると呼び，$H \triangleleft G$ と表します．

章末問題

問題 8. 1. 群 G の元 a, b について，共役という関係が同値関係になることを確認しなさい.

問題 8. 2. 位数 6 の長男の群と共役な部分群は，いくつあるか？

問題 8. 3. 群 G と部分群 H と元 $g \in G$ が与えられたとき，共役な部分群 H^g の位数と H の位数が等しいことを示せ.

問題 8. 4. 長男の群の正規核が単位群となることを示せ.

問題 8. 5. 群 G と部分群 H が与えられたとき，部分集合

$$N_G(H) = \{g \in G | H^g = H\}$$

は，部分群 H を含む G の部分群となることを示せ.

第 9 章

商群：群の構造を見る

席替えカードゲーム

長女は，長男が作ってくれた席替えカードを使って兄妹で遊べるおもしろいゲームはできないだろうかと考えました．そして，次のような席替えカードゲームを思いつきました．まず，図 9.1 のように 4 つのコマ「母」「兄」「姉」「妹」を並べます．トランプの要領で，24 枚の席替えカードをよく切ってから，一人に 4 枚ずつのカードを配ります．ジャンケンで順番を決めたら，順に好きな席替えカードを 1 枚出し，カードの指示に合わせて 4 つのコマを動かします．4 枚目のカードを出してコマを並べ替えたときに，自分のコマが母親の隣(上下に並ぶ位置)にあれば「あがり」で，そうでなければカードの山からさらに 4 枚のカードを取ります．そして「あがり」の早い順で順位を決めます．

このゲームの状況を群論の言葉で定義してみます．24 枚の席替えカードを集めた集合を G とします．2 枚の席替えカードを連続して使った席替えは，

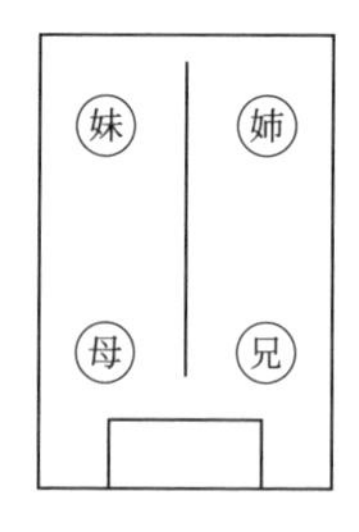

図 9.1

Gに含まれるいずれかの席替えカードと等しくなり，これを2枚のカードの積と定義することで，集合Gは，群となります．4つのコマを並べた状況を**席順**と呼ぶことにします．すべての可能な席順を集めた集合をXとすると，Xには$4!=24$種類の席順が含まれます．席順$x \in X$と席替えカード$a \in G$が与えられたとき，aにより席順xの席替えを行った結果をx^aで表すことにします．これで，群Gによる集合Xへの作用を定義したことになります．図9.1の席順をゲームの初期状態としてx_0と名付けることにします．ここで，群Gから集合Xへの写像として，$a \in G$に対して$x_0^a \in X$を対応させる写像を考えると，これは1対1の対応となります．特に，$a, b \in G$について，

$$x_0^a = x_0^b \Longrightarrow a = b \tag{9.1}$$

が成り立ちます．この席替えカードゲームは，群Gの4つの元を手持ちカードとして，順番に与えられた席順に作用させ，カードを使い切ったときに自分のコマが「母」のコマの隣に来るように移動させるゲームと表現することができます．

この章では，24枚のカードで構成された群Gが持つ階層的な構造を見ていきたいと思います．群の構造を知る上で，前章の最後に登場した正規部分群とその剰余類を見ることがとても重要です．正規部分群の元から作られる細かい動きと，正規部分群に含まれる動きを無視することで，得られる群の全体像を把握します．

兄の提案

このルールを長男に話すと，カード2枚を同時に出せるルールがあるとおもしろいといいだしました．そこで，図9.2（次ページ）のように2枚のカードa, bを同時に並べて出したときはそのカードの積$(a * b)$を表し，1枚目の右上に2枚目を置くことで共役$(a^b = b^{-1} * a * b)$を表すことにしました．これで，残り2枚のときカードを組み合わせて一気にあがれる方法を編み出せることになりました．

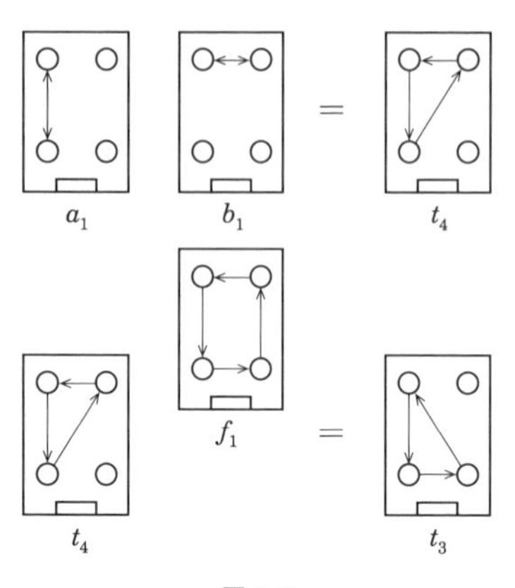

図 9.2

特別な部分群

前章で紹介した4枚のカード $\{e, a_{12}, b_{12}, d_{12}\}$ で構成された部分群を N と呼ぶことにします．部分群 N は，3つの共役な部分群 $H_2, H_2^{b_1}, H_2^{b_1 * a_1}$ の共通部分です．この3つの部分群は図9.1の席順 x_0 でそれぞれ「母」と「妹」,「母」と「姉」そして「母」と「兄」の位置関係を不変にするので，部分群 N に含まれる席替えカードは，4人の位置関係を変えません．実際，図9.3（次ページ）のように席替えで4人の位置は変化しても，位置関係が不変のままであることが分かります．

そして，この4枚のカード以外に4人の位置関係を不変にするカードは存在しません．というのも4人の位置関係を不変にする席替えカードは，第2章で紹介した方法で人物と空間の立場を逆転させることにより図9.4のように，4人を固定した上で，空間と長方形のテーブルを動かす「空間の動き」と見ることができます．

長方形を不変にする「空間の動き」は，上下線対称の動き σ と π 回転の動き c_2 で生成された位数4の群でした．図9.3と図9.4（次ページ）に合わせて考えると $\sigma = a_{12},\ c_2 = d_{12}$ となります．部分群 N による4人の席替えは，4人が動くのではなく長方形のテーブルを含む空間に2つの「空間の動き」σ と c_2 が作用していると，見ることもできるわけです．このとき，4人はまっ

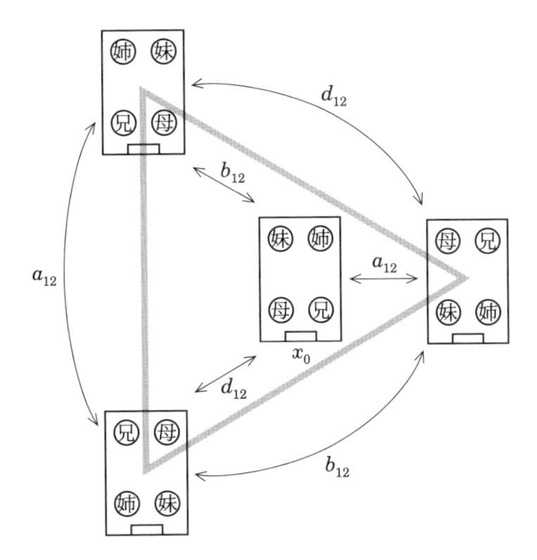
姉 妹
兄 母
d_{12}
b_{12}
妹 姉
母 兄
a_{12}
a_{12}
母 兄
妹 姉
x_0
d_{12}
兄 母
姉 妹
b_{12}

図 9.3

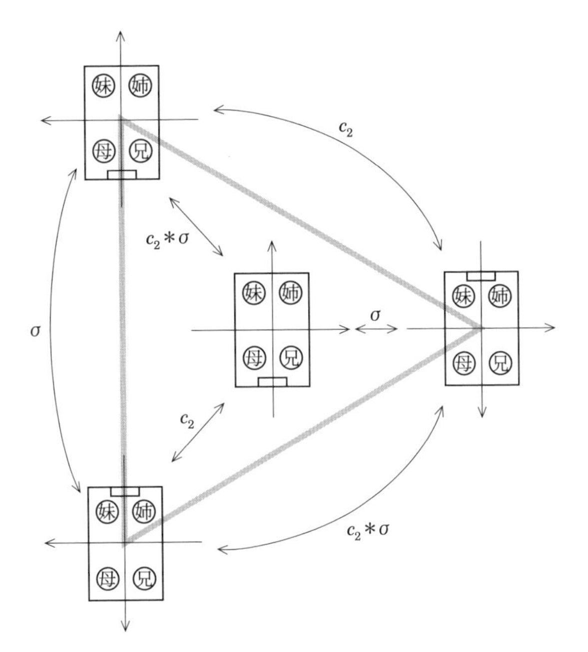
妹 姉
母 兄
c_2
$c_2*\sigma$
σ
σ
妹 姉
母 兄
妹 姉
母 兄
c_2
妹 姉
母 兄
$c_2*\sigma$

図 9.4

たく動いていないので，その位置関係は当然不変のままであり，長方形を不変にする「空間の動き」が全部で4つであることから，4人の位置関係を不変にするカードもこの4枚だけであることが分かります．

席順の分類

異なる席順でありながら本質的に4人の位置関係が同等である席順が存在することに気がついた長男は，24種類の席順を位置関係が同等な席順で分類することを考えました．24種類の席順を書き並べた後に，それぞれの席順を位置関係で分類していきます．ところが，いざ実際に分類作業を始めてみると，なかなか手間のかかる作業であることに気がつきました．もっと効率よくこの作業をこなす方法は，ないのだろうかと考えていたとき，部分群 N が使えることに気がつきました．まず，図9.3の初期状態 x_0 と同等な位置関係を部分群 N に含まれるカードを作用させて作ります．次に図9.5のように，x_0 へ部分群 N に含まれないカード(例えば a_1)を作用させて異なる位置関係の席順 $x_0^{a_1}$ を見つけます．そして新しい席順 $x_0^{a_1}$ に，ふたたび部分群 N に含

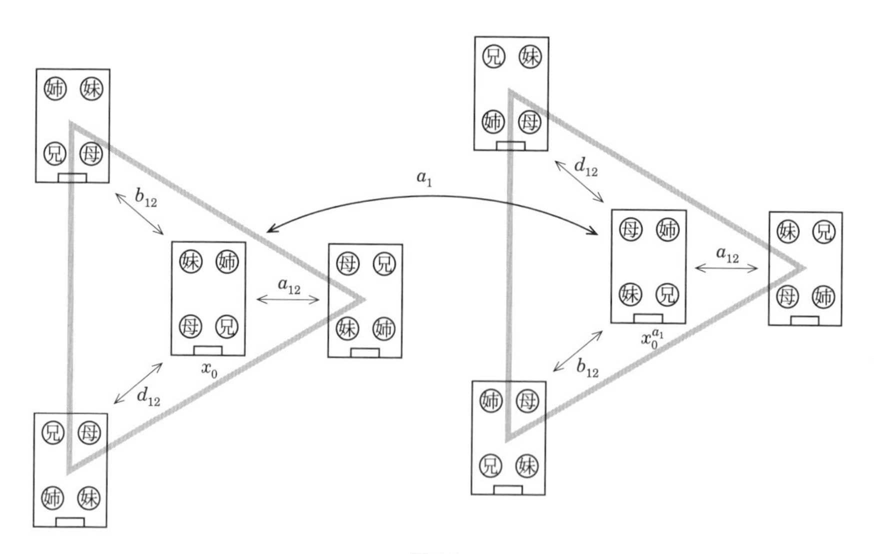

図 9.5

まれるカードを作用させ $x_0^{a_1}$ と同等な位置関係となる席順を求めます．これを繰り返して24種類の席順を書き出せば，三角で囲まれた同等な席順で集合 X を分類したことになります．ただし，異なる位置関係を作るカードを選び続けるのには，何か工夫が必要です．

席順 $x \in X$ への部分群 N の元による作用全体は，N による x の軌道

$$x^N := \{x^a | a \in N\}$$

となります．部分群 N の作用は，空間と長方形のテーブルへの作用と見ることができるので，x^N には，同じ位置関係となる4つの席順が含まれます．異なる軌道には共通に含まれる元が存在しないことから，軌道は全部で $\dfrac{24}{4} = 6$ 個あることが分かります．それぞれの軌道に含まれる席順は，部分群 N の元による作用で「兄」を4番目の席に移動させることが可能です．「兄」が4番目の席に座っている席順を各軌道の代表元とすると，軌道の代表元は図9.6で表されます．特に，前章で登場した長男を固定する位数6の群 K に含まれるカード a_1 と t_4 を作用させることで，6つの代表元がすべて得られます．

長男は，席替えカードゲームで軌道 M_1, M_2 に含まれる席順を目指すことになります．

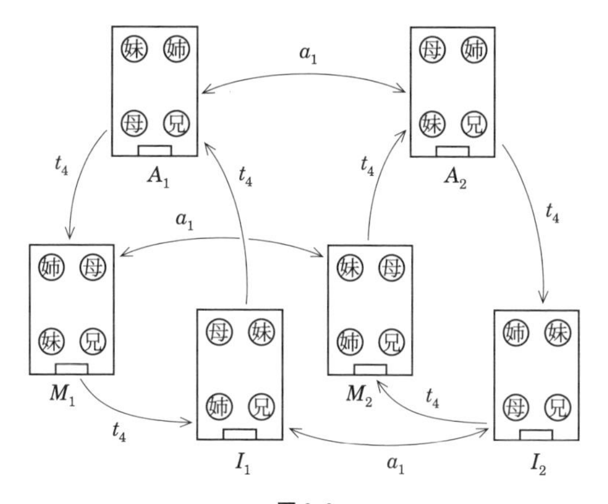

図 9.6

うまく定義する(well-defined)

長男は，24 種類の席順の代わりに 6 つに分類した席順の軌道を使って，席替えカードを軌道への作用で分類できないか考えています．しかし，ちょっと不安です．というのも，同じ軌道に含まれている席順で位置関係は同じであっても，やっぱり座っている人物の位置が異なるので，カード a で席替えしたときに動く人物が変わります．例えば，図 9.7 の席順 x_0 と $x_0^{b_{12}}$ にカード a_1 の席替えを行うと，x_0 では「妹」と「母」が入れ替わるのに対し，$x_0^{b_{12}}$ では，「姉」と「兄」が入れ替わります．カードの作用を 6 つに分類した軌道で検討したいのですが，果たしてそんなおおざっぱなとらえ方が許されるのかが心配になってきました．

ここで，長男の心配事をまとめると，カード a を同じ軌道に含まれる席順に作用させたときに，**同じ軌道に含まれるすべての席順**をまとめて議論して良いのかということです．もし，同じ軌道に含まれる席順 x, y にカード a を作用させたとき，x^a と y^a が異なる軌道に含まれてしまうと，カード a の 6 つの軌道への作用が**うまく定義できなく**なります．カード a_1, t_4 で試したと

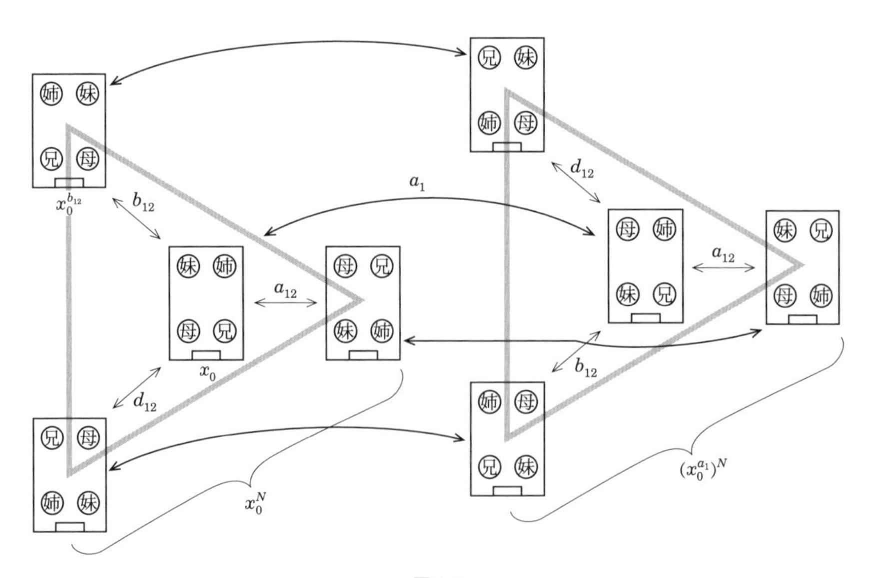

図 9.7

ころ図9.7，図9.8を見た限りはどうやら**同じ軌道に含まれるすべての席順**は，そろって別の軌道に移ってくれるようです．そして，こんなにうまく集団移動してくれるのは，どうやら部分群 N が正規部分群であることがカギとなっているようです．

ここで，正規部分群の定義をもう一度紹介します．群 G と部分群 N が与えられて，すべての共役な部分群

$$N^g := \{h^g | h \in N\}$$

の共通部分が N と等しいとき，つまり等式

$$N = \bigcap_{g \in G} N^g \tag{9.2}$$

が成り立つとき，N は G の**正規部分群**である，と呼びます．等式(9.2)から任意の $a \in G$ に対して，

$$N = \bigcap_{g \in G} N^g \subset N^a$$

が得られますが，集合 N^a の元の数は，N に含まれる元の数と等しいので，

$$\forall a \in G, \quad N = N^a \tag{9.3}$$

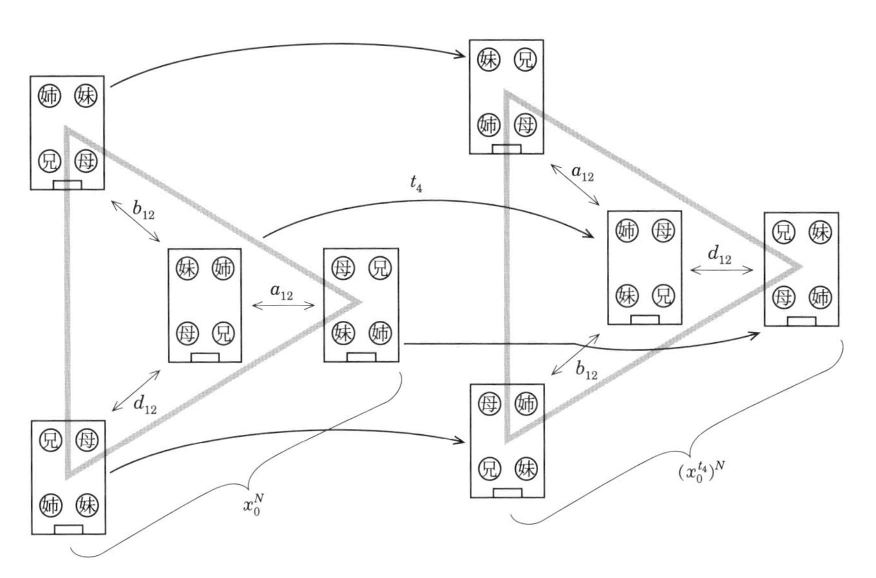

図 9.8

が成り立ちます．長男は，軌道に含まれる元がきちんと集団移動するかを気にしていましたが，

$$\forall y \in x^N \Longrightarrow \exists h \in N,\ y = x^h$$

から任意の $a \in G$ について，

$$y^a = x^{h*a} = (x^a)^{a^{-1}*h*a}$$

が成り立ちます．等式(9.3)より

$$a^{-1} * h * a = h^a \in N^a = N$$

が成り立ち $y^a \in (x^a)^N$ が得られます．よって軌道 x^N に含まれる元に $a \in G$ を作用させると，すべてもれなく軌道 $(x^a)^N$ に移ることが確かめられました．これで，群 G の元による，6つの軌道への作用が $y \in x^N$ の取り方によらず**うまく定義**されていることになります．以後，カード a による席順の軌道 x^N への作用を $(x^a)^N$ で定義します．

軌道と剰余類

長男が考えている軌道への作用によるカードの分類は，どうなっているでしょうか？ 任意の $x \in X$ の軌道 x^N の定義より，

$$\forall h \in N, \qquad (x^h)^N = x^N \tag{9.4}$$

が成り立ちます．よって，群 G に含まれるカード a と部分群 N に含まれるカード h に対して，カード a とカード $a*h$ は，軌道上で同じ役割を果たすカードと見ることができます．集合

$$a * N := \{a * h | h \in N\}$$

を a を代表元とする N の**左剰余類**と呼んでいます．そして，この左剰余類 $a*N$ に含まれるカードはすべての軌道に対してカード a と同じ作用になります．特に，左剰余類 $a*N$ に含まれるすべてのカードは軌道 x_0^N を軌道 $(x_0^a)^N$ に移します．

冒頭で定義した群 G から集合 X への1対1の対応を使うと，部分群 N の左剰余類 $a*N$ と軌道 x^N $(x = x_0^a)$ との間でも1対1の対応が得られます．実際，$x = x_0^a$，$y = x_0^b$ について

$$x^N = y^N \Longrightarrow \exists h \in N,\ x_0^a = x = y^h = x_0^{b*h}$$

が成り立ちます．よって，(9.1)より $a = b*h$ となり $a*N = b*N$ が得ら

れます．以上により，次の事実が示されます．

事実

2枚のカード a, b で，

$$(x_0^a)^N = (x_0^b)^N \Longleftrightarrow a * N = b * N$$

となる．

つまり図9.6の異なる位置関係を作るカードの集合が，剰余類の代表元となります．ここから，部分群 N の左剰余類は図9.9の6つであることが分かります．

これが，長男が求めていたカードの分類となります．もし長男が，カード a はどの剰余類に含まれているかを調べたければ，図9.1の席順 x_0 へ作用させた結果 x_0^a が，図9.6のどの席順の位置関係と等しいのかを見れば良いことになります．

例えば，図9.10（次ページ）のようにカード f_1 を x_0 に作用させると，「兄」の隣の席と向かいの席には，「母」と「姉」が座ります．図9.6の $x_0^{d_1} = x_0^{a_1 * t_4^{-1}}$ を代表元とする軌道 M_2 に含まれることになるので，カード f_1 は，図9.9の剰余類

$$a_1 * t_4^{-1} * N = d_1 * N$$

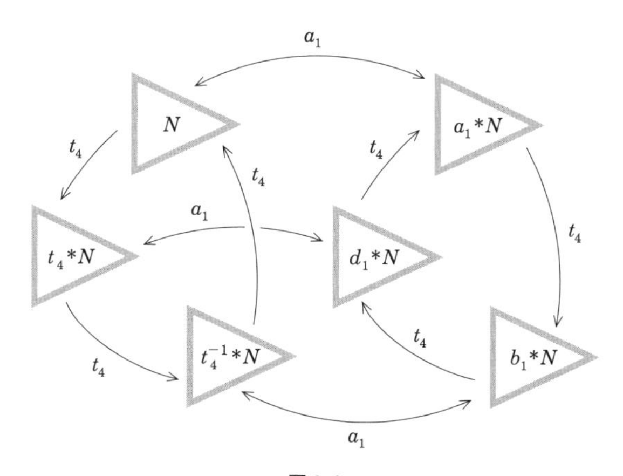

図9.9

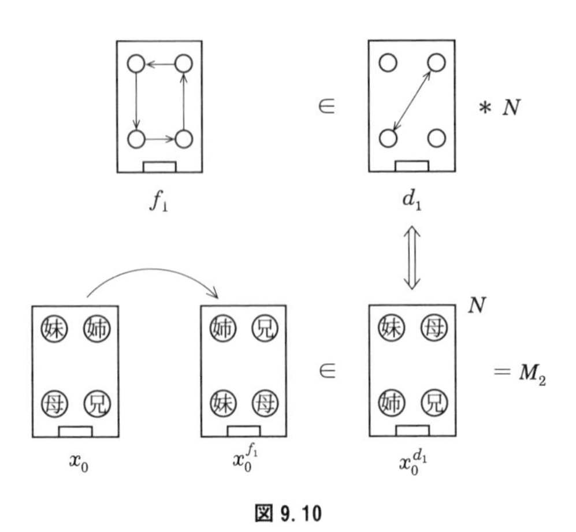

図 9.10

に含まれることになります.

商群

家族4人の位置関係のみに焦点を合わせて，細かいそれぞれの席順を無視することで，席順は，図9.6の「兄」を右下に固定した状況だけを考えれば良いことになります．さらに，同じ剰余類$a*N$に含まれるカードを同一視して**剰余類を1つのカードと見る**ことで24枚のカードを兄の群Kに含まれる6枚の動きにまとめることが可能となりました.

また，2枚を組み合わせて作るカードの積についても，剰余類でまとめて考えることができます．2つの剰余類$a*N$と$b*N$について$a' \in a*N$, $b' \in b*N$なら

$$\exists h \in N,\ \ a' = a*h \tag{9.5}$$

$$\forall x \in X,\ \ (x^{b'})^N = (x^b)^N \tag{9.6}$$

が成り立ちます．(9.3)より導かれる

$$b'^{-1}*h*b' = h^{b'} \in N^{b'} = N$$

を使えば，

$$x^{a'*b'} \overset{(9.5)}{=} x^{(a*b')*(b'^{-1}*h*b')} \in (x^{a*b'})^N \overset{(9.6)}{=} (x^{a*b})^N$$

より

$$a' * b' \in a * b * N$$

となることが分かります．よって，代表元 a, b の選び方に依存しない形で，

剰余類の積

$$(a * N) * (b * N)$$

を $a * b * N$ とうまく定義することができます．

つまり，この剰余類ごとでカードの効果を熟知して組み合わせを検討すれば，最後に残す2枚のカードの選び方が見えてきます．

長男が考えた戦略は，最後に残す2枚の手持ちカードを剰余類 $b_1 * N$ と $t_4 * N$ から選ぶことです．

この2枚のカードの組み合わせにより，図9.11で示すように，

$$b_1 * t_4 = d_1, \quad t_4 * b_1 = a_1, \quad t_4^{b_1} = t_4^{-1}$$

の効果が得られます．よって，自分の手番になったときの席順に応じて図9.11のようにカードを並べれば，いずれの場合でも必ず「あがる」ことが可

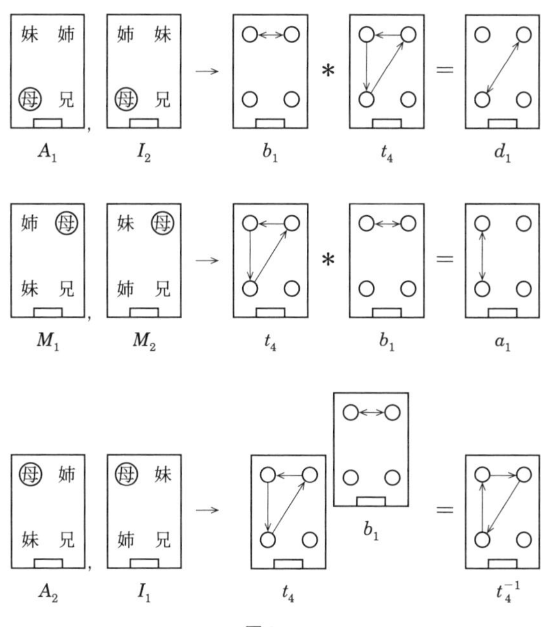

図 9.11

能となります．

最初は複雑に見えた24枚のカードは，剰余類と軌道による分類を行うことにより，6枚の本質的なカードと6つの本質的な席順に簡略化され，その攻略法が見えてきました．

一般に，群Gと正規部分群Nが与えられとき，剰余類の集合である$\{a*N|a\in G\}$は，先ほど定義した**剰余類の積**で群となります．この群をNによるGの**商群**と呼び，G/Nで表します．

群Gの階層構造

群Gは，正規部分群Nと図9.9の三角形で表されている左剰余類を1つの元とみなす位数6の商群G/Nに分けることができました．実は，この商群G/Nも別の正規部分群を使って分解することができます．図9.9の左側の3つの剰余類で構成されたG/Nの部分集合$\{N, t_4*N, t_4^{-1}*N\}$をQ/Nと表すと，Q/Nは，G/Nの位数3の正規部分群になります．このとき，G/NにおけるQ/Nの剰余類は，(Q/N)と$a_1*(Q/N)$の2つだけです[1)]．つまり，商群G/Nは，位数3の正規部分群Q/Nと新たな商群$(G/N)/(Q/N)$に分かれます．

位数3の新たな正規部分群Q/Nに含まれる3つの左剰余類の和集合を

$$Q=N\cup t_4*N\cup t_4^{-1}*N$$

とすると，QはNを含むGの正規部分群となっています．そして，先ほど出てきた新たな商群$(G/N)/(Q/N)$は，商群G/Qと同型となることが知られています．商群による群Gの階層構造をまとめると次の図9.12（次ページ）となります．第1層は位数4の部分群Nで，Nを1つの固まりと見ることで第2層は位数3の商群Q/Nとなります．さらにQを1つの固まりと見ると，位数2の商群G/Qが，第3層として表れます．

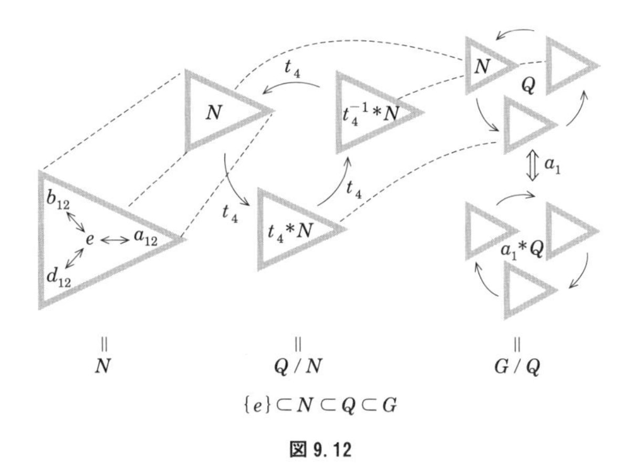

図 9.12

みんながお母さんの隣

長い席替えカードゲームに疲れた長女は，うとうと居眠りを始めました．夢の中で，いつものレストランで食事をしています．今日は，長女がお母さんの隣です．でも横を見ると次女もやっぱりお母さんの隣に座っています．そして，驚いたことに長男もお母さんの隣で食事を食べています．すぐに，これは現実ではなく夢の世界だと気がつきましたが，目を覚まさないで，みんながお母さんの隣にいるこの心地よい昼食にもう少し浸っていたいと，思うのでした．

この章では，階層構造になっている群の様子を見てきました．最下層の正規部分群 N は，長方形のテーブルに座った家族4人の位置関係を保存していました．では，第2の階層の正規部分群 Q は何を保存していたのでしょうか？ 4人の位置関係を図 9.13（次ページ）のように2次元空間から3次元空間に広げて正四面体の頂点に並べて考えます．

この3次元空間での配置では，4人がそれぞれ隣接する関係にあります．部分群 Q は，長方形より対称性が強いこの正四面体を不変に保ちます．例えば，Q に含まれるカード t_4 は，正四面体の頂点「兄」を固定した3次元空間内の $\dfrac{2\pi}{3}$ 回転を表しています．この正四面体を3次元から2次元へ射影することにより，テーブルに座る4人の位置関係が再現されます．2次元では，

1） $a_1*(Q/N)=\{a_1*N, b_1*N, d_1*N\}$.

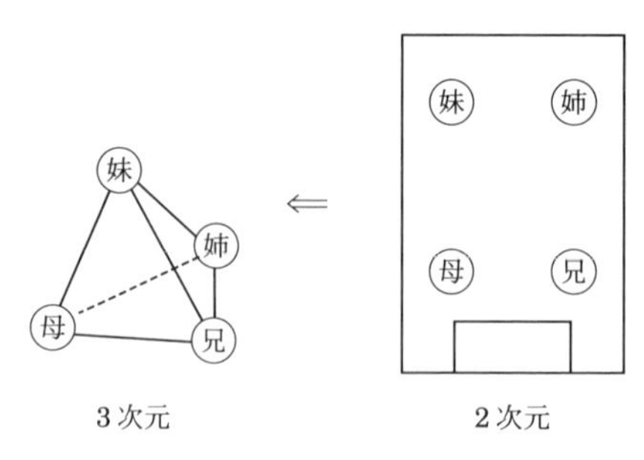

図 9.13

不変ではない位数3の席替え t_4 も，3次元では正四面体上の4人の位置関係を不変に保つことになります．

章末問題

問題 9.1. 群 G の部分群 H について，H が G の正規部分群となることと，問題8.5で定義した G の部分群 $N_G(H)$ が G と一致することが，同値であることを示せ．

これにより，任意の元 $a \in G$ について，$H = H^a$ が成り立つとき，H が G の正規部分群となる．

問題 9.2. 群 G と正規部分群 N が与えられたとき，剰余類の集合

$$G/N = \{a * N | a \in G\}$$

が群となることを確認しなさい．

問題 9.3. $|G| = 2 \times |H|$ のとき，H は G の正規部分群となることを示せ．

問題 9.4.「群 G の階層構造」で登場した部分集合

$$Q = N \cup (t_4 * N) \cup (t_4^{-1} * N)$$

が正規部分群であることを示せ．

第 10 章

準同型写像 ：立方体と4次対称群

この章では，立方体の対称性を取り上げて，そこから発生する有限群を観察していきたいと思います．3次元空間にある立方体には，垂直に交わる3つの回転軸が存在しています．第1章で確認したことから6つの四角形で作られる六面体について，ある回転軸で $\frac{\pi}{2}$ 回転を行って各面がきれいに重なれば，その回転軸と垂直な面は正方形だと確認できます．もし，別の回転軸での $\frac{\pi}{2}$ 回転もきれいに重なれば，これで立方体であることを確認したことになります．よって，立方体とは，「垂直に交わる2つの回転軸による $\frac{\pi}{2}$ 回転できれいに重なる六面体」と呼ぶことができます．

3次元空間の動き

この章では3次元の「空間の動き」を考えていきます．基準となる原点Oと x 軸，y 軸，z 軸をとり，この空間上に図 10.1（次ページ）のように立方体を配置します．さらに，立方体の各頂点に，点対称な位置にある頂点が同じ番号になるように1から4の番号を付けます．

この立方体全体を不変にする「空間の動き」を2つ導入します．まずは，z 軸を中心に反時計回りで $\frac{\pi}{2}$ 回転する動き c_4 で，もう1つは x 軸を中心に反時計回りで $\frac{\pi}{2}$ 回転する動き c_4' です．「空間の動き」c_4 は，x 軸と y 軸で作られた2次元空間に限って考えると第2章で登場した正方形を固定する動きとなります．また，2つの動きの積から図 10.2 の「空間の動き」

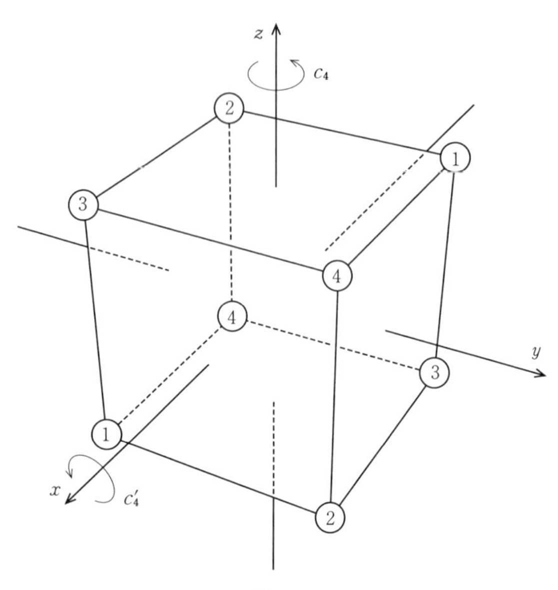

図 10. 1

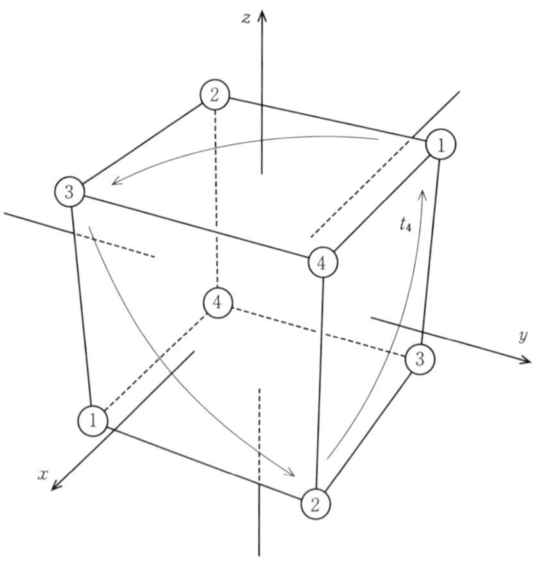

図 10. 2

$$t_4 := c'_4 * c_4$$

が得られます．頂点 4 に注目すると，c'_4 で頂点 3 に移って，c_4 で頂点 3 が頂点 4 に移るため，t_4 は頂点 4 を固定する $\frac{2}{3}\pi$ 回転であることが分かります．

「空間の動き」c_4, c'_4 で生成される群を，

$$G = \langle c_4, c'_4 \rangle$$

とします．群 G に含まれる「空間の動き」は，すべてこの立方体を不変に保つ動きとなります．

空間の動きと置換

群 G の「空間の動き」が立方体を不変に保つので，立方体のすべての頂点は「空間の動き」で必ず，どこかの頂点に移ります．この頂点の移動に注目することで，群 G のすべての「空間の動き」は，頂点の置換表現として表すことができます．置換表現の作用域を $X := \{1, 2, 3, 4\}$ とします．同じ番号が付いた点対称な頂点への移動は**不変**と考えます．元 $a \in G$ に対応する置換表現を，$\varphi(a)$ と表すことにします．例えば，図 10.3（次ページ）より「空間の動き」c_4 に対応する置換は，

$$\varphi(c_4) = (1, 2, 3, 4)$$

となります．同様に，

$$\varphi(c'_4) = (1, 2, 4, 3)$$

も得られます．この対応で φ は群 G から置換表現の集合への写像になります．写像 φ の像

$$\mathrm{Im}(\varphi) := \{\varphi(a) \,|\, a \in G\}$$

を G_X と表すことにします．第 3 章で紹介したように，集合 G_X は，置換群となります．さらに，「空間の動き」a, b による頂点への作用で置換表現 $\varphi(a), \varphi(b)$ を作ったとき，積 $a * b$ の置換表現 $\varphi(a * b)$ は，置換の積 $\varphi(a) * \varphi(b)$ と等しくなります．これを数式で表すと

$$\forall a, b \in G, \qquad \varphi(a * b) = \varphi(a) * \varphi(b) \tag{10.1}$$

となります．よって，「空間の動き」$c'_4 * c_4$ の置換表現は，次のように得られます．

$$\varphi(c'_4 * c_4) = \varphi(c'_4) * \varphi(c_4) = (1, 2, 4, 3) * (1, 2, 3, 4) = (1, 3, 2)$$

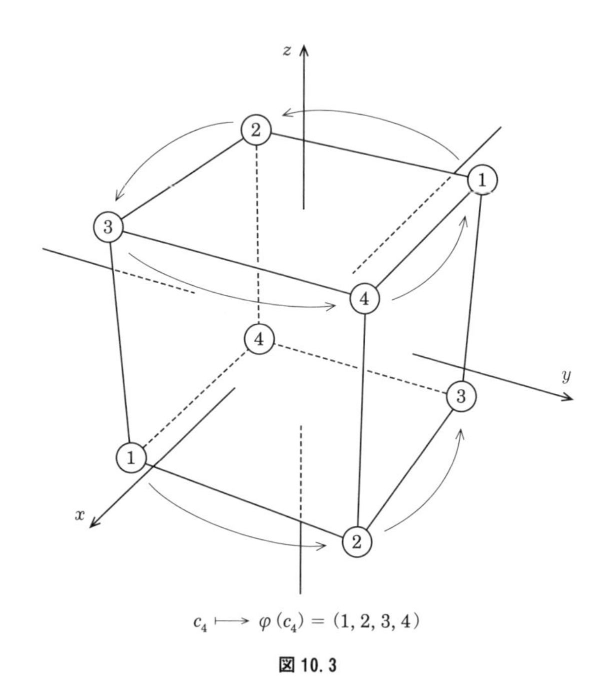

$c_4 \longmapsto \varphi(c_4) = (1, 2, 3, 4)$

図 10.3

一般に2つの群 G と群 H が与えられ，群 G から群 H への写像 φ が，条件(10.1)を満たすとき，写像 φ を群 G から群 H への**準同型写像**と呼びます．さらに，準同型写像 φ が全単射となるとき，φ を**同型写像**と呼び，群 G と群 H は**同型**であると定義します．このとき，記号で $G \cong H$ と表します．同型な群は，実質的に**同じ**群とみることができますが，その表し方(表現)によっていろいろな群の特徴を見つけることができます．

事実

群 G から群 H への準同型写像 φ について，次の2つの性質が導かれる．ただし，e_G と e_H はそれぞれ G と H の単位元とする．

$$\varphi(e_G) = e_H \tag{10.2}$$

$$\forall a \in G \Longrightarrow \varphi(a^{-1}) = \varphi(a)^{-1} \tag{10.3}$$

証明

単位元の性質 $e_G * e_G = e_G$ より等式

$$\varphi(e_G) = \varphi(e_G * e_G) = \varphi(e_G) * \varphi(e_G)$$

が得られる．等式の両辺に右から元 $\varphi(e_G)$ の逆元をかけると，$e_H = \varphi(e_G)$ となり等式(10.2)が得られる．G の任意の元 a に対して，$a * a^{-1} = e_G$ と(10.2)より等式

$$\varphi(a) * \varphi(a^{-1}) = \varphi(e_G) = e_H$$

が得られる．ここで，左から H の元 $\varphi(a)$ の逆元をかけると等式

$$\varphi(a^{-1}) = \varphi(a)^{-1}$$

となり(10.3)が得られる．□

群 G とその部分群 H が与えられたとき，H から G への写像を i_H として，

$$a \in H, \quad i_H(a) := a \in H \subset G$$

で定義すると，i_H は条件(10.1)を満たし，準同型写像となります．この準同型写像を**埋め込み写像**と呼びます．また，2つの準同型写像 f と g が与えられたとき，その合成写像 $f \circ g$ も準同型写像となります．

さて，話を最初に定義した群 G から群 G_X への写像 φ に戻します．「空間の動き」で X のすべての点を固定する動きは，単位元 e のみであることは容易に納得してもらえるでしょう．このことを数式で表すと，元 $a \in G$ に対して

$$\forall x \in X, \quad x^{\varphi(a)} = x \Longrightarrow a = e \tag{10.4}$$

となります．この数式(10.4)より写像 φ が単射であることが分かります．実際，「空間の動き」a, b に対して，$\varphi(a) = \varphi(b)$ と仮定します．数式で表すと

$$\forall x \in X, \quad x^{\varphi(a)} = x^{\varphi(b)}$$

となります．これは (10.2), (10.3)より，

$$x^{\varphi(a) * \varphi(b^{-1})} = x$$

と変形できますが，準同型写像の性質(10.1)より

$$x^{\varphi(a * b^{-1})} = x$$

となり，数式(10.4)より $a * b^{-1} = e$ つまり $a = b$ が得られます．これで準同型写像 φ は単射となります．群 G_X の定義から写像 φ は，G から G_X への全射準同型写像でしたので，φ は同型写像となります．つまり，群 G と群 G_X

は同型な群となります．

ねじれた線分の集合

図 10.4 のように頂点をつないで 2 組の線分を作ります．線分は，向かい合う面の中でねじれの位置にあり，線分を延長した直線は互いに交わりません．このねじれた線分を△3[1] と呼ぶことにします．

「空間の動き」t_4 でこの**線分だけ**を動かすと，図 10.5 のねじれた線分△2 と△1が得られます．

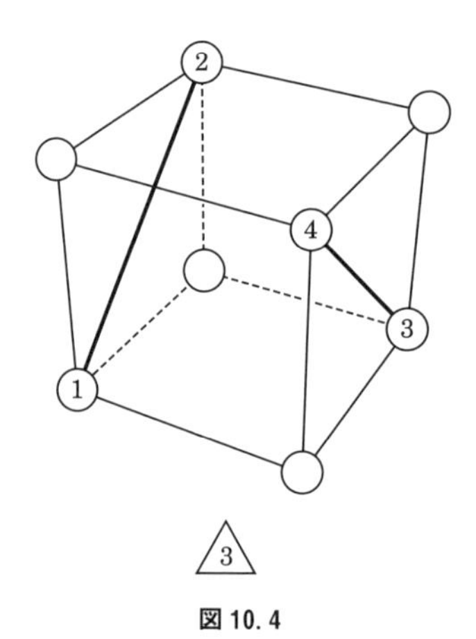

図 10.4

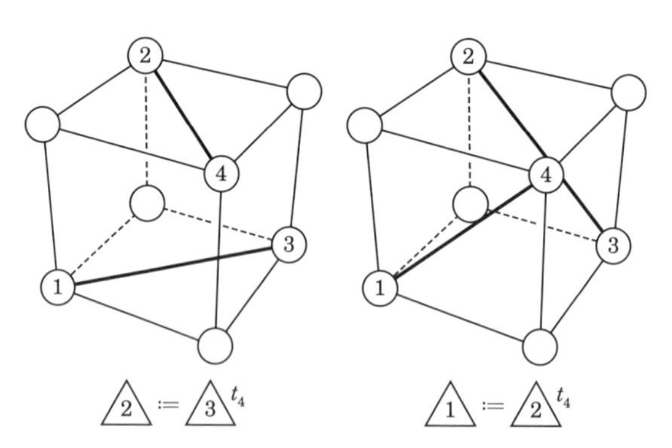

図 10.5

「空間の動き」c_4^2 では，z 軸での π 回転が行われますが，ねじれた線分はどれもこの回転で不変です．また図 10.6 のようにねじれた線分△1,△2,△3を同時に表示すると正四面体が現れます．

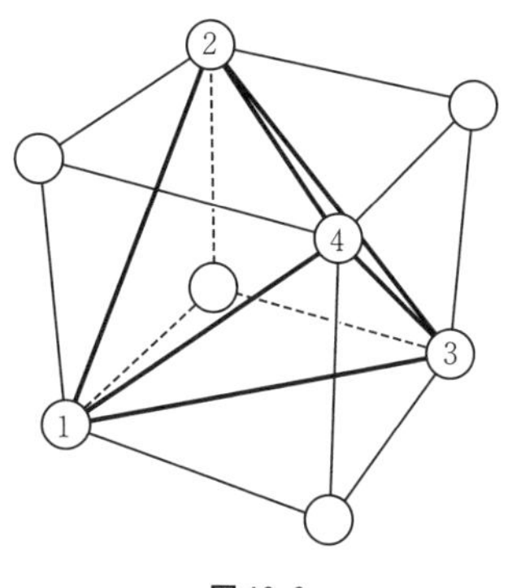

図 10. 6

この正四面体は，「空間の動き」t_4, c_4^2 で不変です．この 2 つの「空間の動き」で生成される部分群を Q とします．ここで部分群 Q の 2 つの対象への作用を考えてみましょう．

まず，正四面体の頂点への作用に注目して，部分群 Q に含まれる元の数を調べてみましょう．頂点 4 に対する部分群 Q の作用で軌道 $4^Q = \{1, 2, 3, 4\}$ となり，$|4^Q| = 4$ です．また，頂点 4 を固定する正四面体の可能な回転は，t_4 による $\dfrac{2\pi}{3}$ 回転のみなので，頂点 4 の固定部分群 Q_4 の位数は 3 となります．よって，部分群 Q の位数は，固定部分群と軌道の関係から

$$|Q| = |4^Q| \times |Q_4| = 4 \times 3 = 12$$

となります．

次にねじれた線分への作用に注目して準同型写像を作ってみましょう．

$$T := \{△1, △2, △3\}$$

とします．「空間の動き」c_4^2 では，どのねじれた線分も不変です．よって作用域 T に対する部分群 Q の作用は，「空間の動き」t_4 のみで引き起されます．部分群 Q の元に T 上への置換表現を対応させる写像を f_T とします．この写像 f_T も準同型写像で，その像

1）　頂点 4 と線分でつながっているのが頂点 3 だから．

$$Q_T := \mathrm{Im}(f_T)$$

は，置換群となります．具体的には，

$$f_T(t_4) = (1, 3, 2),$$

$$f_T(c_4^2) = e_T \qquad (Q_T\text{ の単位元})$$

と対応します．等式(10.1)を使って，Q に含まれる任意の元 a について，$f_T(a)$ を定義できます．生成元 t_4 と c_4^2 の積で a は表されるので，$f_T(a)$ は，e_T か $(1, 3, 2)$ か $(1, 2, 3)$ のいずれかとなります．よって f_T の像 Q_T は，$(1, 2, 3)$ を生成元とする位数 3 の群となります．

ねじれた線分を固定する動き

先ほど，「空間の動き」c_4^2 がすべてのねじれた線分を不変にしていることを示しましたが，部分群 Q には，ほかにもねじれた線分を不変にする「空間の動き」が存在します．それは，図 10.7 の x 軸および y 軸での π 回転 $c_4'^2 = (c_4^2)^{t_4}, c_4^2 * c_4'^2$ です．これに，空間をまったく動かさない単位元 e を加えた 4

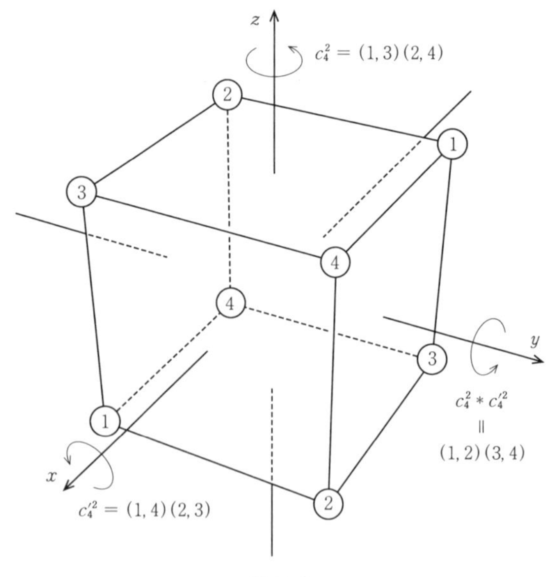

図 10.7

つの「空間の動き」でQの部分群Nが得られます．この4つ以外に，ねじれた線分を固定する「空間の動き」は，存在しません．実際，

$$(t_4^2) * (t_4)^{-1} = t_4 \notin N$$

より剰余類に関する第5章の等式(5.5)を使うと，

$$t_4^2 * N \neq t_4 * N$$

が得られます．この2つの剰余類は，Nとも異なるので，$\{N, t_4 * N, t_4^2 * N\}$は，相異なる剰余類となります．$|Q| = 12$，$|N| = 4$より，

$$Q = N \cup t_4 * N \cup t_4^2 * N \tag{10.5}$$

となります．しかし剰余類$t_4 * N$や$t_4^2 * N$に含まれているすべての動きは，ねじれた線を**動かし**ます．つまり，すべてのねじれた線分を固定する部分群はNとなります．ところで，Qの元aについて「**すべてのねじれた線分を固定する**」を準同型写像f_Tを使って表すと，$f_T(a) = e_T$と表され，部分群Nを

$$N = \{a \in Q \mid f_T(a) = e_T\} \tag{10.6}$$

で特徴付けることができます．

一般に，群Gから群Hへの準同型写像φがあったとき，

$$\mathrm{Ker}(\varphi) := \{a \in G \mid \varphi(a) = e_H\}$$

をφの**核**と呼びます．$a, b \in \mathrm{Ker}(\varphi)$について

$$\varphi(a * b) = \varphi(a) * \varphi(b) = e_H * e_H = e_H$$

より$a * b \in \mathrm{Ker}(\varphi)$が成り立ちます．また，(10.3)より等式

$$\varphi(a^{-1}) = \varphi(a)^{-1} = e_H^{-1} = e_H$$

が成り立ちます．よって$a^{-1} \in \mathrm{Ker}(\varphi)$も成り立ち，第2章の条件(h1)と(h2)を満たすので$\mathrm{Ker}(\varphi)$は群Gの部分群となります．さらに，任意のGの元cについて，$a \in \mathrm{Ker}(\varphi)$なら

$$\begin{aligned}\varphi(a^c) &= \varphi(c^{-1} * a * c)\\ &= \varphi(c)^{-1} * \varphi(a) * \varphi(c)\\ &= \varphi(c)^{-1} * e_H * \varphi(c) = e_H\end{aligned}$$

より，$a^c \in \mathrm{Ker}(\varphi)$となり

$$\mathrm{Ker}(\varphi)^c = \mathrm{Ker}(\varphi)$$

が成り立ちました．よって第8章の最後の定義から$\mathrm{Ker}(\varphi)$は，群Gの正規部分群となります．

事実

群 G から群 H への準同型写像 φ が単射となる必要十分条件は，$\mathrm{Ker}(\varphi) = \{e_G\}$ である．

証明

等式(10.2)より $\varphi(e_G) = e_H$ となり $e_G \in \mathrm{Ker}(\varphi)$ が成り立つ．もし，φ が単射だと仮定すると任意の $a \in \mathrm{Ker}(\varphi)$ に対して，

$$\varphi(a) = e_H = \varphi(e_G)$$

より $a = e_G$ が成り立ち，$\mathrm{Ker}(\varphi) = \{e_G\}$ となる．逆に，$\mathrm{Ker}(\varphi) = \{e_G\}$ を仮定すると，$\varphi(a) = \varphi(b)$ ならば

$$\varphi(a * b^{-1}) = \varphi(a) * \varphi(b)^{-1} = \varphi(b) * \varphi(b)^{-1} = e_H$$

となる．よって $a * b^{-1} \in \mathrm{Ker}(\varphi) = \{e_G\}$ より

$$a * b^{-1} = e_G$$

つまり $a = b$ が成り立ち，φ が単射である．□

準同型定理

準同型写像 f_T が与えられ，そこから Q の正規部分群 $N := \mathrm{Ker}(f_T)$ が生まれました．正規部分群があれば前章で導入した商群 Q/N が定義できます．具体的には，等式(10.5)より

$$Q/N = \{N, t_4 * N, t_4^2 * N\}$$

となります．さて，準同型写像 f_T を使って商群 Q/N から像 $\mathrm{Im}(f_T)$ への写像 $\tilde{f}_T$ を次のように定義します．

$$\forall a * N \in Q/N, \qquad \tilde{f}_T(a * N) := f_T(a)$$

この写像 $\tilde{f}_T$ が剰余類 $a * N$ の代表元 a の取り方に影響されず準同型写像として「うまく定義されている」ことを確認しましょう．別の代表元 $b \in a * N$ について

$$b = a * h \qquad (h \in N)$$

と表されるので，$f_T(h) = e_T$ より

$$f_T(b) = f_T(a * h) = f_T(a) * f_T(h) = f_T(a)$$

と f_T の値が同じとなることが分かります．さらに，商群の積は，

$$(a*N)*(b*N)=(a*b)*N \tag{10.7}$$

で定義されているので，f_T が準同型写像であることを使えば，

$$\begin{aligned}\tilde{f}_T((a*N)*(b*N)) &\overset{(10.7)}{=} f_T(a*b)\\ &= f_T(a)*f_T(b)\\ &= \tilde{f}_T(a*N)*\tilde{f}_T(b*N)\end{aligned}$$

が成り立ち $\tilde{f}_T$ は準同型写像となります．さらに，

$$\mathrm{Im}(\tilde{f}_T)=\{f_T(a)\,|\,a\in G\}=\mathrm{Im}(f_T)$$

より $\tilde{f}_T$ は，全射となります．また，

$$\mathrm{Ker}(\tilde{f}_T)=\{a*N\,|\,f_T(a)=e_T\}\overset{(10.6)}{=}\{a*N\,|\,a\in N\}=\{N\}$$

より，$\mathrm{Ker}(\tilde{f}_T)$ は，Q/N の単位元 N のみからなり，上で証明した**事実**より $\tilde{f}_T$ は単射となります．つまり，準同型写像 $\tilde{f}_T$ は Q/N から $\mathrm{Im}(f_T)$ への同型写像を与え，

$$Q/\mathrm{Ker}(f_T)\cong\mathrm{Im}(f_T)$$

が成り立ちます．これを**準同型定理**と呼びます．

事実（準同型定理）

群 G を定義域とする準同型写像 φ があると，$G/\mathrm{Ker}(\varphi)\cong\mathrm{Im}(\varphi)$ が成り立つ．

ねじれた線分の双対

ねじれた線分は c_4^2 で不変でしたが，c_4 を作用させると，いままでのどれとも異なる図10.8（次ページ）のねじれた線分が現れます．この新しいねじれた線分△4，△5，△6を重ねると新しい正四面体が図10.9のように現れます．集合

$$S:=\{△1,△2,△3,△4,△5,△6\}$$

を用意します．この S を作用域とする置換表現を考えることで，定義域を G とする写像 f_S が準同型写像として定義できます．回転 t_4 では，

$$△4^{t_4}=△5,\quad △5^{t_4}=△6,\quad △6^{t_4}=△4$$

となるので，t_4 の置換表現

$$f_S(t_4)=(1,3,2)(4,5,6)$$

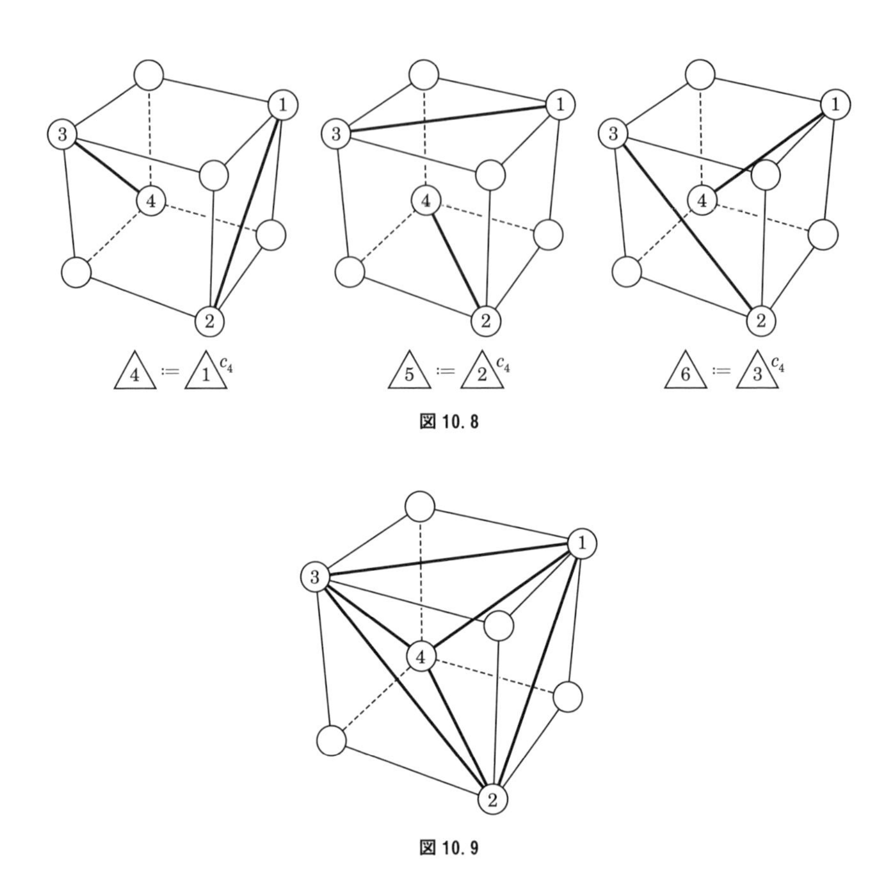

図 10. 8

図 10. 9

となります．また，c_4 の置換表現は，

$$f_S(c_4) := (1,4)(2,5)(3,6)$$

となります．

図 10.8 を見ると，N に含まれる「空間の動き」はねじれた線分△4, △5, △6も不変にしています．つまり，N は，準同型写像 f_S の核 $\mathrm{Ker}(f_S)$ になります．よって N は群 G の正規部分群で，新しい準同型写像 f_S の像 $G_S := \mathrm{Im}(f_S)$ について準同型定理を適用すると，同型 $G/N \cong G_S$ が得られます．

2つの正四面体

図 10.6 と図 10.9 で登場した 2 つの正四面体を [1], [2] とします．部分群 Q の「空間の動き」では，どちらの正四面体も不変です．また，c_4 で

$$\boxed{1}^{c_4} = \boxed{2}, \qquad \boxed{2}^{c_4} = \boxed{1},$$

が成り立ちます．立方体に埋め込めるこの大きさの正四面体はこの 2 つだけなので，群 G に含まれる動きは 2 つの正四面体を不変にするか，入れ替えるかのどちらかの効果を持ちます．G での部分群 Q の剰余類は，

$$\frac{|G|}{|Q|} = \frac{24}{12} = 2$$

より Q と $c_4 * Q$ の 2 つで Q に含まれる動きは正四面体を不変にし，$c_4 * Q$ に含まれる動きは [1] と [2] を入れ替えます．群 G の元に集合 $U := \{\boxed{1}, \boxed{2}\}$ を作用域とする置換表現を対応させる準同型写像を f_U とすると，$\mathrm{Ker}(f_U) = Q$ で，f_U の像は，

$$G_U := \{e_U, (1,2)\}$$

となります．よって Q もまた G の正規部分群となりふたたび準同型定理より，$G_U \cong G/Q$ が得られます．

立方体を不変にする群

この章の話では，群 G が同型写像 φ により 4 つの元で構成される作用域 X へ置換群 G_X と同型であることを示しました．

$$a_1 := c_4 * c_4' * c_4^{-1} * c_4'^2$$

と定義すると，等式(10.1)より

$$\varphi(a_1) = (1,2) \in G_X$$

となります．さらに，c_4 による共役 $b_1 := a_1^{c_4}$ や，$a_2 := a_1^{c_4^2}$ を考えると，

$$\varphi(b_1) = (2,3), \qquad \varphi(a_2) = (3,4)$$

も G_X に含まれます．よって置換群 G_X は，第 8 章で紹介していた 3 枚のカードで生成される位数 24 の置換群となります．4 つの要素を持つ X のすべての置換を含む置換群 G_X を **4 次対称群**と呼びます．同型写像 φ により，立方体を不変にする「空間の動き」全体は前章の群 G ときれいに重なっています．

章末問題

問題 10.1. 群の「同型」が同値関係の条件を満たすことを確認しなさい.

問題 10.2. 問題 7.1 の群 G_1 と群 $H_1 := \langle z | z^6 = e \rangle$ が同型となることを示せ.

問題 10.3. 群 G と部分群 H があるとき，第 8 章では元 $a \in G$ による H の共役 H^a も G の部分群となることを示したが，H から H^a への写像 f_a を，$x \in H$ に対して，$f_a(x) := x^g \in H^a$ で定義すると，f_a が同型写像となり，$H \cong H^a$ であることを示せ.

問題 10.4.

$$\varphi(b_1) = \varphi(c_4^2 * c_4') = (2,3), \qquad \varphi(a_1) = \varphi(b_1^{c_4^{-1}}) = (1,2),$$
$$\varphi(a_2) = \varphi(b_1^{c_4}) = (3,4)$$

となることを確認し，b_1 が表す回転がどのようなものとなるかを調べなさい.

第 11 章

回転と対称の移動 ：空間の動きを支配する群

ベクトルと座標

平面や空間にある 1 点を表現する方法を考えてみましょう(図 11.1).

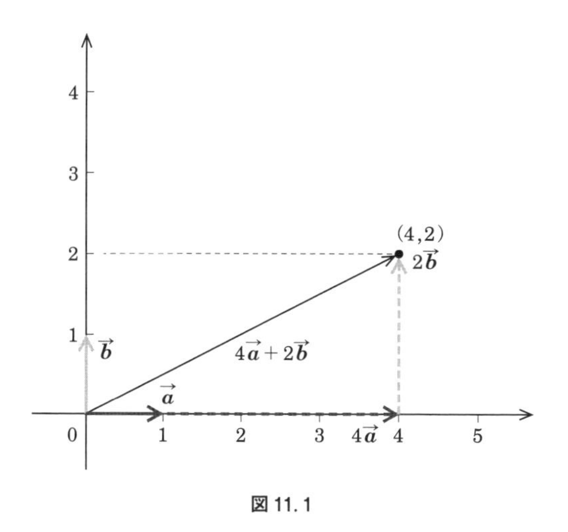

図 11.1

平面上の点 (4, 2) を表すために，x 軸に沿った長さ 1 のベクトル $\vec{\boldsymbol{a}} = (1, 0)$ と y 軸に沿った長さ 1 のベクトル $\vec{\boldsymbol{b}} = (0, 1)$ を使って，点

$$(4, 2) = (4, 0) + (0, 2) = 4\vec{\boldsymbol{a}} + 2\vec{\boldsymbol{b}}$$

と表すことができます．しかし，実は別のベクトルを使って点 $(4, 2)$ を表すこともできます(図 11. 2)．

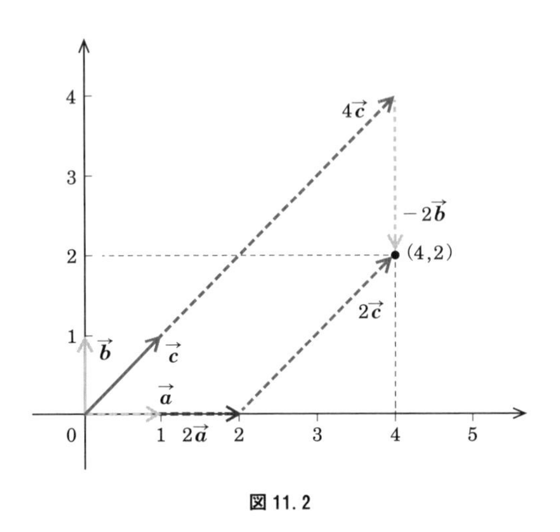

図 11. 2

例えば，ベクトル $\vec{c} = (1, 1)$ として，

$$(4, 2) = (4, 4) - (0, 2) = 4\vec{c} - 2\vec{b}$$

と表したり，

$$(4, 2) = (2, 0) + (2, 2) = 2\vec{a} + 2\vec{c}$$

と表すこともできます．同じ点が異なるベクトルを組み合わせることにより，

$$(4, 2) = 4\vec{a} + 2\vec{b} = 4\vec{c} - 2\vec{b} = 2\vec{a} + 2\vec{c}$$

のようにいろいろな表し方が可能となります．3 つのベクトル $\vec{a}, \vec{b}, \vec{c}$ による点 $(4, 2)$ の表し方は，無限に存在します．しかし，3 つのうちから 2 つのベクトルを選ぶと，平面上の各点は，その 2 つのベクトルでただ一通りに表されて確定します．もし，ベクトル $\vec{a}, \vec{b}$ を使って異なる方法で表せる点が存在したとしましょう．つまり，ある点 (x, y) が数 $\alpha, \beta, \gamma, \delta$ で，

$$(x, y) = \alpha\vec{a} + \beta\vec{b} = \gamma\vec{a} + \delta\vec{b}$$

と表せたとします．等式を変形すると $(\alpha - \gamma)\vec{a} = (\delta - \beta)\vec{b}$ となりますが，ベクトル $\vec{a}, \vec{b}$ の定義から $\alpha = \gamma$，$\delta = \beta$ が導かれます．ベクトル $\vec{a}, \vec{b}$ の定義をいったん忘れて変形した等式を見ると，ベクトル $\vec{a}, \vec{b}$ が同一直線上にある

ことを示しています．一般に次の事実が成立します．

事実

- 同一直線上にない２つのベクトルは，この２つのベクトルを含む平面上の各点をただ一通りに表せる．
- 同一平面上にない３つのベクトルは，３次元空間の各点をただ一通りに表せる．

このような２つまたは３つのベクトルの組を，２次元または３次元空間の**基底ベクトル**[1]と呼びます．

内積と余弦定理

ベクトル $\vec{a}=(a_1,a_2,a_3)$ について，その長さ $|\vec{a}|$ は，三平方の定理より

$$|\vec{a}|=\sqrt{a_1^2+a_2^2+a_3^2}$$

で計算できます．２つのベクトル $\vec{a}$ と $\vec{b}=(b_1,b_2,b_3)$ を用意すると，ベクトル $\vec{b}-\vec{a}$ の長さの２乗は，次の等式で得られます．

$$\begin{aligned}|\vec{b}-\vec{a}|^2&=(b_1-a_1)^2+(b_2-a_2)^2+(b_3-a_3)^2\\&=(a_1^2+a_2^2+a_3^2)+(b_1^2+b_2^2+b_3^2)-2(a_1b_1+a_2b_2+a_3b_3)\\&=|\vec{a}|^2+|\vec{b}|^2-2(a_1b_1+a_2b_2+a_3b_3)\end{aligned}$$

また，余弦定理より図 11.3（次ページ）のようにベクトル $\vec{a}$ と $\vec{b}$ のなす角を θ とすると，

$$|\vec{b}-\vec{a}|^2=|\vec{a}|^2+|\vec{b}|^2-2|\vec{a}||\vec{b}|\cos\theta$$

が成り立ちます．そして２つの等式と合わせると，

$$|\vec{a}||\vec{b}|\cos\theta=a_1b_1+a_2b_2+a_3b_3$$

が得られます．この $|\vec{a}||\vec{b}|\cos\theta$ をベクトル $\vec{a},\vec{b}$ の**内積**と呼び，$(\vec{a},\vec{b})$ で表します．２次元空間のベクトル $\vec{a},\vec{b}$ についても同様の計算で，内積

$$(\vec{a},\vec{b})=a_1b_1+a_2b_2$$

が得られます．

1）　高次元の場合を含む基底ベクトルの定義は線形代数の本を見てください．

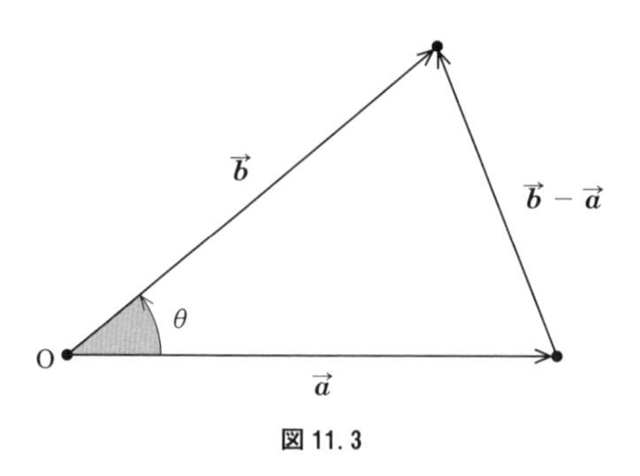

図 11.3

回転について

回転について考えてみましょう．回転と何でしょうか？　これは，ものの運動です．どんな運動でしょうか？　イメージとしては，中心となる点があってそこを支点として物体(人間やコマ)が位置は移動しないでくるくる回っているところを想像することができるでしょう(図 11.4)．

例えば，回転している人が手を広げていたとき，手の先の動きの軌跡は，どうなるでしょうか？　このとき，支点となる体の中心から手の先までの距離は一定のままで保存されます．よって手の先の動きの軌跡は3次元空間上に1つの円として描かれます．どうやら回転は，円と関係深いようです．バレリーナのように体を回転させるのはなかなか難しいのですが，最近のハイテク機器を使えば，自分は止まったままでカメラが逆回転すると同じ映像が

図 11.4

図 11. 5

作れます．これは，人は動かないけど人を含む空間が動いたと見ることができます(図 11. 5)．

この章では，回転を「空間の動き」と見ることで，手や足の**位置関係**や手足の**長さ**が常に不変になる点を何度か使います．

それでは，原点 $\mathrm{O}=(0,0)$ を支点とする 2 次元空間での回転運動を考えてみましょう．原点以外の点 (x,y) について支点である原点 O から点 (x,y) までの距離 r は，$r=\sqrt{x^2+y^2}$ で求められます．点 (x,y) を原点 O からの距離 r を変えずに回転させた点 (x',y') は，等式 $r=\sqrt{x'^2+y'^2}$ を満たします．これは，点 (x,y) の回転による移動点全体の集合が，原点を中心とする半径 r の円となることを表しています．今，移動後の点 (x',y') をもとの位置から円周上を θ 回転した点としましょう(図 11. 6，次ページ)．このとき，点 (x',y') は，x,y と θ でどのように表されるでしょうか？

これを，ベクトルを間に挟んで，考えてみます．まず，点 (x,y) は，この章の最初で定義した基底ベクトル $\vec{\boldsymbol{a}},\vec{\boldsymbol{b}}$ を使って $(x,y)=x\vec{\boldsymbol{a}}+y\vec{\boldsymbol{b}}$ と表せます．次に，点 (x,y) を回転させますが，そのとき基底ベクトルも一緒に回転させます．ベクトル $\vec{\boldsymbol{a}}$ を θ 回転させたベクトルを $\vec{\boldsymbol{a}}'$ とし，ベクトル $\vec{\boldsymbol{b}}$ を θ 回転させたベクトルを $\vec{\boldsymbol{b}}'$ とします．2 つのベクトルは，同じように回転させたので，$\vec{\boldsymbol{a}},\vec{\boldsymbol{b}}$ と同様に，同一直線上にありません．よってベクトル $\vec{\boldsymbol{a}}',\vec{\boldsymbol{b}}'$ もこの平面の基底ベクトルとなります．さらに，図 11.7 (次ページ) を 2 次元空間が $-\theta$ 回転したと見ることで，点 (x,y) とベクトル $\vec{\boldsymbol{a}},\vec{\boldsymbol{b}}$ の関係は，そのまま点 (x',y') とベクトル $\vec{\boldsymbol{a}}',\vec{\boldsymbol{b}}'$ の関係に移り，等式 $(x',y')=x\vec{\boldsymbol{a}}'+y\vec{\boldsymbol{b}}'$ が成

り立ちます.

では，ベクトル $\vec{a}', \vec{b}'$ はどんなベクトルでしょうか？ 図 11.8（次ページ）を見ながら三角関数を活用すると，$\vec{a}' = (\cos\theta, \sin\theta)$，$\vec{b}' = (-\sin\theta, \cos\theta)$ となることが分かります．これで，点 (x', y') は (x, y) と θ で表せます．

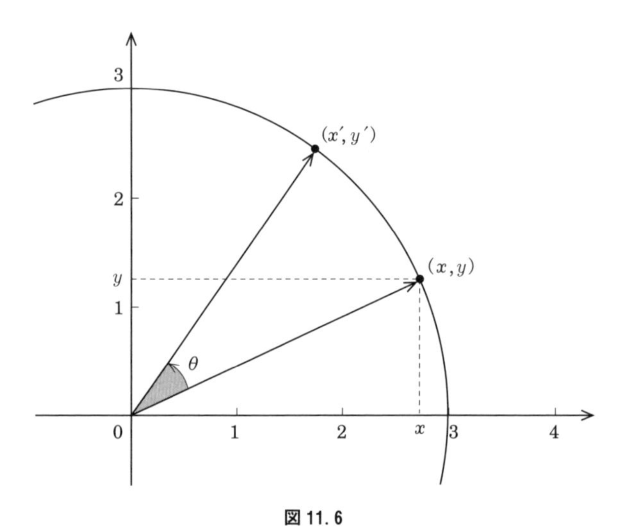

図 11.6

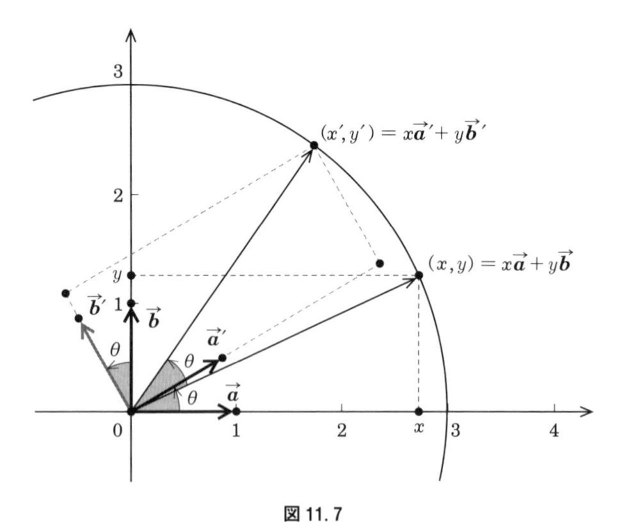

図 11.7

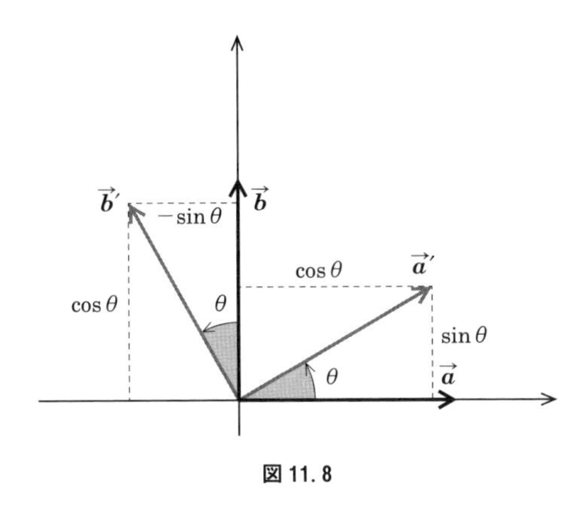

図 11.8

$$
\begin{aligned}
(x', y') &= x\vec{a}' + y\vec{b}' = (x\cos\theta, x\sin\theta) + (-y\sin\theta, y\cos\theta) \\
&= (x\cos\theta - y\sin\theta, x\sin\theta + y\cos\theta) \qquad (11.1)
\end{aligned}
$$

回転を表す行列

なんだか三角関数も登場して，ごちゃごちゃした式が並びました．回転により点 (x, y) が点 (x', y') に移動することを，もっとスマートに表現する方法はないでしょうか？

そのために，**行列**を使います．行列とは，数字を長方形に並べた数の並びです．正方形に並んだ行列を**正方行列**と呼び，同じサイズの正方行列同士で，足し算や掛け算ができます．今回使う行列は，次のようなサイズ2とサイズ3の行列です．

$$
\begin{pmatrix} a_{11} & a_{12} \\ a_{21} & a_{22} \end{pmatrix}, \qquad \begin{pmatrix} a_{11} & a_{12} & a_{13} \\ a_{21} & a_{22} & a_{23} \\ a_{31} & a_{32} & a_{33} \end{pmatrix}
$$

このとき，数字 a_{ij} を行列の**成分**または，(i, j) 成分と呼びます．正方行列の**対角成分**と呼ばれる (i, i) 成分がすべて1で，それ以外の成分がすべて0の行列を**単位行列**と呼び，サイズ毎に次のように表します．

$$I_2=\begin{pmatrix}1 & 0\\ 0 & 1\end{pmatrix},\qquad I_3=\begin{pmatrix}1 & 0 & 0\\ 0 & 1 & 0\\ 0 & 0 & 1\end{pmatrix}$$

また，行列の成分で横に並んだ成分を**行**と呼び，縦の並んだ成分を**列**と呼びます．サイズ2の行列の行と列は，次のようになります．

$$(a_{11}\ \ a_{12}),\qquad (a_{21}\ \ a_{22})\qquad \begin{pmatrix}a_{11}\\ a_{21}\end{pmatrix},\qquad \begin{pmatrix}a_{12}\\ a_{22}\end{pmatrix}$$

行列同士の足し算はとても簡単で，同じ位置にある成分同士を加えます．

$$\begin{pmatrix}a_{11} & a_{12}\\ a_{21} & a_{22}\end{pmatrix}+\begin{pmatrix}b_{11} & b_{12}\\ b_{21} & b_{22}\end{pmatrix}=\begin{pmatrix}a_{11}+b_{11} & a_{12}+b_{12}\\ a_{21}+b_{21} & a_{22}+b_{22}\end{pmatrix}$$

行列の掛け算は，少し複雑です．左の行列から行を1行ずつ選んで，右の行列から列を1列ずつ取り出して，行と列の成分を順番に掛け合わせた上で，その総和を計算します．具体的には，次のような計算になります．

$$\begin{pmatrix}a_{11} & a_{12}\\ a_{21} & a_{22}\end{pmatrix}\times\begin{pmatrix}b_{11} & b_{12}\\ b_{21} & b_{22}\end{pmatrix}=\begin{pmatrix}a_{11}b_{11}+a_{12}b_{21} & a_{11}b_{12}+a_{12}b_{22}\\ a_{21}b_{11}+a_{22}b_{21} & a_{21}b_{12}+a_{22}b_{22}\end{pmatrix}$$

サイズ3の行列でも同様の計算ができます．式が，複雑になるので，先ほど紹介した内積を使って表します．

$$\begin{pmatrix}a_{11} & a_{12} & a_{13}\\ a_{21} & a_{22} & a_{23}\\ a_{31} & a_{32} & a_{33}\end{pmatrix}\times\begin{pmatrix}b_{11} & b_{12} & b_{13}\\ b_{21} & b_{22} & b_{23}\\ b_{31} & b_{32} & b_{33}\end{pmatrix}=\begin{pmatrix}(\vec{\boldsymbol{a}}^{(1)},\vec{\boldsymbol{b}}^{\langle 1\rangle}) & (\vec{\boldsymbol{a}}^{(1)},\vec{\boldsymbol{b}}^{\langle 2\rangle}) & (\vec{\boldsymbol{a}}^{(1)},\vec{\boldsymbol{b}}^{\langle 3\rangle})\\ (\vec{\boldsymbol{a}}^{(2)},\vec{\boldsymbol{b}}^{\langle 1\rangle}) & (\vec{\boldsymbol{a}}^{(2)},\vec{\boldsymbol{b}}^{\langle 2\rangle}) & (\vec{\boldsymbol{a}}^{(2)},\vec{\boldsymbol{b}}^{\langle 3\rangle})\\ (\vec{\boldsymbol{a}}^{(3)},\vec{\boldsymbol{b}}^{\langle 1\rangle}) & (\vec{\boldsymbol{a}}^{(3)},\vec{\boldsymbol{b}}^{\langle 2\rangle}) & (\vec{\boldsymbol{a}}^{(3)},\vec{\boldsymbol{b}}^{\langle 3\rangle})\end{pmatrix}$$

ここで，ベクトル $\vec{\boldsymbol{a}}^{(i)}=(a_{i1},a_{i2},a_{i3})$，$\vec{\boldsymbol{b}}^{\langle j\rangle}=(b_{1j},b_{2j},b_{3j})$ を表しています．

また，2次元や3次元の点の座標を表す，サイズが2や3のベクトル $(x,y),\vec{\boldsymbol{w}}=(x,y,z)$ に，右から次のように正方行列を作用させて新しいベクトルを作ることができます．

$$(x,y)\times\begin{pmatrix}a_{11} & a_{12}\\ a_{21} & a_{22}\end{pmatrix}=(xa_{11}+ya_{21},xa_{12}+ya_{22})$$

$$\vec{\boldsymbol{w}}\times\begin{pmatrix}b_{11} & b_{12} & b_{13}\\ b_{21} & b_{22} & b_{23}\\ b_{31} & b_{32} & b_{33}\end{pmatrix}=((\vec{\boldsymbol{w}},\vec{\boldsymbol{b}}^{\langle 1\rangle}),(\vec{\boldsymbol{w}},\vec{\boldsymbol{b}}^{\langle 2\rangle}),(\vec{\boldsymbol{w}},\vec{\boldsymbol{b}}^{\langle 3\rangle}))$$

この行列によるベクトルへの作用を使って等式(11.1)の回転を表すと次のようになります．

$$(x', y') = (x, y) \times \begin{pmatrix} \cos\theta & \sin\theta \\ -\sin\theta & \cos\theta \end{pmatrix}$$

線対称について

第1章で登場した2次元空間での線対称σを考えてみましょう．線対称σは，x軸(水平軸)でのπ回転でした．これは，点(x, y)を$(x', y') = (x, -y)$に移します．よって，$\vec{a}$は$\vec{a} = (1, 0)$自身に移動し，$\vec{b}$は$\vec{b}' = (0, -1)$に移動します．よって，線対称σも行列を使って

$$(x', y') = (x, y) \times \begin{pmatrix} 1 & 0 \\ 0 & -1 \end{pmatrix}$$

と表せます．では，図11.9のようなθだけ回転した直線での線対称は，どのように表されるでしょうか？

第2章の『ドラゴンレーサー』の動きを参考にすると，この線対称は線対称σを行った後に，2θの回転を行ったと考えれば良いことが分かります．

この連続移動は行列の掛け算を使って次のように表せます．

$$\begin{aligned}(x', y') &= (x, y) \times \begin{pmatrix} 1 & 0 \\ 0 & -1 \end{pmatrix} \times \begin{pmatrix} \cos 2\theta & \sin 2\theta \\ -\sin 2\theta & \cos 2\theta \end{pmatrix} \\ &= (x, y) \times \begin{pmatrix} \cos 2\theta & \sin 2\theta \\ \sin 2\theta & -\cos 2\theta \end{pmatrix}\end{aligned}$$

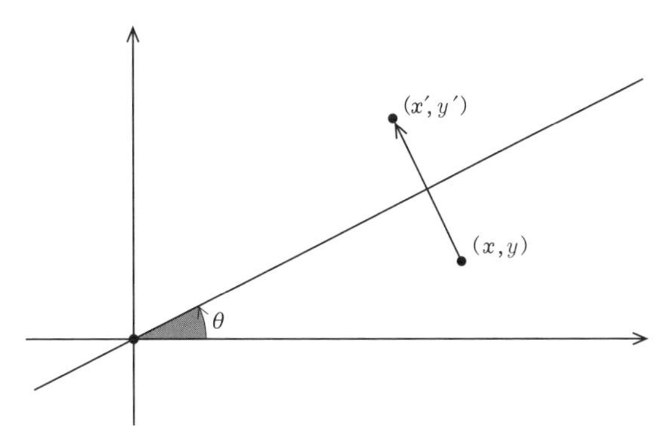

図11.9

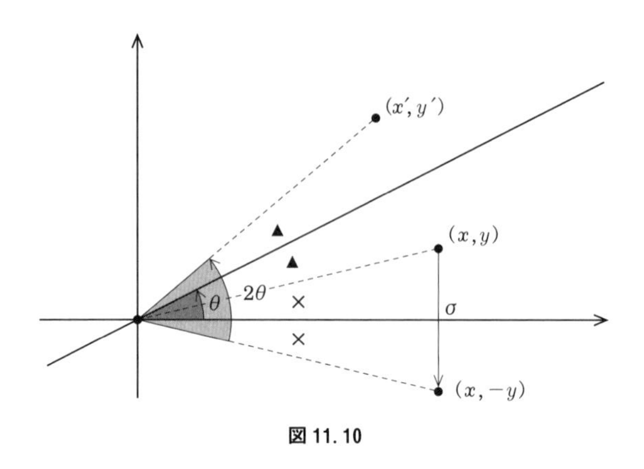

図 11.10

例えば，$\theta = \dfrac{\pi}{4}$ とすると，傾き 1 の直線 $y = x$ での線対称となり，

$$(x', y') = (x, y) \times \begin{pmatrix} 0 & 1 \\ 1 & 0 \end{pmatrix} = (y, x)$$

となることが分かります．また，線対称の移動は，2 回行うと，任意の点が元の位置に戻ります．そして，線対称の移動を表す行列を 2 乗すると，単位行列になります．

$$\begin{pmatrix} \cos 2\theta & \sin 2\theta \\ \sin 2\theta & -\cos 2\theta \end{pmatrix}^2 = \begin{pmatrix} 1 & 0 \\ 0 & 1 \end{pmatrix} = I_2$$

実際，任意の点 (x, y) に対して単位行列 I_2 を掛けても，点の位置は不変です．

$$(x, y) \times I_2 = (x, y)$$

3 次元空間の回転

次に 3 次元空間の回転を考えてみましょう．今度は，基底ベクトルを，$\vec{\boldsymbol{a}} = (1, 0, 0)$，$\vec{\boldsymbol{b}} = (0, 1, 0)$，$\vec{\boldsymbol{c}} = (0, 0, 1)$ と決めます．3 次元空間の点 P の座標は，サイズ 3 のベクトル (x, y, z) で表されます．よって，点 P を基底ベクトルで表すと，

$$\mathrm{P} = x\vec{\boldsymbol{a}} + y\vec{\boldsymbol{b}} + z\vec{\boldsymbol{c}}$$

となります．3 次元空間での回転とは，図 11.11 (次ページ)のように 3 次元空間に原点を始点とするベクトル $\vec{\boldsymbol{s}}$ を決め，ベクトル $\vec{\boldsymbol{s}}$ を回転軸にする終点

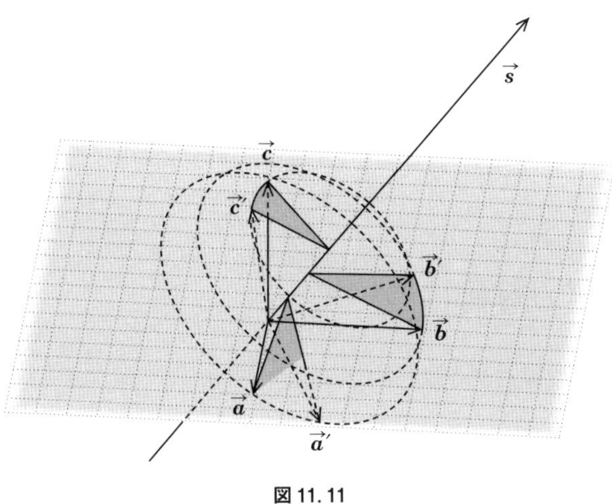

図 11.11

から始点を見たときの反時計回りの回転と定義します．

この回転による基底ベクトル $\{\vec{\boldsymbol{a}}, \vec{\boldsymbol{b}}, \vec{\boldsymbol{c}}\}$ の移動先をそれぞれ，

$$\vec{\boldsymbol{a}}' = \vec{\boldsymbol{a}}^{(1)} = (a_{11}, a_{12}, a_{13}),$$
$$\vec{\boldsymbol{b}}' = \vec{\boldsymbol{a}}^{(2)} = (a_{21}, a_{22}, a_{23}),$$
$$\vec{\boldsymbol{c}}' = \vec{\boldsymbol{a}}^{(3)} = (a_{31}, a_{32}, a_{33})$$

とします．回転による空間への作用で，空間内のベクトルは別の場所に移動しますが，回転を空間自体が動いたと見ることで，長さやベクトル相互の持つ関係が保持されることが分かります．基底ベクトルは，互いに直交し長さが 1 のベクトルでしたので，移動先のベクトルも互いに直交し長さも 1 のままとなります．よって内積の定義から次の等式が得られます．

$$(\vec{\boldsymbol{a}}^{(i)}, \vec{\boldsymbol{a}}^{(i)}) = 1 \qquad (i = 1, 2, 3) \tag{11.2}$$
$$(\vec{\boldsymbol{a}}^{(i)}, \vec{\boldsymbol{a}}^{(j)}) = 0 \qquad (i \neq j) \tag{11.3}$$

さらに，点 P の回転による移動先を点 Q とすると，点 P と基底ベクトル $\{\vec{\boldsymbol{a}}, \vec{\boldsymbol{b}}, \vec{\boldsymbol{c}}\}$ の関係は，点 Q と基底ベクトル $\{\vec{\boldsymbol{a}}', \vec{\boldsymbol{b}}', \vec{\boldsymbol{c}}'\}$ に受け継がれ，等式

$$\begin{aligned} \mathrm{Q} &= x\vec{\boldsymbol{a}}' + y\vec{\boldsymbol{b}}' + z\vec{\boldsymbol{c}}' \\ &= (xa_{11} + ya_{21} + za_{31}, xa_{12} + ya_{22} + za_{32}, xa_{13} + ya_{23} + za_{33}) \end{aligned}$$

が成り立ちます．この等式を行列を使って表すと，次のようになります．

$$(x', y', z') = (x, y, z) \times \begin{pmatrix} a_{11} & a_{12} & a_{13} \\ a_{21} & a_{22} & a_{23} \\ a_{31} & a_{32} & a_{33} \end{pmatrix}$$

右辺のサイズ3の行列を A と置くと，行列の行は，回転による基底ベクトルの移動先になります．この行列を**回転を表す行列**と呼ぶことにします．

平面に対する対称について

2次元空間での線対称のように，3次元空間では平面による対称変換があります．この対称を考えるときには，鏡に映る手をイメージすると良いでしょう．それぞれの指の長さや指同士の角度は不変ですが，右手が左手に移っていて，**回転だけでは，2つの手が重なることはありません．**

図 11. 12

一番簡単な対称は，xy 平面での対称で，点 (x, y, z) を $(x, y, -z)$ に移します．2次元空間の線対称と同様に，この対称も行列を使って次のように表せます．

$$(x', y', z') = (x, y, z) \times \begin{pmatrix} 1 & 0 & 0 \\ 0 & 1 & 0 \\ 0 & 0 & -1 \end{pmatrix}$$

原点を通る平面 H は，長さ1の法線ベクトル $\vec{\boldsymbol{h}} = (x_0, y_0, z_0)$ を使って，

$$H = \{(x, y, z) | xx_0 + yy_0 + zz_0 = 0\} = \{\vec{\boldsymbol{v}} = (x, y, z) | (\vec{\boldsymbol{v}}, \vec{\boldsymbol{h}}) = 0\}$$

で与えられます．$\vec{\boldsymbol{h}}$ の仮定から $(\vec{\boldsymbol{h}}, \vec{\boldsymbol{h}}) = 1$ となることを使って，平面 H で

の対称を表す行列を計算してみましょう．

原点から点Pへのベクトル$\vec{\boldsymbol{v}}=(x,y,z)$とします．点Pから平面$H$に垂直に下ろした平面$H$上の点を$\mathrm{P}_0$とすると，ある実数$\lambda$を使って，原点から点$\mathrm{P}_0$へのベクトル$\vec{\boldsymbol{v}}_0=\vec{\boldsymbol{v}}+\lambda\vec{\boldsymbol{h}}$と表せます(**図 11.13**)．点$\mathrm{P}_0$が平面$H$に含まれているので，$H$の定義より

$$0=(\vec{\boldsymbol{v}}_0,\vec{\boldsymbol{h}})=(\vec{\boldsymbol{v}}+\lambda\vec{\boldsymbol{h}},\vec{\boldsymbol{h}})=(\vec{\boldsymbol{v}},\vec{\boldsymbol{h}})+\lambda(\vec{\boldsymbol{h}},\vec{\boldsymbol{h}})=(\vec{\boldsymbol{v}},\vec{\boldsymbol{h}})+\lambda$$

となり，$\lambda=-(\vec{\boldsymbol{v}},\vec{\boldsymbol{h}})$が得られました．点Pの$H$に対する対称な点を$\mathrm{Q}=(x',y',z')$とすると，点Qは点$\mathrm{P}_0$からさらに，$\lambda\vec{\boldsymbol{h}}$だけ移動した点なので，

$$(x',y',z')=\vec{\boldsymbol{v}}_0+\lambda\vec{\boldsymbol{h}}=\vec{\boldsymbol{v}}+2\lambda\vec{\boldsymbol{h}}=\vec{\boldsymbol{v}}-2(\vec{\boldsymbol{v}},\vec{\boldsymbol{h}})\vec{\boldsymbol{h}}$$

が得られます．この等式から，今回の対称が行列を使って次のように表せます．この行列を$\vec{\boldsymbol{h}}$**に対する対称を表す行列**と呼ぶことにします．

$$(x',y',z')=(x,y,z)\times\begin{pmatrix}1-2x_0^2 & -2x_0y_0 & -2x_0z_0\\ -2x_0y_0 & 1-2y_0^2 & -2y_0z_0\\ -2x_0z_0 & -2y_0z_0 & 1-2z_0^2\end{pmatrix} \qquad (11.4)$$

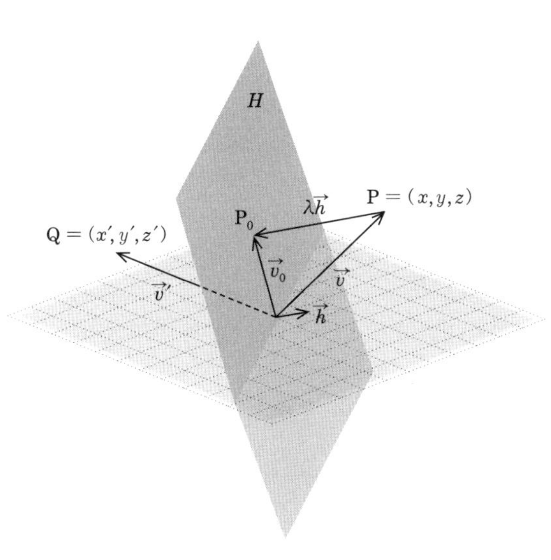

図 11.13

例えば，平面 $y=x$ での対称は，法線ベクトル $\vec{\boldsymbol{h}}=\left(\frac{\sqrt{2}}{2},-\frac{\sqrt{2}}{2},0\right)$ から

$$(x',y',z')=(x,y,z)\times\begin{pmatrix}0&1&0\\1&0&0\\0&0&1\end{pmatrix}=(y,x,z)$$

と表せます．また，yz 平面での対称なら法線ベクトルは，$\vec{\boldsymbol{h}}=(1,0,0)$ となり，

$$(x',y',z')=(x,y,z)\times\begin{pmatrix}-1&0&0\\0&1&0\\0&0&1\end{pmatrix}=(-x,y,z)$$

と表せます．これで 3 次元空間の回転と平面に対する対称も行列で表せました．

空間移動を表す行列の秘密

行列 A の行と列を入れ替えた行列を**転置行列**と呼び，${}^tA$ と表すことにします．つまり，

$${}^tA=\begin{pmatrix}a_{11}&a_{21}&a_{31}\\a_{12}&a_{22}&a_{32}\\a_{13}&a_{23}&a_{33}\end{pmatrix}$$

となります．

●行列 A が回転を表している場合

行列 $B={}^tA$ と置くと，$b_{ji}=a_{ij}$ の関係より，等式

$$\vec{\boldsymbol{b}}^{\langle j\rangle}=(b_{1j},b_{2j},b_{3j})=(a_{j1},a_{j2},a_{j3})=\vec{\boldsymbol{a}}^{(j)} \tag{11.5}$$

が得られます．そこで，$A\times{}^tA=A\times B$ について，等式(11.2)，(11.3)，(11.5)を使うと

$$A\times{}^tA=\begin{pmatrix}(\vec{\boldsymbol{a}}^{(1)},\vec{\boldsymbol{b}}^{\langle1\rangle})&(\vec{\boldsymbol{a}}^{(1)},\vec{\boldsymbol{b}}^{\langle2\rangle})&(\vec{\boldsymbol{a}}^{(1)},\vec{\boldsymbol{b}}^{\langle3\rangle})\\(\vec{\boldsymbol{a}}^{(2)},\vec{\boldsymbol{b}}^{\langle1\rangle})&(\vec{\boldsymbol{a}}^{(2)},\vec{\boldsymbol{b}}^{\langle2\rangle})&(\vec{\boldsymbol{a}}^{(2)},\vec{\boldsymbol{b}}^{\langle3\rangle})\\(\vec{\boldsymbol{a}}^{(3)},\vec{\boldsymbol{b}}^{\langle1\rangle})&(\vec{\boldsymbol{a}}^{(3)},\vec{\boldsymbol{b}}^{\langle2\rangle})&(\vec{\boldsymbol{a}}^{(3)},\vec{\boldsymbol{b}}^{\langle3\rangle})\end{pmatrix}$$

$$
= \begin{pmatrix} (\vec{a}^{(1)}, \vec{a}^{(1)}) & (\vec{a}^{(1)}, \vec{a}^{(2)}) & (\vec{a}^{(1)}, \vec{a}^{(3)}) \\ (\vec{a}^{(2)}, \vec{a}^{(1)}) & (\vec{a}^{(2)}, \vec{a}^{(2)}) & (\vec{a}^{(2)}, \vec{a}^{(3)}) \\ (\vec{a}^{(3)}, \vec{a}^{(1)}) & (\vec{a}^{(3)}, \vec{a}^{(2)}) & (\vec{a}^{(3)}, \vec{a}^{(3)}) \end{pmatrix}
$$

$$
= \begin{pmatrix} 1 & 0 & 0 \\ 0 & 1 & 0 \\ 0 & 0 & 1 \end{pmatrix} = I_3
$$

が得られます．

●行列 A が平面での対称を表している場合

等式(11.4)の対称を表す行列 A では，$A = {}^tA$ となっています．対称の移動は，2 回実施するともとの位置に戻ります．実際，等式 $x_0^2+y_0^2+z_0^2=1$ から $A^2=I_3$ が分かります．具体的に，A^2 の対角成分である(1, 1)成分を計算すると，

$$
\begin{aligned}
&(1-2x_0^2)^2+4x_0^2y_0^2+4x_0^2z_0^2 \\
&\quad = (1-2x_0^2)^2+4x_0^2(y_0^2+z_0^2) \\
&\quad = (1-2x_0^2)^2+4x_0^2(1-x_0^2) \\
&\quad = 1-4x_0^2+4x_0^4+4x_0^2-4x_0^4 = 1
\end{aligned}
$$

になります．また，対角成分ではない(1, 2)成分を計算すると，次のようになります．

$$
\begin{aligned}
&(1-2x_0^2)(-2x_0y_0)-2x_0y_0(1-2y_0^2)+4x_0y_0z_0^2 \\
&\quad = -4x_0y_0+4x_0^3y_0+4x_0y_0^3+4x_0y_0z_0^2 \\
&\quad = -4x_0y_0+4x_0y_0(x_0^2+y_0^2+z_0^2) = 0
\end{aligned}
$$

同様に，すべての成分を計算すると，次の等式が成り立ちます．

$$
A \times {}^tA = A^2 = \begin{pmatrix} 1 & 0 & 0 \\ 0 & 1 & 0 \\ 0 & 0 & 1 \end{pmatrix} = I_3
$$

以上より，3 次元空間における，回転と対称を表わす行列は，すべて $A \times {}^tA$ が単位行列となることが分かりました．2 次元空間での回転と線対称を表す行列でも同様の性質を確認できます．

回転と対称で作られる群

行列 A を実数を成分とするサイズ3の行列とし，集合 $O(3)$ を

$$O(3) = \{A \mid A \times {}^t\!A = I_3\}$$

で定義します．

行列 A が，集合 $O(3)$ に含まれるとき，A の行ベクトル $\vec{\boldsymbol{a}}^{(i)}$ $(i = 1, 2, 3)$ は，長さが1で互いに直交することになります．よって，行列 A を右からかけることで，基底ベクトル $\{\vec{\boldsymbol{a}}, \vec{\boldsymbol{b}}, \vec{\boldsymbol{c}}\}$ を互いに直交する長さ1の基底ベクトル $\{\vec{\boldsymbol{a}}^{(1)}, \vec{\boldsymbol{a}}^{(2)}, \vec{\boldsymbol{a}}^{(3)}\}$ に移動させることになります．この移動は，2つ以下の回転または，2つ以下の回転と1つの対称の合成で作られます．

まず，ベクトル $\vec{\boldsymbol{c}}, \vec{\boldsymbol{a}}^{(3)}$ で作られる平面の原点を通る垂線を回転軸として，$\vec{\boldsymbol{c}}$ と $\vec{\boldsymbol{a}}^{(3)}$ でなす角 θ だけ回転させることで，$\vec{\boldsymbol{c}}$ を $\vec{\boldsymbol{a}}^{(3)}$ と一致させます．

この回転で，$\vec{\boldsymbol{a}}$ が $\vec{\boldsymbol{a}}'$ に $\vec{\boldsymbol{b}}$ が $\vec{\boldsymbol{b}}'$ に移ったとすると，$\vec{\boldsymbol{a}}', \vec{\boldsymbol{b}}'$ は，$\vec{\boldsymbol{a}}^{(3)}$ と垂直に交わり，$\vec{\boldsymbol{a}}', \vec{\boldsymbol{b}}', \vec{\boldsymbol{a}}^{(1)}, \vec{\boldsymbol{a}}^{(2)}$ は，同一平面上に並びますが，$\{\vec{\boldsymbol{a}}^{(1)}, \vec{\boldsymbol{a}}^{(2)}, \vec{\boldsymbol{a}}^{(3)}\}$ の向きを，{人差し指，中指，親指} に対応させることで，右手タイプと左手タイプの2通りの図が考えられます(図 11.14，次ページ)．

次に，$\vec{\boldsymbol{a}}^{(3)}$ を回転軸として，$\vec{\boldsymbol{a}}'$ と $\vec{\boldsymbol{a}}^{(1)}$ のなす角 φ で回転させ，$\vec{\boldsymbol{a}}'$ を $\vec{\boldsymbol{a}}^{(1)}$ と一致させます．2通りの図で，この回転により $\vec{\boldsymbol{b}}'$ が $\vec{\boldsymbol{a}}^{(2)}$ と一致する場合と，$\vec{\boldsymbol{a}}^{(2)}$ から角度 π で反転している $\vec{\boldsymbol{b}}''$ と一致する場合があります(図 11.15，154 ページ)．

前者の場合は，これで終了で，後者の場合は，さらに $\vec{\boldsymbol{a}}^{(1)}, \vec{\boldsymbol{a}}^{(3)}$ を含む平面による対称を行うことで，右手を左手に変換するようにベクトル $\vec{\boldsymbol{b}}''$ を $\vec{\boldsymbol{a}}^{(2)}$ と一致させます．

これにより，集合 $O(3)$ に含まれる行列が，3次元空間への回転と平面に対する対称を合成した行列全体でできていることが分かりました．

最後にこの $O(3)$ が**直交群**と呼ばれる群であることを示して，この章を終わりにしたいと思います．

$A, B \in O(3)$ とすると，$A \times {}^t\!A = B \times {}^t\!B$ は，単位行列 I_3 となります．行列 $C = A \times B$ とすると，転置行列と行列の積の定義から

$${}^t C = {}^t(A \times B) = {}^t B \times {}^t\!A$$

が得られます．よって

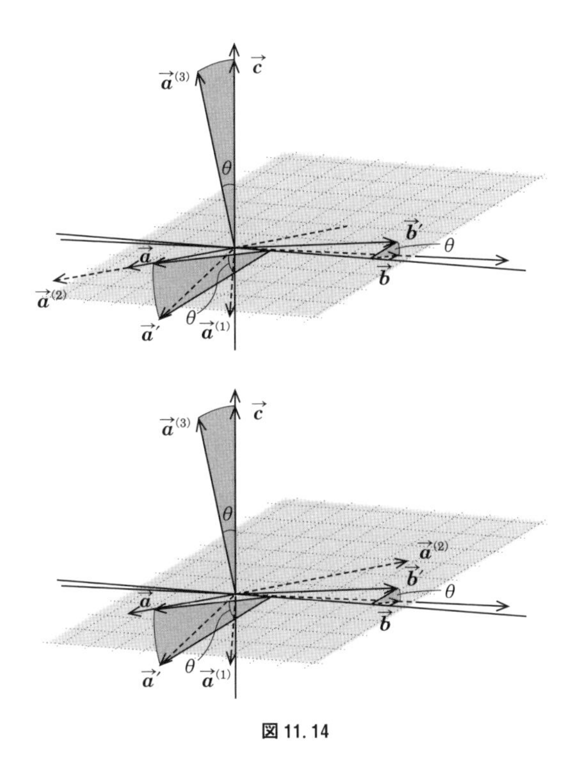

図 11.14

$$C \times {}^tC = A \times B \times {}^tB \times {}^tA = I_3$$

が成立し，$A \times B = C$ が $O(3)$ に含まれます．サイズ 3 の行列は，掛け算の定義から結合律を満たし，単位行列 I_3 は，その定義より $A \times I_3 = A$ となり，単位元の条件を満たします．$I_3 \times {}^tI_3 = I_3$ より I_3 も $O(3)$ に含まれています．また，$A \times {}^tA = I_3$ より ${}^tA = A^{-1}$ は，逆元の性質を持ち，

$$A^{-1} \times {}^t(A^{-1}) = {}^tA \times {}^t({}^tA) = {}^t({}^tA \times A) = {}^t(A^{-1} \times A) = {}^tI_3 = I_3$$

から，A の逆元 A^{-1} も $O(3)$ に含まれます．これで，第 1 章で示した群となるためのすべての条件を満たしたとこになり，$O(3)$ は群となります．

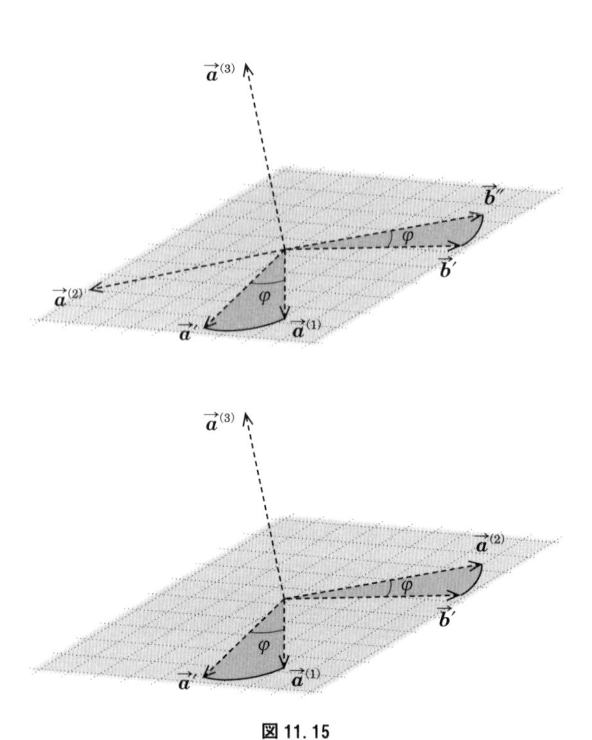

図 11.15

章末問題

問題 11.1. $|\mathrm{OH}| = |\vec{\boldsymbol{b}}|\cos\theta$ と 2 つの直角三角形 △OBH と △ABH を使って，余弦定理

$$|\vec{\boldsymbol{b}}-\vec{\boldsymbol{a}}|^2 = |\vec{\boldsymbol{a}}|^2+|\vec{\boldsymbol{b}}|^2-2|\vec{\boldsymbol{a}}||\vec{\boldsymbol{b}}|\cos\theta$$

を証明しなさい．

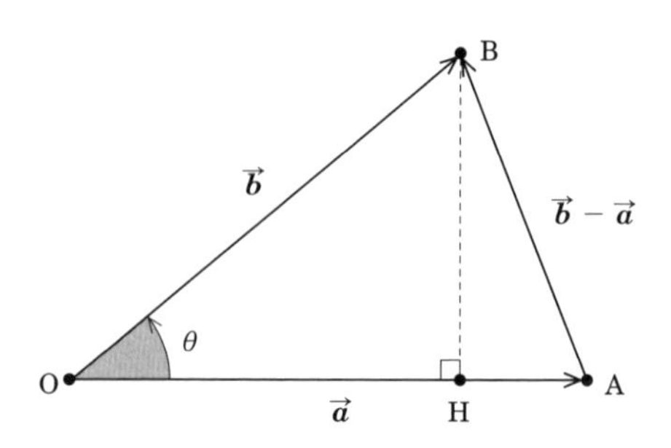

問題 11. 2. x 軸を反時計回りで θ だけ回転させた直線に対する線対称は，x 軸での線対称を行って 2θ の回転を行った動きと等しいことを示せ．

問題 11. 3. 等式(11. 4)が表すように，法線ベクトル $\vec{\boldsymbol{h}} = (x_0, y_0, z_0)$ を持つ平面に対する対称を表す行列が

$$A = \begin{pmatrix} 1-2x^{2_0} & -2x_0y_0 & -2x_0z_0 \\ -2x_0y_0 & 1-2y_0^2 & -2y_0z_0 \\ -2x_0z_0 & -2y_0z_0 & 1-2z_0^2 \end{pmatrix}$$

となることを証明しなさい．

問題 11. 4. 問題 11. 3 の行列 A について，

$$A^2 = \begin{pmatrix} 1 & 0 & 0 \\ 0 & 1 & 0 \\ 0 & 0 & 1 \end{pmatrix}$$

となることを示せ．

問題 11. 5. 行列 $\begin{pmatrix} 0 & 0 & -1 \\ 0 & 1 & 0 \\ -1 & 0 & 0 \end{pmatrix}$ が平面に対する対称を表すとき，この平面の長さ 1 の法線ベクトルを求めよ．

第 12 章

群の表現
：有限群が作る多面体

見えない群を感じるために，群の作用を「空間の動き」ととらえ，空間に存在するものが「空間の動き」でどのように変化するのかを見ます．この章では，前章で導入した行列を使って 3 次元空間の中で，4 次対称群の表現方法を考えます．

席替えカードと置換

まず，4 次対称群を第 7 章で登場した「席替えカード」としてとらえ，この動きを第 3 章で出てきた置換で表すことを考えてみましょう．第 7 章では，図 12.1（次ページ）のように並んだ座席に座る 4 人の位置を図 12.2 の 4 枚の席替えカードを使って，移動することにしていました．

座席の移動を置換として表現すれば，$a_1 = (1, 2)$，$a_2 = (3, 4)$，$b_1 = (2, 3)$，$b_2 = (1, 4)$ と表せることが分かります．注意したいことは，ここで入れ替わるのは，**椅子**ではなく**椅子に座っている人**であることです．つまり，置換 $a_1 = (1, 2)$ が表しているのは，椅子 1 番が 2 番になって椅子 2 番が 1 番に変わることではなく，椅子 1 番に座っていた人が 2 番に移動し，椅子 2 番に座っていた人が 1 番に移動することを表しています．例えば，椅子 1 番に「母」が座り，2 番に「妹」，3 番に「姉」，4 番に「兄」が座った場合，席替えカード a_1 で，1 番に座った「母」と 2 番に座った「妹」が席を入れ替わることになります．よって，a_1 に続いて席替え b_1 を実施した場合，今度は，2 番に座っ

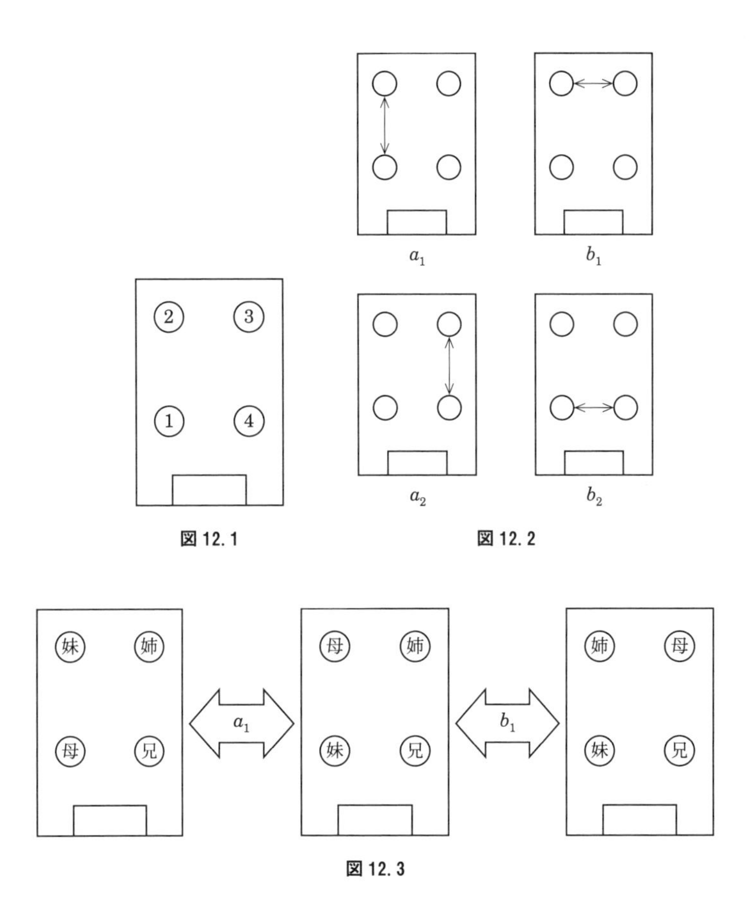

図 12.1

図 12.2

図 12.3

ている「母」と3番に座っている「姉」の入れ替えが発生します．よってこの2つの席替えの席は，1番に座っていた「母」が3番に移動し，3番に座っていた姉が2番に移動し，2番に座っていた「妹」が1番に座るように移動します(図12.3)．

つまり，

$$a_1 * b_1 = (1,2) * (2,3) = (1,3,2)$$

の置換の積が出来上がります．この置換を行列として表す方法として，置換行列があります．

置換と行列

本書では，群を「空間の動き」としてとらえて，関係式や置換で表してきました．そして前章では，行列を導入して，「空間の動き」を表す方法を紹介しました．では，置換を行列で表すことで3次元の「空間の動き」を作り出せないでしょうか？ 座席の座り方をベクトルで表すことにしましょう．ベクトルの第1成分には，椅子1番に座る人，第2成分には，椅子2番に座る人を，配置します．具体的には，図 12.4 の席順に対応するベクトルは $\vec{v}=$（母，妹，姉，兄）となります．

そして，右から行列を掛けることで，置換と同じ作用をもたらす行列を考えます．a_1 と同じ作用を出すためには，ベクトルの第1成分と第2成分を入れ替える行列 A_1 が必要です**（図 12.5）**．

b_1 なら，第2成分と第3成分の入れ替え行列 B_1，a_2 なら第3成分と第4成分の入れ替え行列 A_2 が必要となります．ベクトルと行列の積の定義をもう一度思い出すと，行列 A_1, A_2, B_1, B_2 が次のように分かります．

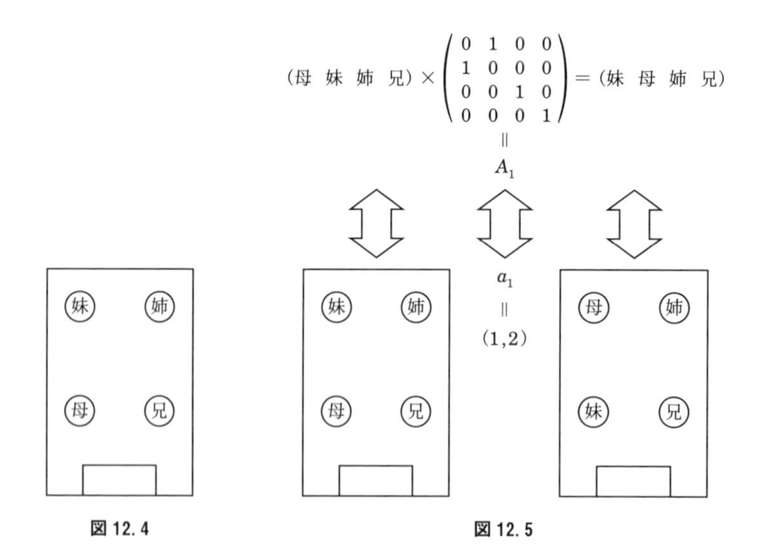

図 12.4　　**図 12.5**

$$A_1 = \begin{pmatrix} 0 & 1 & 0 & 0 \\ 1 & 0 & 0 & 0 \\ 0 & 0 & 1 & 0 \\ 0 & 0 & 0 & 1 \end{pmatrix}, \quad B_1 = \begin{pmatrix} 1 & 0 & 0 & 0 \\ 0 & 0 & 1 & 0 \\ 0 & 1 & 0 & 0 \\ 0 & 0 & 0 & 1 \end{pmatrix}$$

$$A_2 = \begin{pmatrix} 1 & 0 & 0 & 0 \\ 0 & 1 & 0 & 0 \\ 0 & 0 & 0 & 1 \\ 0 & 0 & 1 & 0 \end{pmatrix}, \quad B_2 = \begin{pmatrix} 0 & 0 & 0 & 1 \\ 0 & 1 & 0 & 0 \\ 0 & 0 & 1 & 0 \\ 1 & 0 & 0 & 0 \end{pmatrix}$$

3次元空間への埋め込み

これで，置換を行列として表現することができました．ただし，サイズ4の行列が作られたため「4次元空間の動き」になっています．これをなんとか，3次元空間にできないでしょうか？　そこで，今回の席替えにおけるもっとも大事な要素を思い出してみます．それは「母」との位置関係でした．「母」と「妹」を○で表し，「兄」と「姉」を△で表すことで，「母」と「妹」の位置関係のみに光を当てます．その上で，対応するベクトルでは，○には1を，△には -1 を対応させます．

よって先ほどのベクトル $\vec{v}$ は，$\vec{v}_1 = (1, 1, -1, -1)$ となります．

$(1 \quad 1 \quad -1 \quad -1) \Longleftrightarrow$

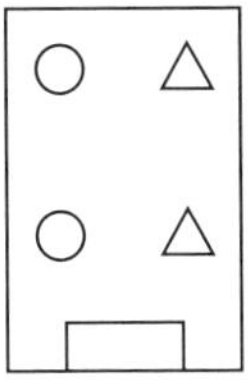

この位置は「妹」にとって幸せな席順ですが，「母」の隣に座ることが最も大切なので，$\vec{v}_1$ を -1 倍した $-\vec{v}_1 = (-1, -1, 1, 1)$ でも同様に幸せです．

$(-1 \quad -1 \quad 1 \quad 1) \Longleftrightarrow$

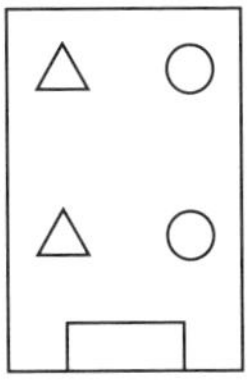

これらのベクトルは，行列 A_1 や A_2 を掛けても変わりませんが，行列 B_1

を掛けるとベクトル

$$\vec{\boldsymbol{v}}_2 = \vec{\boldsymbol{v}}_1 \times B_1 = (1, -1, 1, -1)$$

に変わります．

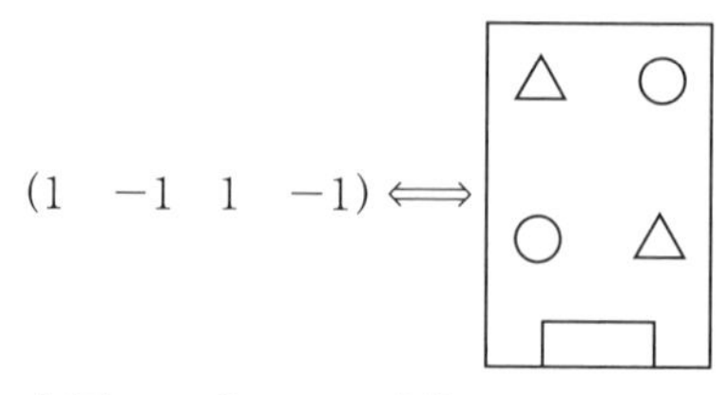

この席順だと「母」と「妹」は斜めの位置関係で座ることになり，「妹」にとっては不満な席順となります．ベクトル $\vec{\boldsymbol{v}}_2$ に行列 A_2 を掛けるとベクトル

$$\vec{\boldsymbol{v}}_3 = \vec{\boldsymbol{v}}_2 \times A_2 = (1, -1, -1, 1)$$

が作られます．

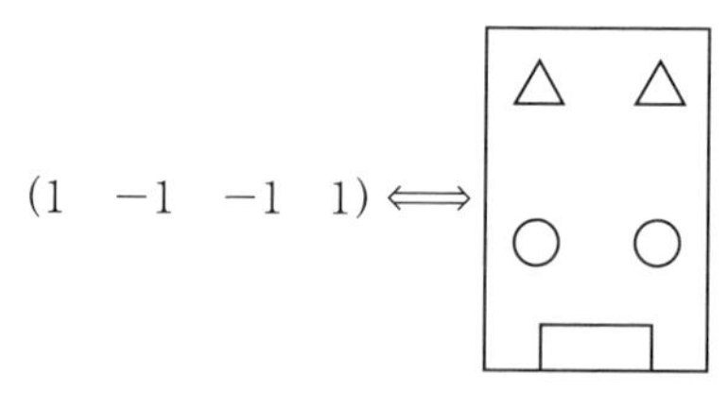

この席順では，「母」と「妹」は向かい合って座ることになります．「妹」を中心に据えたすべての状況を，3つのベクトル $\vec{\boldsymbol{v}}_1, \vec{\boldsymbol{v}}_2, \vec{\boldsymbol{v}}_3$ とその -1 倍が表しています．これは，3つのベクトル $\vec{\boldsymbol{v}}_1, \vec{\boldsymbol{v}}_2, \vec{\boldsymbol{v}}_3$ で作られる3次元部分空間 X は，行列 A_1, B_1, A_2, B_2 の作用で**閉じている**ことになります．

ここで，3つのベクトルの長さはすべて2で，異なるベクトル同士の内積が0になっています．つまり，4次元空間内でこの3つのベクトルは，お互いに直交していることになります．さらに3つのどれとも直交する長さ2のベクトルとして，$\vec{\boldsymbol{v}}_0 = (1, 1, 1, 1)$ があります．ベクトル $\vec{\boldsymbol{v}}_0$ は，行列 A_1, B_1, A_2, B_2 のどれを掛けても変化しない**不変のベクトル**です．

この4つのベクトルの長さを半分にすることで，お互いに直交する長さ1のベクトルが4本得られ，4次元空間の新しい**基底ベクトル**[1)]となります．行列 T を4本の基底ベクトルを行に並べたものにすると，

$$T = \frac{1}{2}\begin{pmatrix} 1 & 1 & 1 & 1 \\ 1 & 1 & -1 & -1 \\ 1 & -1 & 1 & -1 \\ 1 & -1 & -1 & 1 \end{pmatrix}$$

が得られます．このサイズ4の行列は，${}^tT = T$ が成り立ち，長さが1でお互いに直交するベクトルを行にしたので，

$$T^2 = {}^tT \times T = I_4 \qquad \text{(サイズ4の単位行列)}$$

が成り立ち，$T^{-1} = T$ が得られます．4次元空間への作用を表す行列 A_1, A_2, B_1 に対して，この行列 T による**共役**を取ることで，ベクトル $\vec{\boldsymbol{v}}_0, \vec{\boldsymbol{v}}_1, \vec{\boldsymbol{v}}_2, \vec{\boldsymbol{v}}_3$ への作用が，見えてきます．

$$T^{-1}A_1T = \left(\begin{array}{c|ccc} 1 & 0 & 0 & 0 \\ \hline 0 & 1 & 0 & 0 \\ 0 & 0 & 0 & -1 \\ 0 & 0 & -1 & 0 \end{array}\right)$$

$$T^{-1}A_2T = \left(\begin{array}{c|ccc} 1 & 0 & 0 & 0 \\ \hline 0 & 1 & 0 & 0 \\ 0 & 0 & 0 & 1 \\ 0 & 0 & 1 & 0 \end{array}\right)$$

$$T^{-1}B_1T = \left(\begin{array}{c|ccc} 1 & 0 & 0 & 0 \\ \hline 0 & 0 & 0 & -1 \\ 0 & 0 & 1 & 0 \\ 0 & -1 & 0 & 0 \end{array}\right)$$

この行列から，席替えカードを表すサイズ3の行列が，次の通り得られます．

$$a_1 = \begin{pmatrix} 1 & 0 & 0 \\ 0 & 0 & -1 \\ 0 & -1 & 0 \end{pmatrix}, \quad a_2 = \begin{pmatrix} 1 & 0 & 0 \\ 0 & 0 & 1 \\ 0 & 1 & 0 \end{pmatrix}, \quad b_1 = \begin{pmatrix} 0 & 0 & -1 \\ 0 & 1 & 0 \\ -1 & 0 & 0 \end{pmatrix}$$

この行列はどんな「空間の動き」を表しているのでしょうか？　前章で導いた法線ベクトル (x_0, y_0, z_0) をもつ平面に対する対称を表す行列は，

$$(x', y', z') = (x, y, z) \times \begin{pmatrix} 1-2x_0^2 & -2x_0y_0 & -2x_0z_0 \\ -2x_0y_0 & 1-2y_0^2 & -2y_0z_0 \\ -2x_0z_0 & -2y_0z_0 & 1-2z_0^2 \end{pmatrix}$$

で表されました．よく見ると上で得られた3つの行列は，次のように法線ベ

1）　互いに直交する長さ1の4つのベクトル $\vec{\boldsymbol{v}}_0, \vec{\boldsymbol{v}}_1, \vec{\boldsymbol{v}}_2, \vec{\boldsymbol{v}}_3$ が与えられると4次元空間の任意のベクトルは，$\vec{\boldsymbol{v}} = \alpha_0\vec{\boldsymbol{v}}_0 + \alpha_1\vec{\boldsymbol{v}}_1 + \alpha_2\vec{\boldsymbol{v}}_2 + \alpha_3\vec{\boldsymbol{v}}_3$ とただ1通りに表せます$(\alpha_i = (\vec{\boldsymbol{v}}_i\vec{\boldsymbol{v}}_i))$．

クトルと方程式が与えられた平面に対する対称を表す行列になります.

$$a_1 \Longleftrightarrow \left(0, \frac{\sqrt{2}}{2}, \frac{\sqrt{2}}{2}\right) \Longleftrightarrow y+z=0$$

$$a_2 \Longleftrightarrow \left(0, -\frac{\sqrt{2}}{2}, \frac{\sqrt{2}}{2}\right) \Longleftrightarrow y-z=0$$

$$b_1 \Longleftrightarrow \left(\frac{\sqrt{2}}{2}, 0, \frac{\sqrt{2}}{2}\right) \Longleftrightarrow x+z=0$$

「空間の動き」a_1 と a_2 に対応する平面は互いに直交し，b_1 に対応する平面とは，それぞれ $\dfrac{2\pi}{3}$ の角度で交わっています.

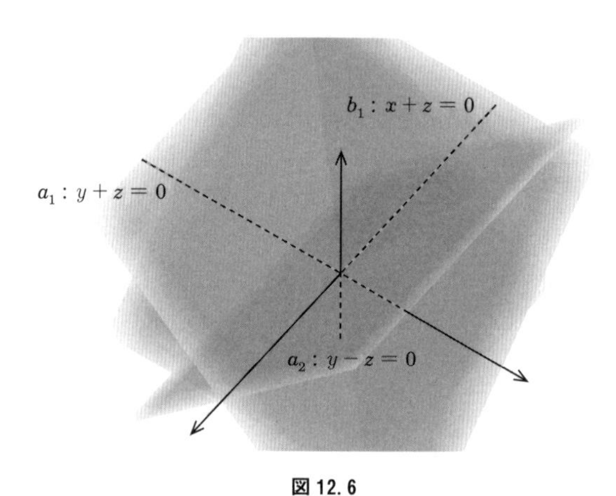

図 12.6

立体万華鏡を作ろう

3次元空間に，平面に対する対称として3つの「空間の動き」a_1, a_2, b_1 が定義されました．この対称で第4章で作った鏡の世界が3次元の中で作られます．この「空間の動き」が感じられるように，3次元空間に1つの点 P_0 を置いて，a_1, a_2 を使って，正方形の「紙切れ」H_0 を作ってみましょう．とりあえず，点 $\mathrm{P}_0=(2,1,0)$ とします.

$$\mathrm{Q}_0=\mathrm{P}_0\times a_1=(2,0,-1),\qquad \mathrm{R}_0=\mathrm{Q}_0\times a_2=(2,-1,0),$$
$$\mathrm{S}_0=\mathrm{R}_0\times a_1=(2,0,1)$$

これで，3次元空間に図のような紙切れ H_0 が置かれました(図12.7)．

紙切れ H_0 に，「空間の動き」b_1 を作用させると，

$$P_1 = P_0 \times b_1 = (0, 1, -2), \qquad Q_1 = Q_0 \times b_1 = (1, 0, -2),$$

$$R_1 = R_0 \times b_1 = (0, -1, -2), \qquad S_1 = S_0 \times b_1 = (-1, 0, -2)$$

で紙切れ H_1 ができます(図12.8)．

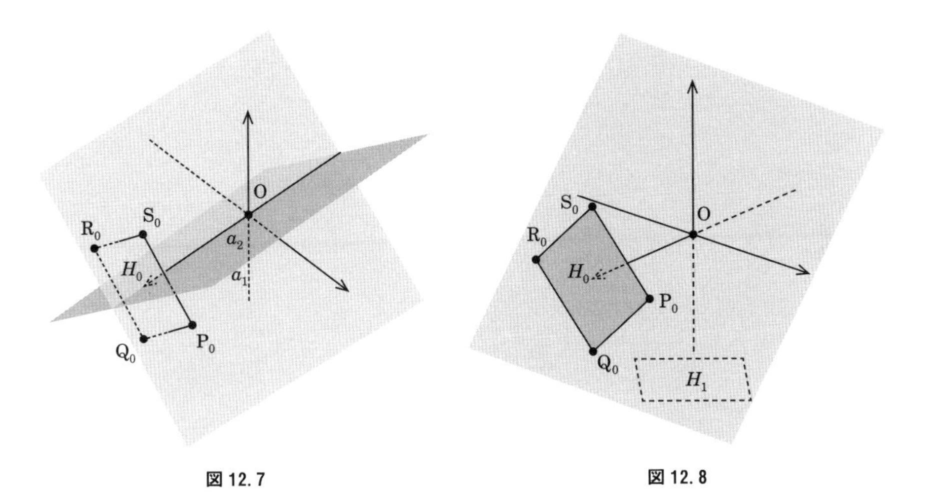

図12.7　図12.8

紙切れ H_1 に，「空間の動き」a_1 を作用させると，

$$P_2 = P_1 \times a_1 = (0, 2, -1), \qquad Q_2 = Q_1 \times a_1 = (1, 2, 0),$$

$$R_2 = R_1 \times a_1 = (0, 2, 1), \qquad S_2 = S_1 \times a_1 = (-1, 2, 0)$$

で紙切れ H_2 ができます．続いて紙切れ H_2 に，「空間の動き」a_2 を作用させると，

$$P_3 = P_2 \times a_2 = (0, -1, 2), \qquad Q_3 = Q_2 \times a_2 = (1, 0, 2),$$

$$R_3 = R_2 \times a_2 = (0, 1, 2), \qquad S_3 = S_2 \times a_2 = (-1, 0, 2)$$

で紙切れ H_3 ができます．さらに紙切れ H_3 に，「空間の動き」a_1 を作用させると，

$$P_4 = P_3 \times a_1 = (0, -2, 1), \qquad Q_4 = Q_3 \times a_1 = (1, -2, 0),$$

$$R_4 = R_3 \times a_1 = (0, -2, -1), \qquad S_4 = S_3 \times a_1 = (-1, -2, 0)$$

で紙切れ H_4 ができます．これで，x 軸を1周しました(図12.9，次ページ)．

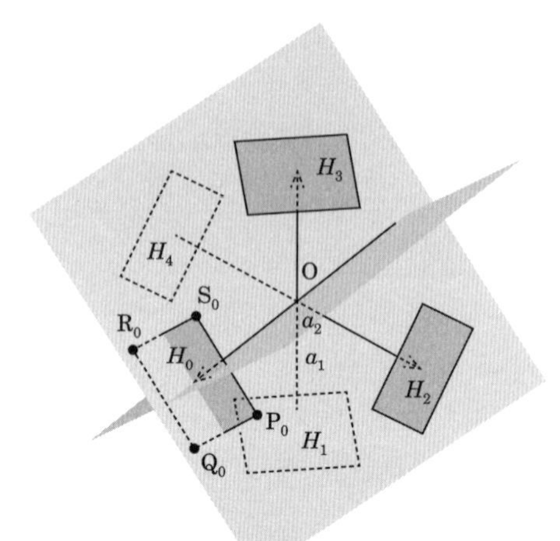

図 12.9

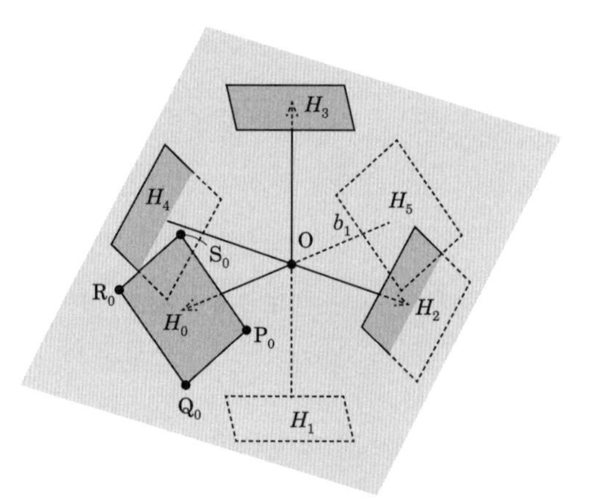

図 12.10

最後に紙切れ H_3 に，「空間の動き」b_1 を作用させると，

$$P_5 = P_3 \times b_1 = (-2, -1, 0), \qquad Q_5 = Q_3 \times b_1 = (-2, 0, -1),$$

$$R_5 = R_3 \times b_1 = (-2, 1, 0), \qquad S_5 = S_3 \times b_1 = (-2, 0, 1)$$

で紙切れ H_5 ができます．この H_5 は，H_0 を z 軸で $\dfrac{\pi}{2}$ 回転したものになります（図 12.10）．

最初の紙切れH_0は，2つの動きa_1, a_2で生成される部分群(第7章で登場した次女の群)を表し，鏡像として映し出された，H_1からH_5は，その剰余類を表しています(図12.11)．

もう1つ別の形の紙切れを置きます．今度は，a_1とb_1を作用させます．すると，この2つの動きで点P_0が移す先にある点を集めると，$\{\mathrm{P}_0, \mathrm{Q}_0, \mathrm{Q}_1, \mathrm{P}_1, \mathrm{P}_2, \mathrm{Q}_2\}$の6点があり，6角形の紙切れ$K_0$が現れます．$K_0$は$a_1$と$b_1$で生成され，第7章では長男の群と呼ばれていました．この6角形の紙切れを鏡映で移したK_1, K_2, K_3は，K_0の剰余類であり，2種類の剰余類により，第7章で作られた4次対称群が表現されました(図12.12)．第16章で，この3次元オブジェクトの作り方を紹介します．

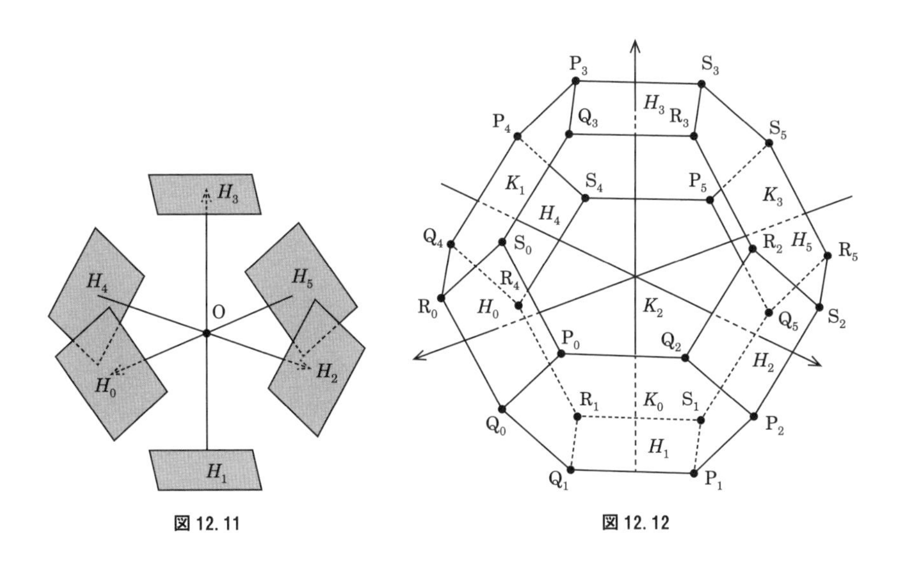

図12.11　　図12.12

もう1つの表現

4次対称群を，別の方法で表現してみましょう．第10章では，立方体の頂点に1から4までの番号を付けて，立方体の回転を通して，4次対称群をとらえていました．

第10章の最後で

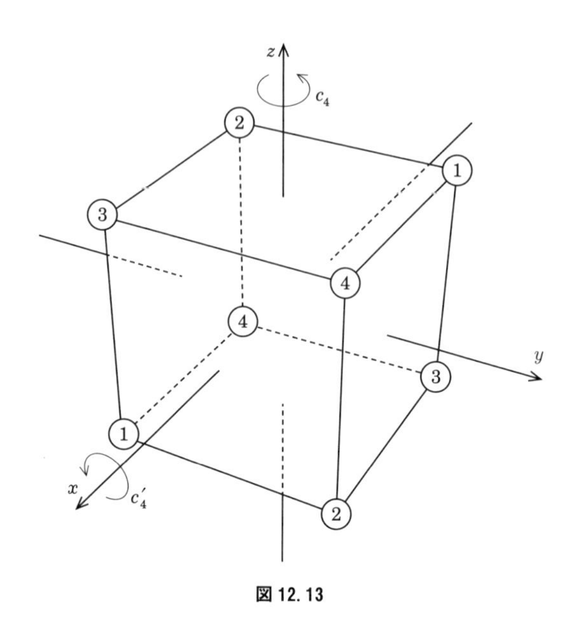

図 12.13

$$a_1 = (1,2) = c_4 * c'_4 * c_4^{-1} * (c'_4)^2,$$
$$b_1 = (2,3) = a_1^{c_4}, \qquad a_2 = (3,4) = b_1^{c_4}$$

となることも紹介しました(図 12.13).

「空間の動き」a_1, a_2, b_1 は，それぞれ $(-1,0,1), (1,0,1), (0,-1,1)$ を方向ベクトルとする直線が軸となる π 回転となります(図 12.14, 次ページ).

この回転は，そのままサイズ 3 の新しい行列になります.

$$a_1 = \begin{pmatrix} 0 & 0 & -1 \\ 0 & -1 & 0 \\ -1 & 0 & 0 \end{pmatrix}, \qquad a_2 = \begin{pmatrix} 0 & 0 & 1 \\ 0 & -1 & 0 \\ 1 & 0 & 0 \end{pmatrix}$$

$$b_1 = \begin{pmatrix} -1 & 0 & 0 \\ 0 & 0 & -1 \\ 0 & -1 & 0 \end{pmatrix}, \qquad b_1 * a_1 * a_2 = \begin{pmatrix} 1 & 0 & 0 \\ 0 & 0 & 1 \\ 0 & -1 & 0 \end{pmatrix}$$

最後の等式は，「空間の動き」$b_1 * a_1 * a_2$ が x 軸での $\dfrac{\pi}{2}$ 回転を表していることを示します．この $\dfrac{\pi}{2}$ 回転で紙切れを作ると 1 つめの表現と同じ形に，鏡像が表れます(図 12.15).

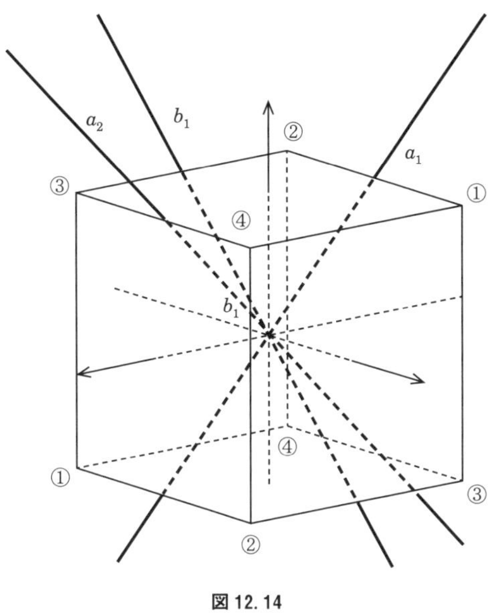
a_2
b_1
②
a_1
③
①
④
b_1
④
①
③
②

図 12.14

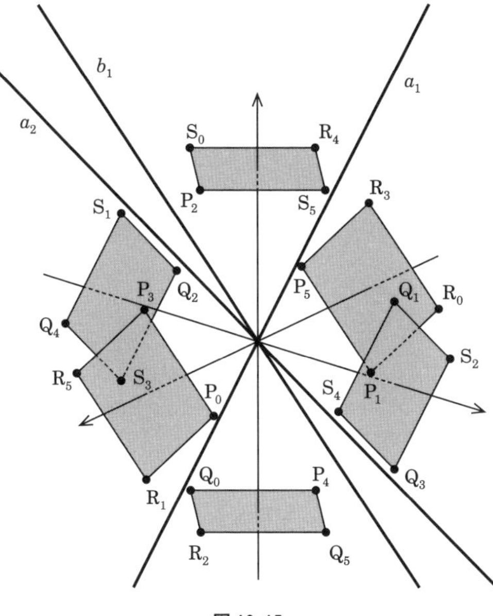
b_1
a_1
a_2
S_0
R_4
P_2
S_5
S_1
R_3
Q_2
P_5
P_3
Q_1
R_0
Q_4
S_2
R_5
S_3
S_4
P_1
P_0
Q_3
Q_0
P_4
R_1
R_2
Q_5

図 12.15

立体万華鏡を動かす

平面の対称から作った**表現 1** と直線を軸とした $\frac{\pi}{2}$ 回転で作った**表現 2** は，同じ場所の置かれた正方形の紙切れから同じ鏡像を作りました．

では，この 2 つの表現は同じだったのでしょうか？ ここで，起点となった点 P_0 を動かしてみましょう．点 $P_0 = (2, 2, 0)$ とすると，次の図 12.16 ができます．表現 1 では，

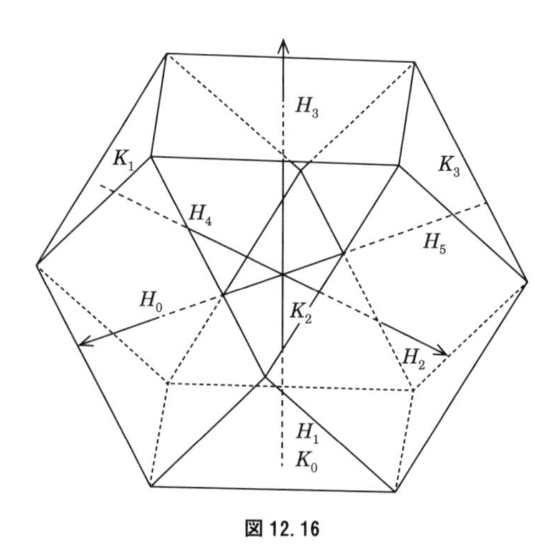

図 12.16

のように，それぞれの正方形が拡大して接しました．また，4 つの 6 角形は，隣り合う頂点が重なって 3 角形に変わりました．表現 2 でも，同じような立体に変わります(図 12.17，次ページ)．

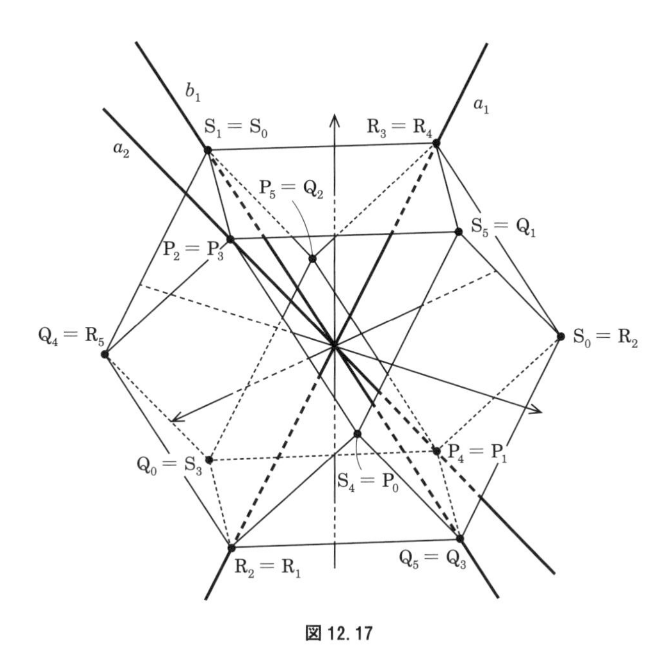

図 12.17

ところが，点 $P_0 = (2, 2, 2)$ とすると，表現 1 では，正方形が細く長く変化することで，剰余類に対応する 3 角形がさらに大きくなり，正 4 面体が作られました**(図 12.18，次ページ)**．一方表現 2 では，正方形が回転しながら大きくなり，立方体の形で，辺同士が接しました**(図 12.19)**．

表現 1 では，点 $(2, 2, 2)$ が長男の群 K_0 で不変となり，点 $(2, 2, 2)$ の軌道の大きさが，

$$\frac{24}{|K_0|} = \frac{24}{6} = 4$$

になるのに対して，表現 2 では，点 $(2, 2, 2)$ が直線 $x = y = z$ を軸とした $\dfrac{2\pi}{3}$ 回転で，不変となるため，軌道の大きさが，$\dfrac{24}{3} = 8$ となるためです．

実際，この 2 つの表現は，4 次対称群の本質的に異なる表現であることが知られています．

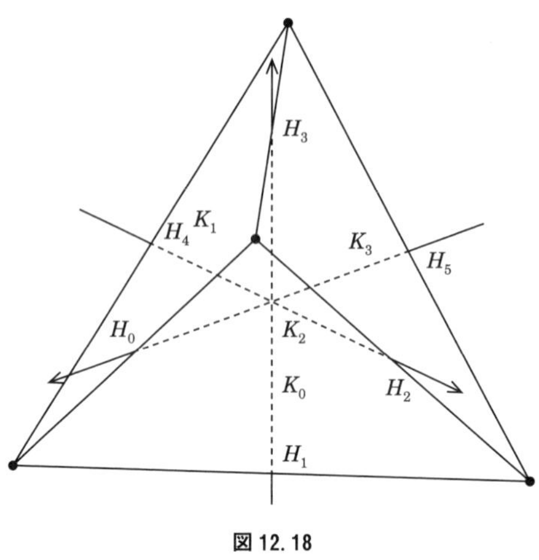
H_3
H_4 K_1
K_3
H_5
H_0
K_2
K_0
H_2
H_1

図 12. 18

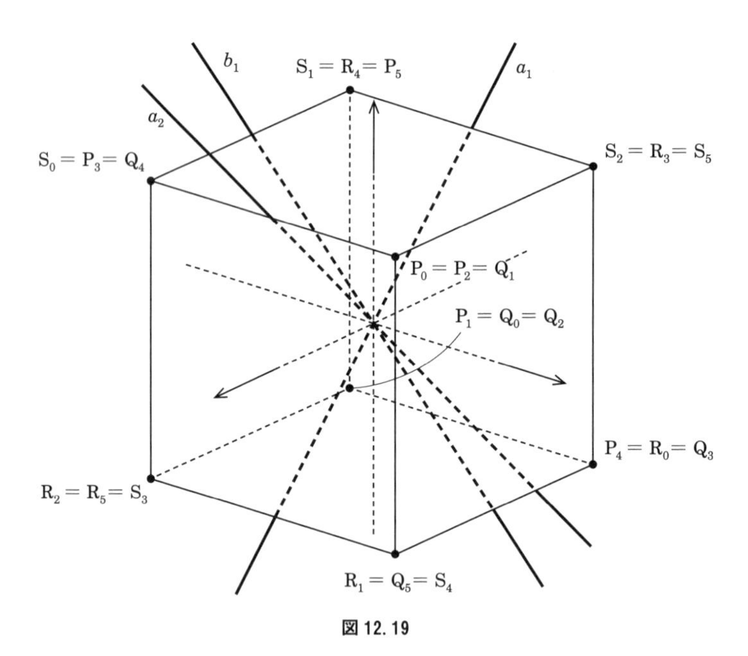
b_1
$S_1 = R_4 = P_5$
a_1
a_2
$S_0 = P_3 = Q_4$
$S_2 = R_3 = S_5$
$P_0 = P_2 = Q_1$
$P_1 = Q_0 = Q_2$
$P_4 = R_0 = Q_3$
$R_2 = R_5 = S_3$
$R_1 = Q_5 = S_4$

図 12. 19

章末問題

問題 12.1. 席順に対応するベクトルを(母妹姉兄)から(兄姉妹母)に移す行列を求めなさい．

問題 12.2. 集合 $X = \{\vec{v}_1, \vec{v}_2, \vec{v}_3, -\vec{v}_1, -\vec{v}_2, -\vec{v}_3\}$ を作用域としたとき，群 $G = \langle A_1, A_2, B_1 \rangle$ の右からの行列の積による X への作用で，閉じていることを確認せよ．

問題 12.3. 点 P_0 から紙切れを生成した群 $H_0 = \langle a_1, a_2 \rangle$ に対して，紙切れの鏡映 H_1 から H_5 の頂点が H_0 の剰余類から作られることを示せ．

問題 12.4. 点 P_0 から紙切れを生成した群 $K_0 = \langle a_1, b_1 \rangle$ に対して，紙切れの鏡映 K_1 から K_3 の頂点が K_0 の剰余類から作られることを示せ．

問題 12.5. 点 $(2, 2, 2)$ における表現 1 による固定部分群と，表現 2 における固定部分群を求めよ．

第 13 章

数の拡大
：直線の中の 3 次元空間

平賀君が，そのちょっと変わったタイマーを完成させたとき，このタイマーが彼をとんでもない世界へ連れて行くとは，思ってもみませんでした．

彼が作ったタイマーはスマートフォンの形で，指定した時間が経過するとアラームが鳴る，いたって普通のものです．ただし，その入力方法がちょっと変わっています．数理科学科を卒業した彼は，従来のタイマーに 1 つの不満を持っていました．それは，入力できる時間が有理数に限られていた点です．今までのタイマーは，30 秒後や 3 分後などの整数を指定するのが一般的で，その入力値が有理数の範囲を超えることはありませんでした．

実用的には，これで問題ないのですが，平賀君は，例えば $\sqrt{2}$ 秒後にアラームが鳴るタイマーがあったらおもしろいのではないかと考えました．

彼のアイディアは，時間を直接数値で指定する代わりに，既約多項式 $f(x)$ を入力することにしたところです[1)]．多項式を入力してから，タイマーの「開始」ボタンを押すと**変数 x の値が時間に合**

わせて0から増加し始め，ちょうど方程式 $f(x)=0$ を満たす値になったとき，アラームが鳴ります．タイマーは，既約多項式のみを受け付けるので，2次以上の多項式を入力した場合，タイマーが計測する時間は必ず有理数の範囲から外れます[2]．

例えば，このタイマーに多項式 $x-10$ を入力すると10秒後にアラームが鳴りだします．そして，多項式 x^2-2 を入力すると正確に $\sqrt{2}$ 秒後にアラームが鳴りだすのです．

$\sqrt{2}$ 秒後の世界

試作したタイマーのできばえは完璧で，理論上は正確に $f(x)=0$ となったときに，鳴りだします．残念ながら，手持ちのストップウォッチでその正確性を確認することは不可能ですが，とりあえず試作機の動作確認を行うことにしました．お気に入りのマグカップに，本日3杯目のコーヒーを注いで，多項式 x^2-2 を入力し「開始」ボタンを押します．タイマーは正確に $\sqrt{2}$ 秒後に鳴りだし，そして止まりました．平賀君がアラームを聞いたとき，そして正しく $\sqrt{2}$ 秒を感じたとき，彼は，まさに $\sqrt{2}$ 秒後の世界に入ったのです．そこは，未だかつて人類が踏み入れたことのない世界でした．

意外に思うかもしれませんが，実数値が作る直線 $\mathbb{R}$ の中で，有理数の集合 $\mathbb{Q}$ はあまり多くの場所を占めているわけではありません．どんな数にも好きなだけ近くに有理数が存在して，その数の近似値を有理数で作ることができます．それでも有理数は，実数の中で**ごく限られた数**になります．有理数の集合は，整数の集合 $\mathbb{Z}$ を使って，次のように定義できます．

$$\mathbb{Q} := \left\{ \frac{p}{q} \,\middle|\, p, q \in \mathbb{Z},\ q \neq 0 \right\}$$

とても当たり前ですが，$a, b \in \mathbb{Q}$ についてその和 $a+b$ や差 $b-a$ は，$\mathbb{Q}$ に含まれます．積についても $a \times b \in \mathbb{Q}$ が成り立ちます．また，$a \neq 0$ については，逆元 a^{-1} も $\mathbb{Q}$ に含まれます．ところが，方程式 $x^2-2=0$ の解である $\sqrt{2}$ は，有理数には含まれません[3]．ここから，任意の有理数 a について $a+\sqrt{2}$ も $\mathbb{Q}$ に含まれないことになります．実際，$a+\sqrt{2}=b \in \mathbb{Q}$ なら，$\sqrt{2}=b-a \in \mathbb{Q}$

1）既約多項式は，定数でない2つの多項式の積で表せない多項式のこと．第15章できっちり定義します．
2）有理数 $\frac{p}{q}$ が $f(x)=0$ の解になると $f(x)=(qx-p)g(x)$ と2つの多項式の積で表せてしまう．
3）これには，背理法を使った有名な証明方法がありますね．

と矛盾が発生します.

有理数に沿って動く時間

平賀君が偶然迷い込んでしまった世界にも3次元の広がりがあり，腕時計の時間は同じように進んでいました．しかし，この世界には平賀君以外の人間は存在していません．人間どころか**何もありません**でした．薄暗い空間の中には，平賀君以外に何も存在せず無重力空間に一人たたずんでいるのです．平賀君は，腕時計の文字盤を見ながら混乱で気絶しそうな自分の心を，平静へと導く努力をしました．平賀君は，落ち着いて自分のおかれた状況を分析してみます．「自分は，1歩も動いていないし，動かされたときに受ける加速度も感じていない．つまり，自分は空間的にはさっきと同じ場所にいる.」これが，平賀君が出した結論です．その上で，自分に起こった現象の原因を考えれば，この手に握っている試作タイマー以外にないことは，明らかです.

平賀君は，試作タイマーだけが持つ性質，つまり方程式の解となる時間を知らせる機能がすべての元凶であると，確信しました.

そして，今まで平賀君がいた**世界の時間は有理数だけ**だったと仮定してみました．つまり，1.41秒や1.42秒は刻むことができても，その間にあるはずの$\sqrt{2}$秒はいままで生活していた普通の世界に存在せず，日常の世界では$\sqrt{2}$秒に触れずに通りすぎていると仮定しました．刻まれる時間がすべて有理数である以上，有理数に含まれない$\sqrt{2}$秒は，いままでの世界に生まれてこないことになります．平賀君のタイマーは，存在しないはずの$\sqrt{2}$秒後を彼に感じさせ，$\sqrt{2}$を含む別の時間軸に彼を移してしまったのです.

集合$\mathbb{Q}_{\sqrt{2}}$を

$$\{a+\sqrt{2}\,|\,a\in\mathbb{Q}\}$$

とします．集合$\mathbb{Q}$と$\mathbb{Q}_{\sqrt{2}}$をイメージするために図13.1(次ページ)のような作図を考えます．ここで，x軸上に有理数がきれいに並んでいるとします．x軸上の有理数$a\in\mathbb{Q}$から直線$y=\sqrt{2}$へ垂直な線を引き，その交点を$a+\sqrt{2}$とします．すると，直線$y=\sqrt{2}$上に，集合$\mathbb{Q}_{\sqrt{2}}$の元が並びます．この垂直方向への距離$\sqrt{2}$の移動で，有理数$a\in\mathbb{Q}$に$\mathbb{Q}_{\sqrt{2}}$の数$a+\sqrt{2}$を対応させることができます．x軸と直線$y=\sqrt{2}$の上にびっしり並んだ数の粒が見える

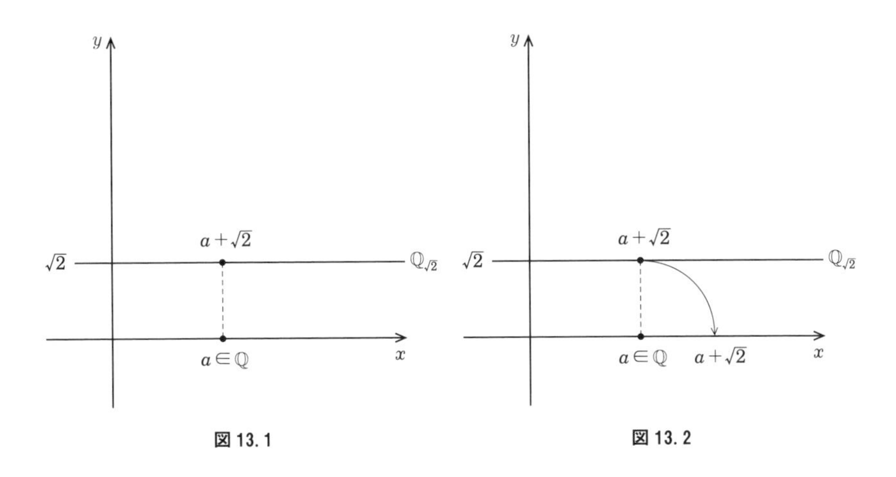

図 13.1　　図 13.2

でしょうか？

集合 $\mathbb{Q}_{\sqrt{2}}$ は，$\sqrt{2}$ を含む集合です．集合 $\mathbb{Q}$ と $\mathbb{Q}_{\sqrt{2}}$ は，集合として共通する数を持ちませんが，どちらも実数直線 $\mathbb{R}$ に含まれています．

未知なる時間軸

平賀君が迷い込んでしまった時間軸は，まさにこの $\mathbb{Q}_{\sqrt{2}}$ の中に存在します．いままでの世界の時間を含んでいる $\mathbb{Q}$ とは，いくらでも近い時間が存在しますが，決してこの2つの集合が共通部分を持つことはありません．2つの独立した時間軸が実数直線 $\mathbb{R}$ の中に埋め込まれて，お互いに干渉することもなく有理数に沿って時間が流れていきます．実際，図13.1では2つの集合が独立した存在であることを強調するために，2次元平面に $\sqrt{2}$ や $a+\sqrt{2}$ を別の直線上におきましたが，本当は，図13.2のように $\mathbb{Q}_{\sqrt{2}}$ の数 $a+\sqrt{2}$ は，a を中心とする時計回りの回転で x 軸上に投影することで，x 軸上の実数直線 $\mathbb{R}$ の中に $\mathbb{Q}$ と共通部分を持たない形で並びます．

図13.1の集合 $\mathbb{Q}$ や $\mathbb{Q}_{\sqrt{2}}$ をどのようにイメージしたら良いでしょうか？どちらも，「遠目で見ると」実数直線 $\mathbb{R}$ と変わらなく見えます．しかし，集合 $\mathbb{Q}$ や $\mathbb{Q}_{\sqrt{2}}$ には，$\mathbb{R}$ とは異なる無数の「穴」があり，図13.2のように集合 $\mathbb{Q}_{\sqrt{2}}$ を投影することで x 軸上に重ねたとき，お互いに，その見えない穴の中

に無理なく埋め込まれていきます．

さらなる世界へ

平賀君は，もう一度タイマーを使うことを決断しました．試作タイマーは入力した多項式で作られる方程式の解の分だけ時間軸をずらしたと，仮定できます．方程式 $x^2-2=0$ には，もう 1 つの解 $-\sqrt{2}$ が存在するので，タイマーの音でこの世界に来たのなら，もう一度タイマーを使えば，もとの世界に戻れるのではないかと考えたのです．再び，x^2-2 を入力し「開始」ボタンを押しました．アラームの音とともに，世界はまた大きく変わりました．しかし，期待通りもとの世界に戻ることはできませんでした．今度の世界も平賀君以外に何も存在しない点は同じでしたが，全体に先ほどより多少明るくなり，気のせいか暖かみも感じられました．明らかに，先ほどまでいた世界とは，異なる世界です．よく考えてみれば，試作タイマーは**変数 x の値が時間に合わせて 0 から増加し始めます．そして変数 x がちょうど方程式 $f(x)=0$ を満たす値になったとき**，アラームが鳴るわけで，$-\sqrt{2}$ のようなマイナスの時間を知らせることはできないのです．つまり，平賀君は，もとの世界から $2\sqrt{2}$ 秒ずれた世界に来てしまったのです．

集合 $\mathbb{Q}_{\sqrt{2}}$ の世界からさらに $\sqrt{2}$ を刻むと，

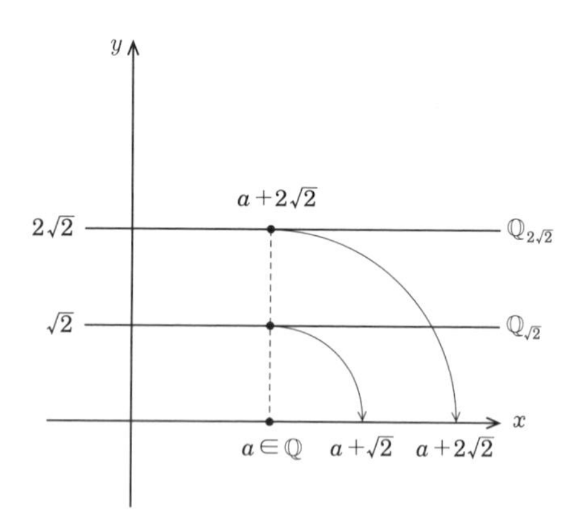

図 13.3

$$\mathbb{Q}_{2\sqrt{2}} = \{a+2\sqrt{2} \mid a \in \mathbb{Q}\}$$

に移ってしまいます．

この新しい集合 $\mathbb{Q}_{2\sqrt{2}}$ も $\mathbb{Q}$ や $\mathbb{Q}_{\sqrt{2}}$ と共通する要素を含んでいません．実際，$a+2\sqrt{2} = b+\sqrt{2}$ となる有理数 $a, b \in \mathbb{Q}$ が存在すると，

$$\sqrt{2} = 2\sqrt{2}-\sqrt{2} = b-a \in \mathbb{Q}$$

となりこれも，$\sqrt{2}$ が有理数の集合 $\mathbb{Q}$ に含まれないことに矛盾します．

一般に，有理数 $b \in \mathbb{Q}$ について集合

$$\mathbb{Q}_{b\sqrt{2}} = \{a+b\sqrt{2} \mid a \in \mathbb{Q}\}$$

を考えます．このとき，有理数 c, d について $c \neq d$ であれば，集合 $\mathbb{Q}_{c\sqrt{2}}$ と $\mathbb{Q}_{d\sqrt{2}}$ は共通する数を持たず，実数直線 $\mathbb{R}$ に重複なく含まれます．この $\mathbb{R}$ に含まれる集合 $\mathbb{Q}_{b\sqrt{2}}$ の和集合

$$\mathbb{Q}(\sqrt{2}) := \bigcup_{b \in \mathbb{Q}} \mathbb{Q}_{b\sqrt{2}} = \{a+b\sqrt{2} \mid a, b \in \mathbb{Q}\}$$

を**時間軸の束**と呼ぶことにします．

時間軸の束

時間の狭間にはまり込んでしまった平賀君は，まず自分がいる時間軸の世界全体をイメージできないかを考えました．今まで，自分が世界全体だと思っていたものが実は限られた時間軸に制限されていて，本当の世界には，複数または無限にたくさんの時間軸が実数直線 $\mathbb{R}$ 上に混在している．それぞれの時間軸は，共通部分を持たずに独立して進行している．そして自分が今いる時間軸は，$\mathbb{Q}_{2\sqrt{2}}$ に含まれているので，今後どれだけ時間がたっても，自分が生まれ育った時間軸を含む $\mathbb{Q}$ には，たどり着かないという悲観的な結論となりました．

図 13.4（次ページ）のように，2次元空間で有理数の世界 $\mathbb{Q}$ から，$b\sqrt{2}$ だけずれてしまった時間軸を含む $\mathbb{Q}_{b\sqrt{2}}$ を直線 $y = b\sqrt{2}$ 上におくことにします．2つの有理数 $a, b \in \mathbb{Q}$ により，$\mathbb{Q}_{b\sqrt{2}}$ に含まれる $a+b\sqrt{2}$ を原点から x 軸に沿って a 移動して，さらに a から垂直方向に $b\sqrt{2}$ 移動した点とします．$\mathbb{Q}(\sqrt{2})$ の数 $a+b\sqrt{2}$ は a を中心とする時計回りの回転で x 軸上に投影されます．これで，実数直線 $\mathbb{R}$ に飲み込まれていた複数の時間軸を2次元平面上

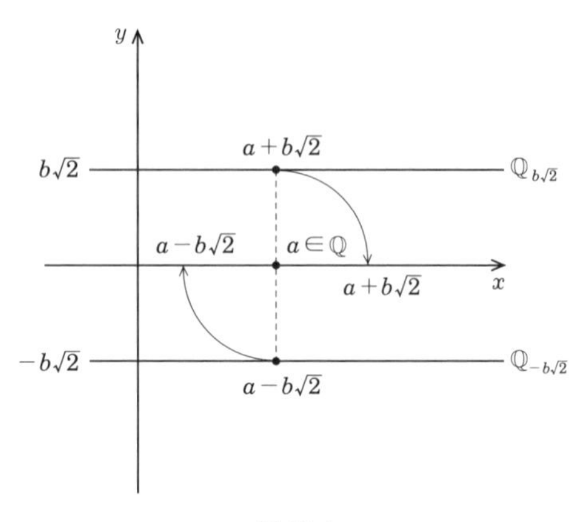

図 13.4

の x 軸と平行な直線として表すことができました.

この時間軸の束 $\mathbb{Q}(\sqrt{2})$ は, $\mathbb{Q}$ 上の 2 次元空間として広がりを持ち, 次に示すような加法や乗法そして 0 以外の数は逆数を備えた**新しい数の世界**を作り出します.

$a, b, c, d \in \mathbb{Q}$ について

$$(a+b\sqrt{2})\pm(c+d\sqrt{2}) = (a\pm c)+(b\pm d)\sqrt{2}$$

$$(a+b\sqrt{2})(c+d\sqrt{2}) = (ac+2bd)+(ad+bc)\sqrt{2}$$

$$(a+b\sqrt{2})^{-1} = \frac{a}{a^2-2b^2}-\frac{b\sqrt{2}}{a^2-2b^2}$$

ここで $a, b \in \mathbb{Q}$ より, $a+b\sqrt{2} \neq 0$ のとき逆数の分母である a^2-2b^2 は 0 になることはありません.

もとの世界への帰還

平賀君が作ったものは, ただのタイマーでタイムマシーンのような時間を $2\sqrt{2}$ 秒戻す機能はありません. $\mathbb{Q}_{2\sqrt{2}}$ に含まれている時間軸からもとの時間軸を含む $\mathbb{Q}$ へ戻るすべはないと諦めかけたとき, ポケットに見なれない 1 枚の紙があることに気がつきました. その紙には, 図 13.4 が描かれていました. そして, a が十分大きな数なら, $a-b\sqrt{2}$ が正の数となることに気がつ

きました．タイマーは $x=0$ からスタートして入力した多項式 $f(x)$ について $f(x)=0$ となったときに鳴りだすので，解 $a\pm2\sqrt{2}$ がともに正の数となる方程式を作れば $x=a-2\sqrt{2}$ でアラームが鳴りだすはずです．こうなれば，話は簡単です．平賀君は，$a=3$ としてメモの裏でちょっと計算をすると試作タイマーに x^2-6x+1 と入力して，「開始」ボタンを押しました．とたんにアラームが鳴り，次の瞬間に懐かしい自分の部屋が目の前に広がりました．
平賀君は，白髪が交じり始めた頭を掻きながら，冷めはじめたマグカップのコーヒーを飲み干しました．

直線の中の3次元空間

方程式 $x^2-2=0$ から生まれた時間軸の束 $\mathbb{Q}(\sqrt{2})$ は，実数直線 $\mathbb{R}$ に含まれる2次元空間となりました．この2次元空間に含まれる数は，2つの有理数 $a, b\in\mathbb{Q}$ の組で $a+b\sqrt{2}$ と表され，加法や乗法，0以外の数の逆数が計算できる拡大された数の集合となりました．ここでは，別の方程式 $x^3-3x+1=0$ を使って実数直線 $\mathbb{R}$ の中に拡大された3次元の数の集合を，構成しましょう．多項式 $f(x)=x^3-3x+1$ も既約多項式です．よって，方程式 $f(x)=0$ の3つの解はどれも有理数にはなりません．この方程式の解を求めるために，三角関数の3倍角公式

$$\cos(3\theta)=4\cos^3(\theta)-3\cos(\theta) \tag{13.1}$$

を使います．$\theta=\dfrac{2\pi}{9}$ として，$\tau_1:=2\cos(\theta)$ とすると，

$$\begin{aligned}
f(\tau_1) &= 8\cos^3(\theta)-6\cos(\theta)+1\\
&= 2(4\cos^3(\theta)-3\cos(\theta))+1\\
&\overset{(13.1)}{=} 2(\cos(3\theta))+1\\
&= 2\left(\cos\left(\frac{2\pi}{3}\right)\right)+1\\
&= 2\left(-\frac{1}{2}\right)+1=-1+1=0
\end{aligned}$$

と $f(\tau_1)=0$ が得られます．これで，方程式の1つの解 τ_1 が求まりました．
次に，$\tau_2:=\tau_1^2-2$ と定義します．

$f(\tau_1)=\tau_1^3-3\tau_1+1=0$ から

$$\tau_1^4 = 3\tau_1^2 - \tau_1 \tag{13.2}$$

が得られるので，

$$\begin{aligned} f(\tau_2) &= \tau_2^3 - 3\tau_2 + 1 \\ &= (\tau_1^2-2)^3 - 3(\tau_1^2-2) + 1 \\ &= (\tau_1^2-2)(\tau_1^4 - 4\tau_1^2 + 4 - 3) + 1 \\ &\overset{(13.2)}{=} (\tau_1^2-2)(-\tau_1^2 - \tau_1 + 1) + 1 \\ &= -(\tau_1^4 + \tau_1^3 - 3\tau_1^2 - 2\tau_1 + 2) + 1 \\ &\overset{(13.2)}{=} -(\tau_1^3 - 3\tau_1 + 2) + 1 = 0 \end{aligned}$$

と $f(\tau_2) = 0$ も得られます．

さらに，$\tau_3 := \tau_2^2 - 2$ と定義すれば，まったく同じ計算で，τ_3 も解となります[4)]．また τ_2, τ_3 の定義より，

$$\begin{aligned} \tau_3 &= \tau_2^2 - 2 = (\tau_1^2-2)^2 - 2 \\ &= \tau_1^4 - 4\tau_1^2 + 4 - 2 \\ &\overset{(13.2)}{=} -\tau_1^2 - \tau_1 + 2 \\ &= -\tau_1 - \tau_2 \end{aligned}$$

が得られます．ここで，

$$\mathbb{Q}(\tau_1) := \{a + b\tau_1 + c\tau_2 \mid a, b, c \in \mathbb{Q}\}$$

と定義すると，この $\mathbb{Q}(\tau_1)$ は，実数直線 $\mathbb{R}$ に含まれる $\mathbb{Q}$ 上の 3 次元空間となります．実際，もし，有理数 $a, b \in \mathbb{Q}$ があり，$\tau_2 = a + b\tau_1$ と表すことができると，τ_2 の定義より，$\tau_1^2 - b\tau_1 - a - 2 = 0$ となり，τ_1 が 2 次方程式の解となってしまい，3 次多項式 $f(x)$ が既約であることに矛盾します．

また τ_1 の定義から，2 倍角の公式を使うことで，

$$\tau_2 = \tau_1^2 - 2 = 4\cos^2(\theta) - 2 = 2(2\cos^2(\theta) - 1) = 2\cos(2\theta)$$

となり，

$$\tau_2 = 2\cos\left(\frac{4\pi}{9}\right)$$

が得られます．

では，$a + b\tau_1 + c\tau_2$ を 3 次元空間に配置してみます．まず，yz-平面に $b\tau_1 + c\tau_2$ を作図します．図 13.5（次ページ）のように，y 軸から角度が $\dfrac{2\pi}{9}$ と $\dfrac{4\pi}{9}$ の長さがそれぞれ $2b, 2c$ となる線分を描き，その端点を $b\tau_1$ と $c\tau_2$ とします．そしてベクトルの合成により和 $b\tau_1 + c\tau_2$ の作図が完成します．図 13.5 では，

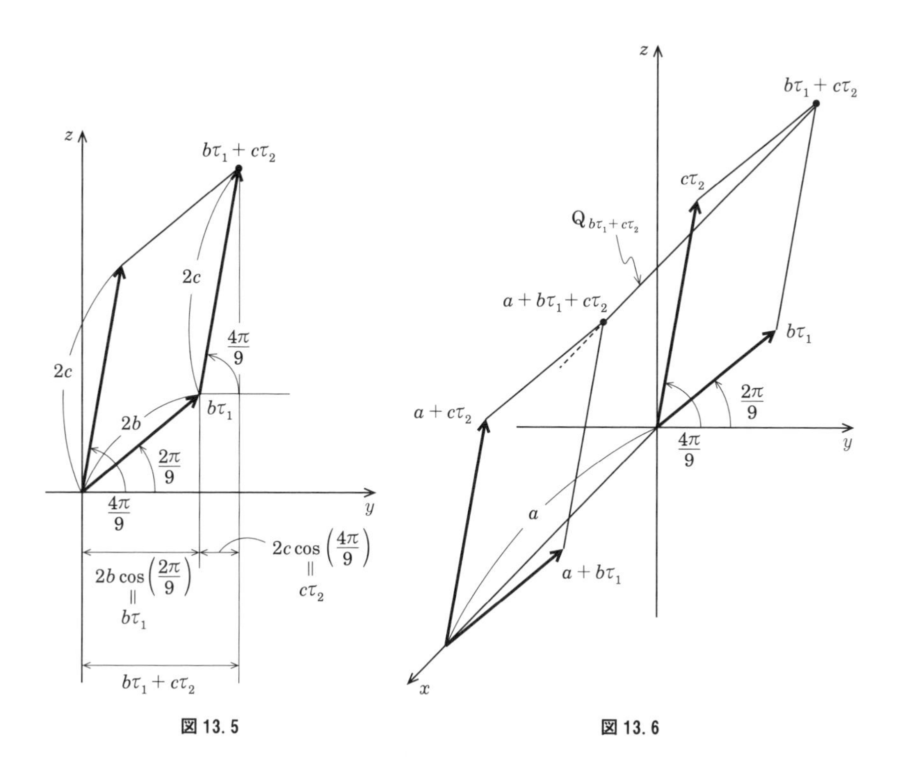

図 13.5　　　図 13.6

平面上の点 $b\tau_1+c\tau_2$ を垂直に y 軸へ射影すると，長さとして $b\tau_1+c\tau_2$ が現れます．

次に，図 13.6 のように $a+b\tau_1+c\tau_2$ を 3 次元空間に作図します．図 13.6 の yz-平面上の $b\tau_1+c\tau_2$ を x 軸に平行な方向に a だけ移動した点を $a+b\tau_1+c\tau_2$ と決めます．

この作図により，3 次元空間に時間軸の束 $\mathbb{Q}_{b\tau_1+c\tau_2}$ が，x 軸と平行に並びます．

3 次元空間に置かれた数 $a+b\tau_1+c\tau_2$ を実数直線 $\mathbb{R}$ に埋め込む方法は，図 13.7（次ページ）のように，まず xy-平面上に $a+b\tau_1+c\tau_2$ を垂直に投影した点 P を作ります．さらに点 P を a を中心とする時計回りの回転により，x 軸上の点に投影します．点 P は，x 軸より $b\tau_1+c\tau_2$ だけ離れているので，投影した点 Q は原点からちょうど $a+b\tau_1+c\tau_2$ の距離にあります．この $\mathbb{Q}(\tau_1)$ は，

4)　$f(x)$ が既約多項式であることから τ_1, τ_2, τ_3 が相異なる解となっていることを示せます（章末問題参照）．

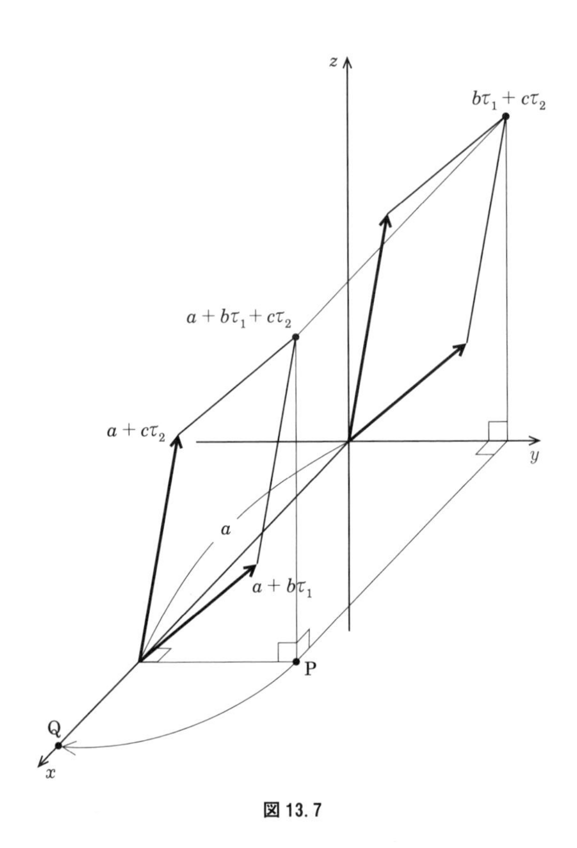

図 13.7

実数直線 $\mathbb{R}$ に含まれる $\mathbb{Q}$ 上の 3 次元空間であり，$\mathbb{Q}(\sqrt{2})$ と同様に加法や乗法そして 0 以外の数は逆数を備えた新しい数の世界となります．

次なる大発明

無事にもとの世界に戻ってきた平賀君は，今度はちょうど $\sqrt{3}$ メートル進む乗り物を開発中です．彼は，自分の $\sqrt{3}$ メートル先にいままで見たことのない世界が広がっていると考えています．

章末問題

問題 13.1. 数 $\sqrt{2}$ が有理数でないことを，背理法を使って証明しなさい．

問題 13.2. 時間軸の束 $\mathbb{Q}(\sqrt{2})$ が $\mathbb{Q}$ 上の 2 次元空間となることを示せ．

問題 13.3. 集合

$$\mathbb{Q}(\tau_1) = \mathbb{Q}[\tau_1, \tau_2] := \{a + b\tau_1 + c\tau_2 \mid a, b, c \in \mathbb{Q}\}$$

の 2 つの元の積が，$\mathbb{Q}[\tau_1, \tau_2]$ に含まれることを示せ．

問題 13.4. 3 次多項式 $f(x)$ が既約なら方程式 $f(x) = 0$ の 3 つの解は，相異なることを示せ．

第 14 章

群と体
：3次方程式が作る正三角形

体に込められた構造

第 13 章では，方程式の解を与えることで，実数直線の中に，2 次元空間 $\mathbb{Q}(\sqrt{2})$ や 3 次元の空間 $\mathbb{Q}(\tau_1)$ が作られました．この空間には加減乗除の四則演算が定義さています．このような数の集合を**体**と呼んでいます[1)]．体の例としては，実数全体の集合 $\mathbb{R}$ や，$\mathbb{R}$ に虚数 i を加えた複素数全体の集合 $\mathbb{C}$，そして $\mathbb{R}$ に含まれる有理数全体の集合 $\mathbb{Q}$ などがあげられます．$\mathbb{Q}(\sqrt{2})$ や $\mathbb{Q}(\tau_1)$ は，$\mathbb{Q}$ と $\mathbb{R}$ の中間に位置する体となります．

いままで，群を使って図形や位置関係，そして群そのものの中に潜んでいたいろいろな対称構造を見てきました．この対称構造は，**その構造を全体で不変にする**群の作用で特徴付けされています．ここで**対称構造を全体で不変にする**とは，個々の元は動かしても，全体の**結びつき**が作用の前と後で変わっていないことを意味しています．例えば，図 14.1 (次ページ)のように図形を不変にする作用 λ では，頂点 A, B が辺 α でつながっているとき，λ が作用した A^{λ} と B^{λ} は，α^{λ} でつながっています．

本章では，体の中に潜んでいる対称構造の一部を見てみます．図形の構造がその頂点や辺の**結びつき**で表されていたように，体に含まれる数の**結びつき**は，その演算で与えられます．**結びつき**を作る数 α を体 $\mathbb{F}$ から選びます．演算 $*$ を加法または乗法として，体 $\mathbb{F}$ の数 A, B について等式 $A * \alpha = B$ が成り立つとき，$A \xrightarrow{\alpha} B$ と書き表すことにします．例えば，後で登場する図

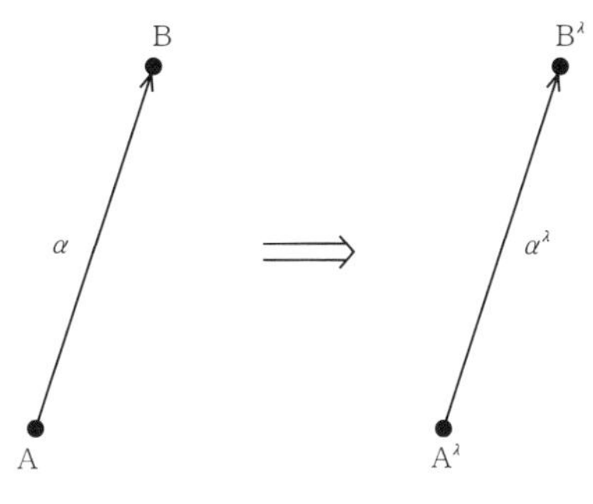

図 14.1

14.3(188ページ)は2次元空間$\mathbb{Q}(\sqrt{2})$の数に乗法を演算にして$\alpha=\pm\sqrt{2}$で矢印を付けたものです．この図を体$\mathbb{Q}(\sqrt{2})$の$\alpha=\pm\sqrt{2}$における**乗法模様**と呼ぶことにします．

体への作用

体には，加法と乗法がそろっています．群の生成元からケーリー図(第7章参照)を作ったように，体の表面に選ばれた体の数による加法と乗法を使った模様を付けることができます．2つの演算から作られる2種類の模様で体の加法と乗法の構造を見える形で表現しています．

いま，体$\mathbb{F}$の加法と乗法が作る模様を**両方不変に保つ**$\mathbb{F}$から$\mathbb{F}$への全単射写像λを体$\mathbb{F}$への**作用**と呼びます．体$\mathbb{F}$の数Aへのλによる作用をA^λと表すことにします．演算$*$が作用λで不変に保たれるとは，体の任意の数A, Bについて，等式

$$A^\lambda * B^\lambda = (A*B)^\lambda \tag{14.1}$$

が成り立つことです．演算$*$での模様を考えたときは，選ばれた数αに対して，図14.1に対応して

$$A*\alpha = B \Longrightarrow A^\lambda * \alpha^\lambda = B^\lambda \tag{14.2}$$

が成り立つことが**必要条件**となります．

体$\mathbb{F}$の2つの作用λ, μに対し，写像の合成$\lambda\circ\mu$や逆写像λ^{-1}も体$\mathbb{F}$の作用となります．つまり，体$\mathbb{F}$の作用全体が写像の合成$\circ$を演算として群に

1)　体のきちんとした定義は省略します．

なります．この群を $\mathrm{Aut}(\mathbb{F})$ と表し $\mathbb{F}$ **の自己同型群**と呼びます．

例えば体 $\mathbb{F}=\mathbb{Q}$ の場合で作用 λ を求めてみましょう．加法の単位元 0 について，0 の定義より加法において，等式 $0+0=0$ が成り立ちますので，(14.2)より等式 $0^\lambda+0^\lambda=0^\lambda$ が成り立ちます．両辺から 0^λ を引くと等式 $0^\lambda=0$ が得られますので，0 は，任意の作用 λ で固定されます．また λ は単射なので，

$$\alpha \neq 0 \Longrightarrow \alpha^\lambda \neq 0 \tag{14.3}$$

が成り立ちます．同様に，数 1 についても，乗法で(14.2)を使うと，任意の作用 λ で $1^\lambda=1$ が得られます(章末問題参照)．また，$1+(-1)=0$ より $1^\lambda+(-1)^\lambda=0^\lambda$ が得られますが，0 と 1 は，作用 λ で固定されているので，$1+(-1)^\lambda=0$ となります．ここで両辺に -1 を加えると $(-1)^\lambda=-1$ が得られ，-1 も任意の λ で固定されました．1 と -1 を使って加法を繰り返すことですべての整数 n が得られますが，(14.2)より $n^\lambda=n$ となります(章末問題参照)．さらに演算 $*$ を乗法と考えて，$\alpha\neq 0$ の場合に(14.2)を変形すると(14.3)より

$$A=\frac{B}{\alpha} \Longrightarrow A^\lambda=\frac{B^\lambda}{\alpha^\lambda}$$

が得られます．ここから，整数 p, q を使った任意の有理数 $\dfrac{p}{q}$ について，

$$\left(\frac{p}{q}\right)^\lambda=\frac{p^\lambda}{q^\lambda}=\frac{p}{q}$$

が成り立ち，すべての有理数が任意の作用 λ で固定されることが分かりました．つまり，有理数の集合 $\mathbb{Q}$ の体としての構造を不変にする作用 λ は，恒等写像 $\mathrm{id}_{\mathbb{Q}}$ のみで

$$\mathrm{Aut}(\mathbb{Q})=\{\mathrm{id}_{\mathbb{Q}}\}$$

が示されたことになります．

加法模様への作用

図 14.2(次ページ)は，2 次元空間 $\mathbb{Q}(\sqrt{2})$ へ，選ばれた 4 つの数 ± 1 と $\pm\sqrt{2}$ で作る**加法模様**を表しています．矢印はそれぞれの数を加えた場合の行き先を表しています．この図から $\mathbb{Q}(\sqrt{2})$ の加法の構造として，2 次元空

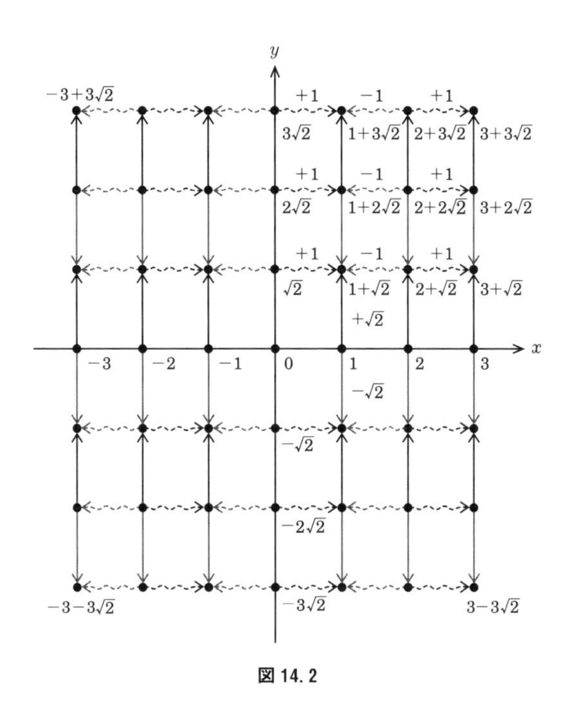

図 14.2

間に広がるたくさんの正方形が見えてきました．数 ± 1 の加法は x 軸と平行な水平移動を引き起し，$\pm\sqrt{2}$ の加法により y 軸と平行な垂直移動が発生しています．この格子状の模様を保存する作用 λ は，どんなものになるでしょうか？

有理数 a, b で表される $\mathbb{Q}(\sqrt{2})$ の数 $a+b\sqrt{2}$ に対して反時計回りの $\dfrac{\pi}{2}$ 回転のような作用 c_4 を

$$(a+b\sqrt{2})^{c_4} = -b+a\sqrt{2}$$

と定義すると，

$$(a+b\sqrt{2})^{c_4}+(c+d\sqrt{2})^{c_4} = ((a+b\sqrt{2})+(c+d\sqrt{2}))^{c_4}$$

と等式(14.1)を満たし加法の模様が重なります．また，x 軸に関する線対称のように作用 σ を

$$(a+b\sqrt{2})^{\sigma} = a-b\sqrt{2}$$

と定義すると，こちらも加法の模様が重なります．この 2 つの作用から，正

方形を不変にする「空間の動き」の集合となる位数が8の群ができます．つまり加法の模様は，正方形のような対称構造を備えているとみることができます．

また，これ以外に有理数qによるスカラー倍を表す作用λ_qを，

$$(a+b\sqrt{2})^{\lambda_q} = qa+qb\sqrt{2}$$

と定義すると，これも加法の模様を保存します．

乗法模様への作用

次に乗法の模様を見てみます．図14.3では，16の点に対して，2つの選ばれた数$\pm\sqrt{2}$を掛けることで，乗法模様を作っています．

加法とは比べものにならないほど複雑な構造が表現されていますが，それでもある種の対称性が見えてきます．この2つの模様を両方不変にする作用とはどのようなものとなるでしょうか？

一見問題なさそうに見えるπ回転c_4^2の作用は，

$$(a+b\sqrt{2})^{c_4^2} = -a-b\sqrt{2}$$

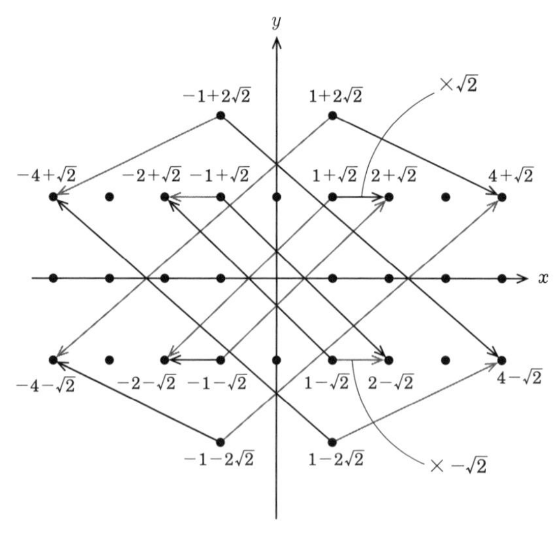

図 14.3

となりますが，乗法模様の一部である

$$(1+\sqrt{2})\times\sqrt{2} = 2+\sqrt{2}$$

で c_4^2 を作用させると

$$\begin{aligned}(1+\sqrt{2})^{c_4^2}\times(\sqrt{2})^{c_4^2} &= (-1-\sqrt{2})\times(-\sqrt{2}) = 2+\sqrt{2} \\ &\neq -2-\sqrt{2} = (2+\sqrt{2})^{c_4^2}\end{aligned}$$

で(14.2)の条件を満たしていません．もし乗法模様が c_4 で不変なら，c_4^2 でも不変になるので，c_4 の作用も乗法模様では重ならないことが分かります．しかし，x 軸に関する線対称 σ を行うと，

$$(1+\sqrt{2})^{\sigma}\times(\sqrt{2})^{\sigma} = (1-\sqrt{2})\times(-\sqrt{2}) = 2-\sqrt{2} = (2+\sqrt{2})^{\sigma}$$

となり作用 σ で乗法の模様がきれいに保存されます．以上から $\mathbb{Q}(\sqrt{2})$ を不変にする体の作用として，x 軸に関する線対称 σ が候補となることが分かりました．

一般に，λ を $\mathbb{Q}(\sqrt{2})$ の作用とすると，λ は $\mathbb{Q}$ の作用にもなります．よって任意の有理数は λ で不変です．$a+b\sqrt{2}\in\mathbb{Q}(\sqrt{2})$ について，$a, b\in\mathbb{Q}$ から

$$(a+b\sqrt{2})^{\lambda} = a^{\lambda}+b^{\lambda}(\sqrt{2})^{\lambda} = a+b(\sqrt{2})^{\lambda}$$

となり作用 λ は $\sqrt{2}$ の行き先だけで決まります．いま，

$$(\sqrt{2})^{\lambda} = a_0+b_0\sqrt{2} \qquad (a_0, b_0\in\mathbb{Q})$$

とします．このとき，

$$\begin{aligned}2 = 2^{\lambda} &= ((\sqrt{2})^2)^{\lambda} = ((\sqrt{2})^{\lambda})^2 \\ &= (a_0+b_0\sqrt{2})^2 = a_0^2+2b_0^2+2a_0b_0\sqrt{2}\end{aligned}$$

となり，ここから等式 $a_0^2+2b_0^2=2$ と $2a_0b_0=0$ が得られます．2番目の等式から $a_0=0$ または $b_0=0$ のどちらかが成り立ちますが，$b_0=0$ と仮定すると，1番目の等式から $a_0^2=2$ となり $\pm\sqrt{2}=a_0\in\mathbb{Q}$ と $\sqrt{2}$ が有理数でないことに矛盾します．よって $a_0=0$ となり，再び1番目の式から $b_0=\pm1$ が得られます．つまり体 $\mathbb{Q}(\sqrt{2})$ の2つの演算に関する模様を保存する作用は，恒等写像 $\mathrm{id}_{\mathbb{Q}(\sqrt{2})}$ と σ だけで

$$\mathrm{Aut}(\mathbb{Q}(\sqrt{2})) = \{\mathrm{id}_{\mathbb{Q}(\sqrt{2})}, \sigma\}$$

が分かりました．

体$\mathbb{Q}(\tau_1)$の模様

第13章では，3次方程式

$$f(x) := x^3-3x+1 = 0$$

の解を

$$\tau_1 = 2\cos\left(\frac{2\pi}{9}\right)$$

$$\tau_2 = \tau_1^2-2 = 2\cos\left(\frac{4\pi}{9}\right)$$

$$\tau_3 = \tau_2^2-2 = -\tau_1-\tau_2 \tag{14.4}$$

とできることを示しました．また，再度，倍角の公式を使うと

$$\tau_3 = 2\cos\left(\frac{8\pi}{9}\right)$$

も得られます．さらに，問題13.3で

$$\mathbb{Q}(\tau_1) = \mathbb{Q}[\tau_1, \tau_2] := \{a+b\tau_1+c\tau_2 | a, b, c \in \mathbb{Q}\}$$

と定義しましたが，(14.4)より

$$\mathbb{Q}(\tau_1) = \mathbb{Q}[\tau_1, \tau_3] := \{a+b\tau_1+c\tau_3 | a, b, c \in \mathbb{Q}\}$$

と変更しても集合全体として変わらないことが分かります．

$\mathbb{Q}$上の3次元空間となる$\mathbb{Q}(\tau_1)$ですが，x軸上の有理数体$\mathbb{Q}$は任意の作用λで不変でした．そこで，yz-平面での基底をτ_1とτ_3として$\mathbb{Q}(\tau_1)$のyz-平面での2次元部分空間$\{b\tau_1+c\tau_3 \mid b, c \in \mathbb{Q}\}$への作用を考えてみます．図14.4（次ページ）にあるように，yz-平面にτ_1, τ_3をy軸上の長さ2のベクトルを反時計回りに$\frac{2\pi}{9}$回転させたベクトルと$\frac{8\pi}{9}$回転させたベクトルとして作図します．

よってτ_1を反時計回りで$\frac{2\pi}{3}$回転させたベクトルがτ_3となります．この2次元空間での加法はベクトルの合成で与えることができるので，(14.4)より$\tau_2 = -\tau_1-\tau_3$は，τ_3を反時計回りでさらに$\frac{2\pi}{3}$回転させたベクトルとなります．それぞれのベクトルをy軸に射影することで，実数値としてのτ_i $(i = 1, 2, 3)$が得られます．

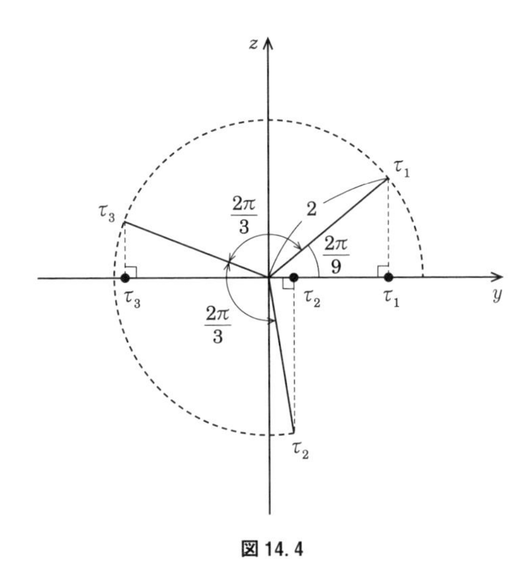

図 14.4

体 $\mathbb{Q}(\tau_1)$ への作用

図 14.5（次ページ）では，$\alpha = \tau_i\ (i = 1, 2, 3)$ で加法模様を表しています．この格子状の模様を保存する作用 λ は，どんなものになるでしょうか？　作用 c_6 を yz-平面における原点を中心として反時計回りでの $\dfrac{\pi}{3}$ 回転をイメージして作ると，

$$\tau_1^{c_6} = -\tau_2, \qquad \tau_3^{c_6} = -\tau_1, \qquad \tau_2^{c_6} = -\tau_3$$

となる作用が構成できます．図 14.5 の加法模様もこの作用で，きれいに重なります．

また，原点を通るベクトル τ_3 を軸とする線対称は τ_3 を不変のままに τ_1 と τ_2 の入れ換えます．この作用も加法模様を保存します．

次に乗法模様を作ります．図 14.6 のように，yz-平面に 6 つの数

$$\tau_1 - \tau_2, \qquad \tau_1 - \tau_3, \qquad \tau_2 - \tau_3, \qquad \tau_2 - \tau_1, \qquad \tau_3 - \tau_1, \qquad \tau_3 - \tau_2$$

が正六角形の頂点の位置に並びます．

この 6 つの数に対する，$\alpha = \tau_i\ (i = 0, 1, 2)$ の乗法を考えると 6 つの頂点を矢印で結んだ正六角形が現れます．この正六角形を保存する作用は，$c_6^2 = c_3$ や c_3^2 があります．これらの作用が乗法模様を保存することになります．

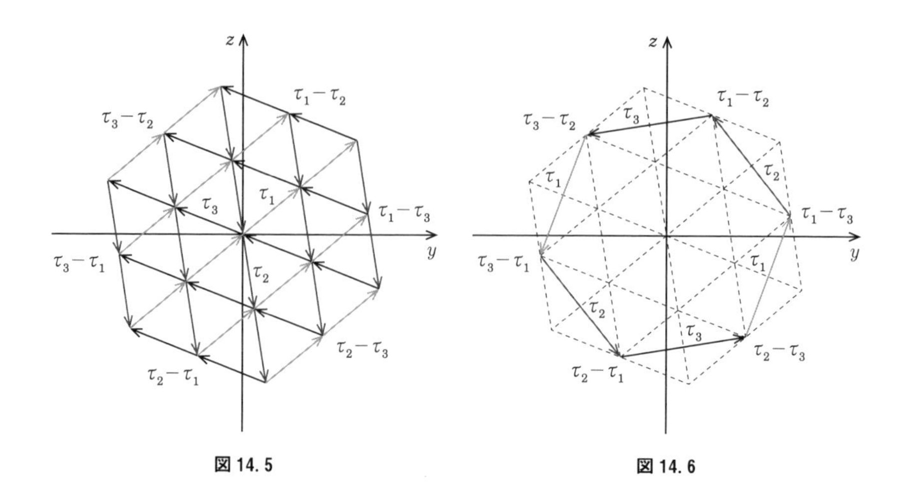

図 14.5　　図 14.6

実際，$\mathbb{Q}(\tau_1)$ の任意の数 $a+b\tau_1+c\tau_3$ の λ による作用は，

$$(a+b\tau_1+c\tau_3)^\lambda = a+b\tau_1^\lambda+c\tau_3^\lambda$$

となり作用 λ による τ_1 と τ_3 の行き先だけで決まります．また $f(\tau_1)=0$ より，

$$0 = 0^\lambda = f(\tau_1)^\lambda = (\tau_1^3-3\tau_1+1)^\lambda = (\tau_1^\lambda)^3-3\tau_1^\lambda+1 = f(\tau_1^\lambda)$$

となり，τ_1^λ も方程式 $f(x)=0$ の解となります．つまり $\tau_1^\lambda=\tau_i$ (i は $1, 2, 3$ のいずれか) となります．よって τ_2 の定義より

$$\tau_2^\lambda = (\tau_1^2-2)^\lambda = (\tau_1^\lambda)^2-2 = \tau_i^2-2 = \tau_j \qquad (j = i+1 \mod 3)$$

と τ_2^λ も決まります．同様に，

$$\tau_3^\lambda = \tau_k \qquad (k = i+2 \mod 3)$$

も導かれます．これは，作用 λ が恒等写像 ($i=1$)，または c_3 ($i=2$) または c_3^2 ($i=3$) のいずれかであることを示しています．つまり，

$$\mathrm{Aut}(\mathbb{Q}(\tau_1)) = \{\mathrm{id}_{\mathbb{Q}(\tau_1)}, c_3, c_3^2\}$$

となります．まさに $\mathbb{Q}(\tau_1)$ の中に正三角形の構造があったのです．

3 次方程式が作る正三角形

3 次方程式 $x^3-3x+1=0$ の解 τ_1, τ_2, τ_3 から作られた正三角形の構造とその作用は，この特別な方程式だけにたまたま現れたものだったのでしょう

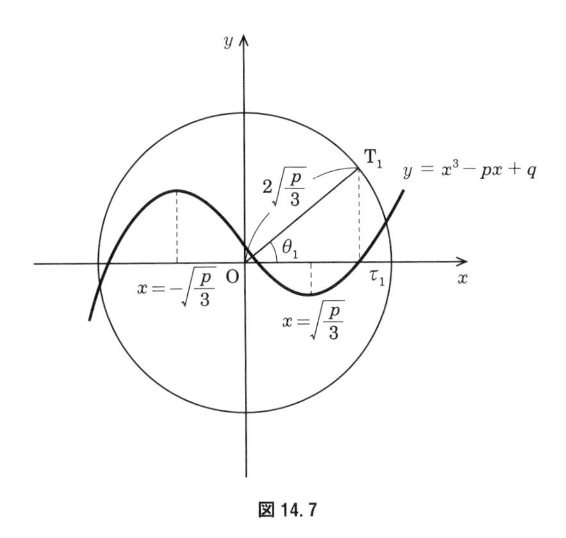

図 14.7

か？

一般に，多項式

$$f(x) = x^3 - px + q \qquad (p > 0)$$

が $f(x) = 0$ で 3 つの実数解 $\tau_i\ (i = 1, 2, 3)$ を持つ場合を考えてみます．$y = f(x)$ は，導関数 $f'(x) = 3x^2 - p$ より $x = \pm\sqrt{\frac{p}{3}}$ で極値を取ります．そこで図 14.7 のように原点 O を中心にした半径 $2\sqrt{\frac{p}{3}}$ の円を描きます．

この円と直線 $x = \tau_1$ の交点の 1 つを T_1 とします[2)]．ここで，x 軸と線分 OT_1 のなす角を θ_1 とすると，

$$\tau_1 = 2\sqrt{\frac{p}{3}}\cos(\theta_1)$$

となります．さらに，

$$\theta_2 := \theta_1 + \frac{2\pi}{3}, \qquad \theta_3 := \theta_1 + \frac{4\pi}{3}$$

と定義します．三角関数の三倍角の公式

$$\cos(3\theta) = 4\cos^3(\theta) - 3\cos(\theta)$$

---

2)　$f(x) = 0$ が 3 つの実数解を持つとき，すべての解が $-2\sqrt{\frac{p}{3}}$ と $2\sqrt{\frac{p}{3}}$ の間にあります．

証明　$f\left(2\sqrt{\frac{p}{3}}\right) = 2\sqrt{\frac{p}{3}}\left(\frac{4p}{3} - p\right) + q = \frac{2}{3}\frac{1}{\sqrt{3}}p^{\frac{3}{2}} + q = -\frac{1}{3}\frac{1}{\sqrt{3}}p^{\frac{3}{2}} + \frac{1}{\sqrt{3}}p^{\frac{3}{2}} + q = f\left(-\sqrt{\frac{p}{3}}\right) \geqq 0$

を使うと，

$$\begin{aligned}0 &= f(\tau_1)\\ &= f\left(2\sqrt{\frac{p}{3}}\cos(\theta_1)\right)\\ &= 2^3\frac{p}{3}\sqrt{\frac{p}{3}}\cos^3(\theta_1)-2p\sqrt{\frac{p}{3}}\cos(\theta_1)+q\\ &= \frac{2p}{3}\sqrt{\frac{p}{3}}(4\cos^3(\theta_1)-3\cos(\theta_1))+q\\ &= \frac{2p}{3}\sqrt{\frac{p}{3}}\cos(3\theta_1)+q \qquad (14.5)\end{aligned}$$

が得られます．この等式(14.5)より

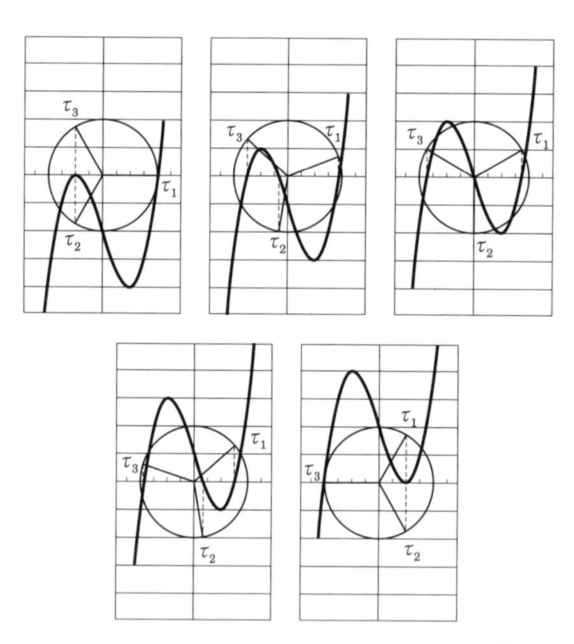

図 14.8　$\theta_1=0$, $\theta_2=\frac{2}{3}\pi$, $\theta_3=\frac{4}{3}\pi$, $\cos\theta_1=1$, $\cos\theta_2=-\frac{\sqrt{3}}{2}=\cos\theta_3$, $\tau_1=2\sqrt{\frac{p}{3}}$, $\tau_2=\tau_3=-\sqrt{p}$

$$
\begin{aligned}
f(\tau_2) &= f\left(2\sqrt{\frac{p}{3}}\cos(\theta_2)\right) \\
&= \frac{2p}{3}\sqrt{\frac{p}{3}}\cos(3\theta_2)+q \\
&= \frac{2p}{3}\sqrt{\frac{p}{3}}\cos(3\theta_1+2\pi)+q \\
&= \frac{2p}{3}\sqrt{\frac{p}{3}}\cos(3\theta_1)+q \\
&= f(\tau_1) = 0
\end{aligned}
$$

となり，残りの2つの解を

$$
\tau_i = 2\sqrt{\frac{p}{3}}\cos(\theta_i) \qquad (i = 2, 3)
$$

と表せることが分かりました．そして，3つの解 $\tau_i\,(i = 1, 2, 3)$ は，半径 $2\sqrt{\frac{p}{3}}$ の円上に内接する正三角形の頂点として存在することになります．図14.8（前ページ）は，定数項の数 q の変化により，円を3等分する頂点がどのように回転するかを，見せています．

章末問題

問題 14.1. 有理数体 $\mathbb{Q}$ への乗法を保存する作用 λ に対して，$1^\lambda = 1$ となることを証明しなさい．

問題 14.2. 有理数体 $\mathbb{Q}$ への加法と乗法を保存する作用 λ で，任意の整数 n への作用が不変つまり，$n^\lambda = n$ となることを証明しなさい．

問題 14.3. 体 $\mathbb{Q}(\sqrt{2})$ 上の作用 σ を $(a+b\sqrt{2})^\sigma = a-b\sqrt{2}$ と定義したとき，σ は，$\mathbb{Q}(\sqrt{2})$ の乗法を保存することを示せ．

問題 14.4. 集合として $\mathbb{Q}[\tau_1, \tau_2]$ と $\mathbb{Q}[\tau_1, \tau_3]$ が等しいことを示せ（190ページ参照）．

第 15 章

方程式と群：分解体の形

群の元を「空間の動き」と捉えてもらうことで，空間の中に存在する見えない形を群を使って評価できることを紹介してきました．この章では，分解体と呼ばれる拡大された数の集合に「空間の動き」を作用させることで，分解体の形を考えてみたいと思います．

多項式とグラフ

多項式の中にどんな対称性があるでしょうか？ 3つの変数 x_1, x_2, x_3 を用意して，この変数で作られる多項式にグラフを対応させて考えてみます．すべての多項式をグラフできれいに表せるわけではありませんが，次数の小さい多項式をグラフで表現してみます．まず，各変数に頂点を対応させて，変数の積，和，差に対して辺や矢印を対応させます．例えば，x_1x_2, x_1+x_2, x_1-x_2 は，図 15.1 のように 2 つの頂点をもつグラフとして表現できます．以後，図 15.1 のグラフを「積の辺」,「和の辺」,「矢印」と呼ぶことにします．

3つの変数の積と和は，図 15.2 (次ページ)のように頂点を和や積を表す辺

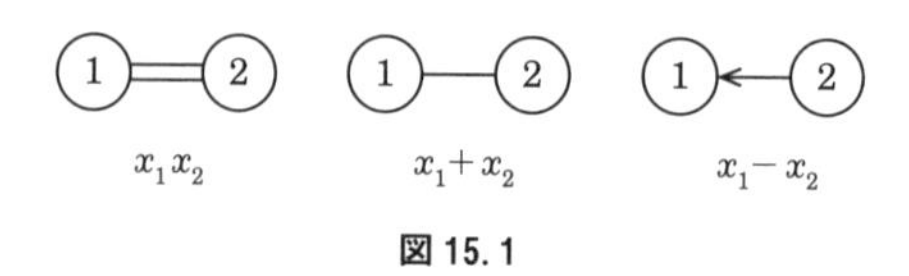

図 15.1

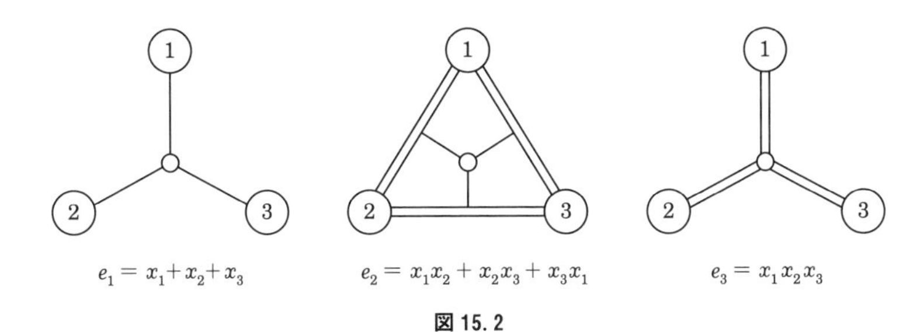

図 15.2

でつなぎます．2番目のグラフでは，3つの「積の辺」を「和の辺」でつなぎ合わせています．

この3つのグラフには，正三角形を不変にする「空間の動き」が作用します．これは対応する多項式が，変数のすべての置換で不変であることを意味しています．一般に，任意の置換で不変となる多項式を**対称式**と呼んでいます．特に図15.2で表された3つの多項式 e_1, e_2, e_3 を3変数の**基本対称式**と呼びます．

次に，多項式

$$h = (x_1 - x_2)(x_2 - x_3)(x_3 - x_1) \tag{15.1}$$

をグラフで表すと図15.3左上(次ページ)のグラフとなります．これは，3つの差を表す矢印を「積の辺」でつないでいます．

ここで，矢印に関連したグラフについての特別なルールを導入します．

ルール

「積の辺」でつながれた2つの矢印を同時に逆向きにしたグラフを同一視する．

このルールを適用することで，図15.3の4つのグラフはすべて「同じ」グラフになります．実際，4つのグラフに対応する多項式はすべて同じです．図15.3の左上と右上のグラフが等しいことを多項式で表すと次の等式となります．

$$(x_1 - x_2)(x_2 - x_3)(x_3 - x_1) = (x_1 - x_2)(x_3 - x_2)(x_1 - x_3)$$

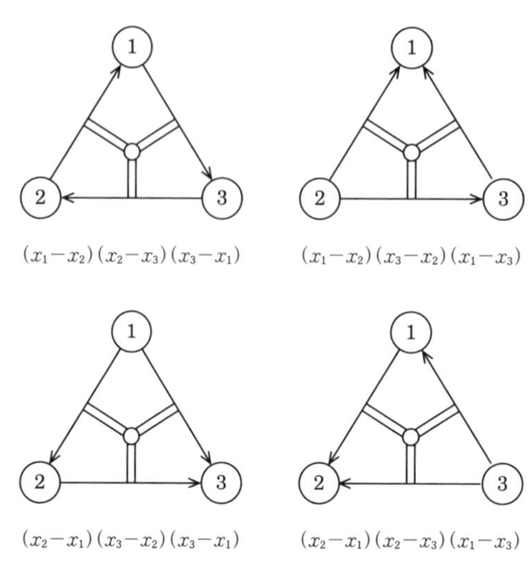

図 15. 3

後で利用する，基本対称式が持つ重要な性質を証明なしで紹介します．

事実 1（**対称式の基本定理**）

任意の 3 変数の対称式は，基本対称式 e_1, e_2, e_3 に定数倍と積や和を組み合わせて表せる．

拡大体と分解体

有理数全体の集合 $\mathbb{Q}$ や実数全体の集合 $\mathbb{R}$ は，四則演算が可能な体です．ここで，これからの話に必要な「体」に関する事実を紹介します．四則演算が可能な体 $\mathbb{F}$ と変数 x を用意して，自然数 n と $n+1$ 個の $\mathbb{F}$ に含まれる数 $a_0, a_1, \cdots, a_n$ $(a_n \neq 0)$ から多項式

$$f(x) = a_0+a_1x+\cdots+a_nx^n$$

を作ります．この $f(x)$ を，$\mathbb{F}$ 上の**多項式**と呼びます．また，自然数 n を $f(x)$ の**次数**と呼びます．集合 $\mathbb{F}[x]$ を $\mathbb{F}$ 上の多項式全体の集合とすると，$\mathbb{F}[x]$ では加法と乗法が定義できます．この $\mathbb{F}[x]$ を $\mathbb{F}$ 上の**多項式環**と呼びます．もし次数が 1 以上の 2 つの多項式 $g(x), h(x) \in \mathbb{F}[x]$ で，

$$f(x) = g(x)h(x)$$

と $f(x)$ が積で分解できたら，$f(x)$ は，$\mathbb{F}$ 上で**可約**であると呼び，可約でない多項式を $\mathbb{F}$ 上で**既約**な多項式と呼びます．

多項式の可約・既約判定は，その多項式をどの体上の多項式とみるかで変わります．例えば，多項式 x^2-2 は，$\mathbb{Q}$ 上の多項式とみると既約ですが，$\mathbb{R}$ 上の多項式とみると

$$x^2-2 = (x-\sqrt{2})(x+\sqrt{2})$$

と分解して可約となります．

$\mathbb{F}$ 上の多項式 $f(x)$ について，数 α が等式 $f(\alpha) = 0$ を満たすとき，数 α を方程式 $f(x) = 0$ の**解**と呼びます．もし，解 $\alpha \in \mathbb{F}$ なら $f(x)$ は $\mathbb{F}$ 上の多項式 $g(x)$ で

$$f(x) = (x-\alpha)g(x)$$

と分解可能で，可約となります．よって，$\mathbb{F}$ 上で既約な多項式 $f(x)$ について，$f(\alpha) = 0$ となる解 α は，$\mathbb{F}$ に含まれません．そこで，体 $\mathbb{F}$ に数 α を加えてできる拡大された体を考えます．

今，$\mathbb{F}$ 上の既約多項式 $f(x)$ と方程式 $f(x) = 0$ の解 α から $\mathbb{F}$ と数 α を含む最小の体を $\mathbb{F}(\alpha)$ と定義して，$\mathbb{F}$ の数 α による**拡大体**と呼ぶことにします．拡大体 $\mathbb{F}(\alpha)$ は，$\mathbb{F}$ 上のベクトル空間とみることができます．ベクトル空間としての次元は既約多項式 $f(x)$ の次数 n と等しく，$\mathbb{F}(\alpha)$ の基底として，$1, \alpha, \cdots, \alpha^{n-1}$ を選ぶことができます．つまり $\mathbb{F}(\alpha)$ に含まれる数は，n 個の $\mathbb{F}$ の数 a_i を使って

$$a_0 + a_1\alpha + \cdots + a_{n-1}\alpha^{n-1}$$

と一意に表すことができます．

さらに，$\mathbb{F}(\alpha)$ 上の m 次既約多項式 $g(x)$ と $g(x) = 0$ の解 β から $\mathbb{F}(\alpha)$ の β による拡大体 $\mathbb{F}(\alpha, \beta)$ が構成できます．このとき，$\mathbb{F}(\alpha, \beta)$ の $\mathbb{F}$ 上の次元は mn となります．

第 13 章で登場した $\mathbb{Q}(\sqrt{2})$ や $\mathbb{Q}(\tau_1)$ は，$\mathbb{Q}$ 上の既約多項式 x^2-2 や x^3-3x+1 から作られた $\mathbb{Q}$ の拡大体となり，それぞれの $\mathbb{Q}$ 上の次元は 2 と 3 になります．この 2 つの拡大体上では，多項式が

$$x^2-2 = (x-\sqrt{2})(x+\sqrt{2})$$
$$x^3-3x+1 = (x-\tau_1)(x-\tau_2)(x-\tau_3)$$

と1次多項式に分解されました[1]．これは，この拡大体が方程式の解をすべて含んでいることを表しています．多項式 $f(x)$ を1次多項式の積に分解できる最小の拡大体を多項式 $f(x)$ の**分解体**と呼びます．

一般に既約多項式 $f(x)$ から拡大した体がいつも $f(x)$ の分解体となるとは限りません．例えば $f(x)=x^3-2$ とすると，この $f(x)$ は既約でも $f(x)=0$ の解 $\sqrt[3]{2}$ を加えた拡大体 $\mathbb{Q}(\sqrt[3]{2})$ は，

$$f(x)=(x-\sqrt[3]{2})(x^2+\sqrt[3]{2}x+\sqrt[3]{4})$$

と $f(x)$ を1次多項式の積には分解できません．よって拡大体 $\mathbb{Q}(\sqrt[3]{2})$ は，多項式 $f(x)=x^3-2$ の分解体にはなりません．

拡大体のガロア群

体 $\mathbb{F}$ といくつかの数を加えた $\mathbb{F}$ の拡大体 $\mathbb{E}$ を考えます．体 $\mathbb{E}$ から $\mathbb{E}$ への全単射写像 λ が $\mathbb{E}$ の任意の数 A, B の和と積に対して等式

$$(A+B)^\lambda=A^\lambda+B^\lambda, \qquad (AB)^\lambda=A^\lambda B^\lambda$$

を満たすとき，λ を体 $\mathbb{E}$ の**作用**と呼びます．

第14章では拡大体 $\mathbb{E}$ を $\mathbb{Q}(\sqrt{2})$ や $\mathbb{Q}(\tau_1)$ として，「体の作用」全体で作る群 $\mathrm{Aut}(\mathbb{E})$ を求めました．体 $\mathbb{E}$ のすべての数を不変に保つ作用を $1_{\mathbb{E}}$ と表します．

体 $\mathbb{E}$ の作用のうち $\mathbb{F}$ に含まれる数をすべて不変にする作用の集合

$$G(\mathbb{E}, \mathbb{F}):=\{\lambda\in\mathrm{Aut}(\mathbb{E})\,|\,\forall A\in\mathbb{F},\ A^\lambda=A\}$$

は，$\mathrm{Aut}(\mathbb{E})$ の部分群となります(章末問題参照)．この部分群を拡大体 $\mathbb{E}$ の**ガロア群**と呼びます．

$\mathbb{F}$ 上の方程式 $f(x)=0$ の解 α について，$\lambda\in G(\mathbb{E}, \mathbb{F})$ を作用させた数 α^λ では，次の等式が成り立ちます．($0^\lambda=0$ は前章で証明済み)

$$f(\alpha^\lambda)=f(\alpha)^\lambda=0^\lambda=0 \tag{15.2}$$

よって α^λ も解となります．ここで $\mathbb{E}$ の部分集合

$$\Lambda:=\{\alpha\in\mathbb{E}\,|\,f(\alpha)=0\}$$

とすると，

$$\forall\alpha\in\Lambda\Longrightarrow\alpha^\lambda\in\Lambda \tag{15.3}$$

が成り立ち，$G(\mathbb{E}, \mathbb{F})$ を Λ 上の置換とみることができます．特に，$\mathbb{E}$ が既

約多項式 $f(x)$ で拡大された体のとき，

$$\forall\alpha\in\Lambda,\ \alpha^{\lambda}=\alpha\Longrightarrow\lambda=1_{\mathbb{E}} \tag{15.4}$$

が成り立ちます．よって2つの作用 λ と λ' について，

$$\forall\alpha\in\Lambda,\ \alpha^{\lambda}=\alpha^{\lambda'}$$

が成り立てば，$\alpha^{\lambda\circ\lambda'^{-1}}=\alpha$ より，式(15.4)を使うと $\lambda=\lambda'$ が得られます．これは，ガロア群 $G(\mathbb{E},\mathbb{F})$ が Λ の置換で完全に決定できることを意味しています．つまり $G(\mathbb{E},\mathbb{F})$ は，解の集合 Λ 上の対称群 S_{Λ} の部分群となります．

ガロア群について次の事実が知られています．

事実2

$\mathbb{F}$ 上の既約多項式 $f(x)$ で定義された拡大体 $\mathbb{F}(\alpha)$ について，方程式 $f(x)=0$ の解として $\mathbb{F}(\alpha)$ の中に $\beta\neq\alpha$ が存在するとき，$\lambda\in G(\mathbb{F}(\alpha),\mathbb{F})$ で $\alpha^{\lambda}=\beta$ となるものが存在する．

事実3

$\mathbb{F}$ 上の既約多項式 $f(x)$ の分解体を $\mathbb{E}$ とする．このとき，$\mathbb{E}$ のガロア群 $G=G(\mathbb{E},\mathbb{F})$ について次の等式が成り立つ．

$$\mathbb{F}=\mathbb{E}^{G}:=\{A\in\mathbb{E}\mid\forall\lambda\in G,\ A^{\lambda}=A\} \tag{15.5}$$

3次多項式の分解体

有理数 a,b,c を使って3次方程式

$$f(x)=x^3+ax^2+bx+c=0 \tag{15.6}$$

を考えます．そしてこの**3次方程式が相異なる3つの実数解** α,β,γ **を持つ**と仮定します．この仮定から $f(x)$ を $\mathbb{R}$ 上の多項式とみると $f(x)$ は

$$x^3+ax^2+bx+c=(x-\alpha)(x-\beta)(x-\gamma) \tag{15.7}$$

と分解します．この等式(15.7)の解と係数の関係から，次の3つの等式が得られます．

$$-a=\alpha+\beta+\gamma \tag{15.8}$$

$$b=\alpha\beta+\beta\gamma+\gamma\alpha \tag{15.9}$$

$$-c=\alpha\beta\gamma \tag{15.10}$$

---

1)　$\tau_2=\tau_1^2-2,\ \tau_3=\tau_2^2-2.$

等式の右辺は，それぞれ基本対称式 e_1, e_2, e_3 の変数 x_i $(i = 1, 2, 3)$ に α, β, γ を代入した値になっています．

多項式 $f(x)$ が，$\mathbb{Q}$ 上でどのように分解できるかは，その解が有理数かどうかで決まります．よって3次方程式は，次の3タイプに大きく分類できます．

- **タイプ**(ⅰ)(3つの解がすべて有理数の場合)
  等式(15.7)は，多項式 $f(x)$ の $\mathbb{Q}$ 上の因数分解そのものを与えています．もし，2つの解が有理数であれば，等式(15.8)より残りの1つも有理数となり，解は3つとも有理数となります．
- **タイプ**(ⅱ)(1つの解 α のみ有理数の場合)
  $$-p = \beta+\gamma \tag{15.11}$$
  $$q = \beta\gamma$$
  とすると，等式(15.8)，(15.10)より p, q は有理数で，β と γ は，$\mathbb{Q}$ 上の2次方程式 $x^2+px+q = 0$ の解になり
  $$f(x) = (x-\alpha)(x^2+px+q) \tag{15.12}$$
  と分解できます．
- **タイプ**(ⅲ)(3つの解がすべて有理数でない場合)
  多項式 $f(x)$ は $\mathbb{Q}$ 上で既約となります．

多項式 $f(x)$ は，$\mathbb{R}$ 上で1次多項式の積に分解します．よって多項式 $f(x)$ の分解体 $\mathbb{E} = \mathbb{Q}(\alpha, \beta, \gamma)$ は，ちょうど $\mathbb{Q}$ と $\mathbb{R}$ にはさまれたところに存在します．この分解体をタイプ別に求めます．

タイプ(ⅰ)のときは，すべての解が有理数となるため，$\mathbb{E} = \mathbb{Q}$ となります．

タイプ(ⅱ)のとき，解 α は $\mathbb{Q}$ に含まれます．等式(15.11)より，$\mathbb{Q}(\beta)$ には $\gamma = -p-\beta$ が含まれます．よって，

$$\mathbb{E} = \mathbb{Q}(\beta, \gamma) = \mathbb{Q}(\beta)$$

となります．分解体 $\mathbb{Q}(\beta)$ は，既約多項式 x^2+px+q から定義された拡大体なので，$\mathbb{Q}$ 上の2次元ベクトル空間となります．

最後に，**タイプ**(ⅲ)ですが，等式(15.8)より $\gamma = -a-\alpha-\beta$ となり $\mathbb{E} = \mathbb{Q}(\alpha, \beta)$ が成り立ちます．また $f(x)$ が $\mathbb{Q}$ 上の既約多項式なので，$\mathbb{Q}(\alpha)$ は，

3次元ベクトル空間となります．よって，この $\mathbb{Q}(\alpha)$ を含む分解体 $\mathbb{Q}(\alpha,\beta)$ は，3次元以上のベクトル空間となります．この**タイプ**(iii)の分解体を確定するため，まずは，分解体の形をイメージしながら分解体のガロア群を先に決めます．

ガロア群の決定

それでは3つのタイプについて，それぞれのガロア群 $G := G(\mathbb{E},\mathbb{Q})$ を決めて，分解体の形を，3つの解を頂点とする三角形 △ としてイメージしてみます．$\Lambda = \{\alpha,\beta,\gamma\}$ より α,β,γ に 1,2,3 を対応させて，G を Λ または $\{1,2,3\}$ に作用する3次対称群の部分群とみます．

まず，**タイプ**(i)のとき，$\mathbb{E} = \mathbb{Q}$ となり第14章で示したようにこの分解体の作用は，不変の作用 $1_{\mathbb{E}}$ のみとなり，ガロア群 G が単位群となります．空間内での変換で三角形 △ を不変にするものが単位元のみである場合，△ は，図15.4のような最も対称性の低い三角形をイメージすることになります．

次に，**タイプ**(ii)のとき，解 α は，有理数なので，すべての作用で不変のまま固定されます．また $\mathbb{E} = \mathbb{Q}(\beta)$ で，分解体 $\mathbb{E}$ に含まれる数 β と γ は，$\mathbb{Q}$ 上の既約方程式 $x^2+px+q=0$ の解でした．**事実2**より，不変の作用と数 β と γ を置換する作用が得られ，ガロア群 G は位数2の群となります．よって三角形 △ は，図15.5のような2等辺三角形をイメージします．

最後に，**タイプ**(iii)のときを考えます．分解体 $\mathbb{E} = \mathbb{Q}(\alpha,\beta)$ には，$\mathbb{Q}$ に含まれない既約多項式 $f(x)$ の相異なる3つの実数解が存在します．ガロア群 G は，位数が6の3次対称群の部分群となりますが，**事実2**より $\alpha^\lambda = \beta$ や

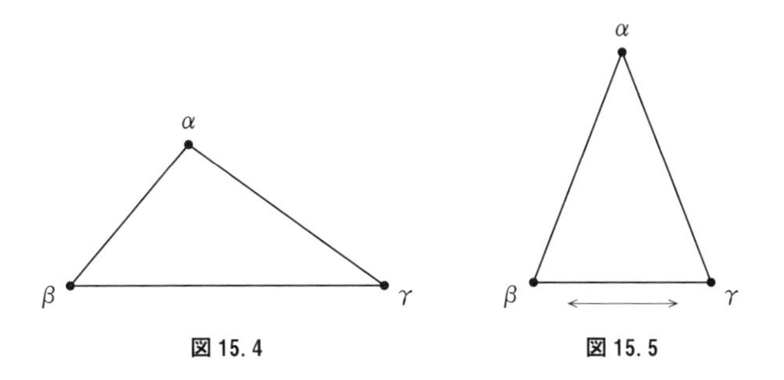

図15.4　　図15.5

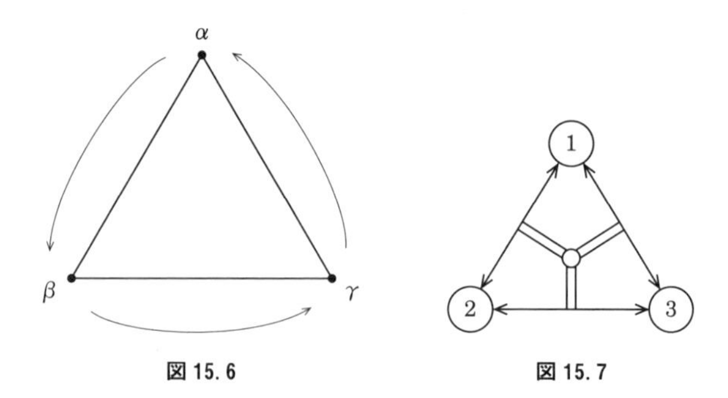

図 15.6　　図 15.7

$\beta^{\lambda'}=\gamma$ となる作用を含むため G は少なくとも位数 3 の置換 $(1,2,3)$ を含むことになります（章末問題参照）．よって，三角形 △ として図 15.6 のような正三角形をイメージすることになります．

では，**タイプ**(iii)のガロア群はどうなるでしょうか？　置換 $(1,2,3)$ を含んだことで，ガロア群は 3 次の対称群か位数 3 の巡回群のいずれかになります．この問題を解き明かすために，(15.1)で定義した多項式 h を使います．ここで $-h^2$ は，

$$-h^2=h\times(-h)=(x_1-x_2)(x_2-x_3)(x_3-x_1)(x_2-x_1)(x_3-x_2)(x_1-x_3) \tag{15.13}$$

となりグラフにすると 6 本の矢印を「積の辺」でつないだ図 15.7 となります．

図 15.7 のグラフは 3 つの頂点に対するすべての置換で不変となり，対応する多項式 $-h^2$ は，対称式となります．よって**事実 1** より $-h^2$ は 3 つの基本対称式 e_1,e_2,e_3 の定数倍と和や積の組合せで表せます．今，h に α,β,γ を代入した数を

$$\delta=(\alpha-\beta)(\beta-\gamma)(\gamma-\alpha)$$

と定義すると δ^2 は，基本対称式に α,β,γ を代入した数の定数倍と和や積の組合せから作ることができます．よって等式(15.8), (15.9), (15.10)より，δ^2 は有理数となります．それでは，体 $\mathbb{E}$ の数 δ を使ってガロア群 G を確定します．

● **タイプ**(iii-i)($\delta\in\mathbb{Q}$ の場合)

$\mathbb{Q}$ に含まれた数は，$G=G(\mathbb{E},\mathbb{Q})$ で不変のため，ガロア群 G に

含まれる置換は，対応する多項式hを表した図15.3のグラフも不変にします．図15.3で，2つの頂点を入れ換える置換(2, 3)は，グラフを**変えて**しまうので，Gに含まれません．よって，Gは，置換(1, 2, 3)で生成した位数3の巡回群となります．

- **タイプ**(iii-ii)($\delta \notin \mathbb{Q}$ の場合)

  事実3から$\lambda \in G(\mathbb{E}, \mathbb{Q})$ で$\delta^\lambda \neq \delta$となる作用$\lambda$が存在します．$\delta^2$は有理数なので，$\delta^2 = (\delta^2)^\lambda = (\delta^\lambda)^2$ より$\delta^\lambda = -\delta$となります．λは，$\{\alpha, \beta, \gamma\}$ の置換であり，δへの作用から，群Gでのλの位数は2となります．よってGには，位数3と位数2の元が含まれ，第2章に登場したラグランジュの定理を使うと，Gは，位数が6の3次対称群となります．

タイプ(iii)の分解体

タイプ(iii)の分解体 $\mathbb{E} = \mathbb{Q}(\alpha, \beta)$ の次元を，ガロア群から求めていきます．

まず，**タイプ**(iii-i)では，ガロア群が互換(2, 3)を含まない位数が3の群になりました．分解体 $\mathbb{E}$ には，3次元ベクトル空間となる$\mathbb{Q}(\alpha)$ が含まれています．もし，$\mathbb{E} = \mathbb{Q}(\alpha, \beta) \neq \mathbb{Q}(\alpha)$ であれば，解βは，$\mathbb{Q}(\alpha)$ には含まれないことになります．ここで，$\mathbb{Q}(\alpha)$ 上での $f(x)$ の分解を考えると，$\alpha \in \mathbb{Q}(\alpha)$ より等式(15.12)の形に分解できます．$\beta \notin \mathbb{Q}(\alpha)$ より多項式x^2+px+qは，$\mathbb{Q}(\alpha)$ 上で既約となります．$\mathbb{F} = \mathbb{Q}(\alpha)$ として**事実2**に当てはめて考えると，$G(\mathbb{E}, \mathbb{F})$ に位数2の作用λで，$\alpha^\lambda = \alpha, \beta^\lambda = \gamma$となるのものが存在することになります．ガロア群の定義より，

$$\lambda \in G(\mathbb{E}, \mathbb{F}) \subset G(\mathbb{E}, \mathbb{Q}) = G$$

となり，ガロア群Gの位数が3であることに矛盾します．よって，$\mathbb{E} = \mathbb{Q}(\alpha)$ となり分解体の次元は3となります．

タイプ(iii-ii)の場合は，$\mathbb{Q}$上の既約多項式$x^2-\delta^2$の分解体$\mathbb{Q}(\delta)$ は，δの定義から多項式$f(x)$ の分解体$\mathbb{Q}(\alpha, \beta)$ に含まれます．$\mathbb{Q}(\delta)$ は，$\mathbb{Q}$上の2次元ベクトル空間なので，$\mathbb{Q}$上の3次既約多項式$f(x)$ で作られる方程式$f(x) = 0$の解α, β, γは，いずれも含まれません．よって$f(x)$ は，$\mathbb{Q}(\delta)$ 上の多項式として既約です．$\mathbb{Q}(\delta)$ と数αを含む拡大体$\mathbb{Q}(\delta, \alpha)$ は$\mathbb{Q}(\delta)$ 上の

3 次元ベクトル空間となり，$\mathbb{Q}$ 上では 6 次元となります．分解体 $\mathbb{E} = \mathbb{Q}(\alpha, \beta)$ は，拡大体 $\mathbb{Q}(\delta, \alpha)$ を含むので，$\mathbb{E}$ の次元は少なくとも 6 となります．

一方 $\mathbb{Q}(\alpha)$ は，$\mathbb{Q}$ 上 3 次元なので，$\beta \notin \mathbb{Q}(\alpha)$ となります．よって，$\mathbb{Q}(\alpha)$ 上で多項式 $x^2 + px + q$ は既約となり，分解体 $\mathbb{E} = \mathbb{Q}(\alpha, \beta)$ は，$\mathbb{Q}$ 上の 6 次元ベクトル空間となります．

目に見えない構造

本章で登場した分解体は，$\mathbb{Q}$ と $\mathbb{R}$ の間に存在する四則演算ができる無限にたくさんの数の集合でした．この巨大な数の塊を，たった 6 つの元からなる対称群を使って三角形のイメージと共に分類することができました．

世の中には，小さすぎて見えないものや，大きすぎて見えないものがあります．また，もともとその存在自身に実態がなく現象を陰で支配しているルールなども存在しています．

この本では，直接見ることのできないものに，外側からの「作用」を与えて，本質的な変化を与えない「作用」の集合を観察することで，そのものの基幹となる「形」をイメージしようと試みました．

この本を通して，抽象的な群がもつ大いなる力を少しでも身近に感じてもらえたら幸いです．

章末問題

問題 15.1. 集合 $G(\mathbb{E},\mathbb{F})$ が $\mathrm{Aut}(\mathbb{E})$ の部分群となることを示せ．

問題 15.2. 3 次の対称群 S_3 の部分群 G に対し，$(1,2,3)\notin G$ なら，G の位数は 2 または 1 であることを示せ．

問題 15.3. 本文のタイプ(iii-ii)の設定で，$\mathbb{E}=\mathbb{Q}(\alpha,\beta,\gamma)$，$\mathbb{F}=\mathbb{Q}(\delta)$ とします．このとき，$G(\mathbb{E},\mathbb{F})$ を求めなさい．

問題 15.4. 3 次方程式 $x^3-3x+1=0$ で，$\delta\in\mathbb{Q}$ を確認して，この方程式がタイプ(iii-i)であることを示せ．

第16章

群の計算
：群の3Dオブジェクトを作る

これまで有限群を「見える！」ようにするために，さまざまな計算を行いました．でも，細かい有限群の計算を全部紙に書いて行うのは大変ですよね．実は，ドイツで開発されたGAP (Groups, Algorithms, Programming) という，有限群を計算するフリーウェアがあります．この章では，ここまで行ってきたいろいろな計算をGAPで実行し，最終的に有限群の3Dオブジェクトを作成します．本格的なGAPのインストール方法や一般的な使い方は，第17章で紹介しますが，気軽にGAPを体験してもらうために，GAPをパッケージとして利用しているフリーソフトウェアSageMathを使います．パソコンやスマートフォンからSageMathCellのサーバー (https://sagecell.sagemath.org/) にアクセスし，Languge: の欄でGapを選んでもらうだけで，ブラウザー上で簡単にGAPのプログラムを実行できます．この章で実行するGAPのプログラムにはQRコードが付いていますが，スマートフォンでQRコードを読み込むことで，SageMathCellに接続してGAPのプログラムが実行できます．

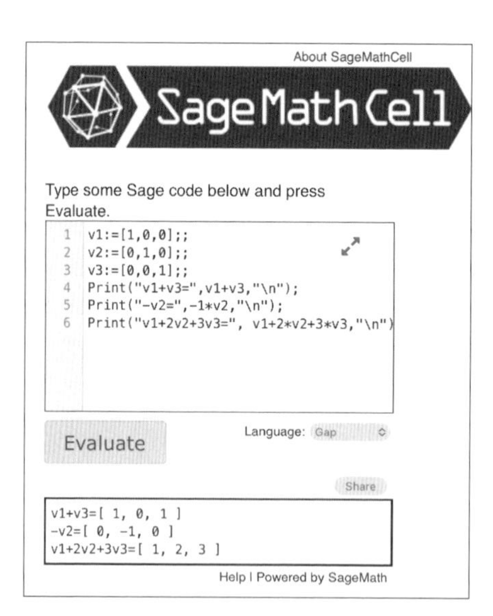

行列で4次対称群を作ろう

第12章で，3つの行列 a_1, a_2, b_1 を使って24個の元からなる4次対称群を定義しました．まずは，行ベクトルと行列を定義してみましょう．`GAP` では，鍵カッコ(`[`と`]`)で囲ったものを**リスト**と呼びます．行ベクトルは，数のリストで定義します．まず，3つの行ベクトルを定義して，その和やスカラー積を計算してみましょう．

行ベクトルの和とスカラー積

https://sagecell.sagemath.org/?q=kkeoih

```
v1:=[1,0,0];;
v2:=[0,1,0];;
v3:=[0,0,1];;
Print("v1 + v3 =",v1 + v3,"\n");
Print("-v2 =",-1*v2,"\n");
Print("v1 + 2v2 + 3v3 =", v1 + 2*v2 + 3*v3,"\n");
```

計算結果

```
v1 + v3 =[ 1, 0, 1 ]
-v2 =[ 0, -1, 0 ]
v1 + 2v2 + 3v3 =[ 1, 2, 3 ]
```

行ベクトル `v1`, `v2`, `v3` を定義するときは，代入命令 `:=` を使って右側の行ベクトルを左の変数に代入します．命令 `Print` を用いて，ダブルクォーテーション `"` で囲まれた文字列や計算式で計算された値を計算結果として表示します．ただし，文字列 `"\n"`[1]は，何も表示せずに改行を行います．行ベクトルの和やスカラー積の計算式は，演算記号 `+` や `*` を用いて構成しますが，長さの異なる行ベクトルの和や型の合わない行列の積などで `GAP` からエラーメッセージが来ることもあります．

次に行列の計算に移りましょう．行列は，同じ長さの行ベクトルのリスト

1）　Windowsでは \ の代わりに半角の¥を使います．

で定義します．さっそく，161 ページにある行列 a_1, a_2, b_1 を定義して，行列やその積を表示してみましょう．

行列とその積の表示

https://sagecell.sagemath.org/?q=rzjjnp

```
a1:=[[1,0,0],[0,0,-1],[0,-1,0]];;
a2:=[[1,0,0],[0,0, 1],[0, 1,0]];;
b1:=[[0,0,-1],[0,1,0],[-1,0,0]];;
Print("a1 = \n");
Display(a1);
Print("a1xb1xa1 = \n");
Display(a1*b1*a1);
```

計算結果

```
a1 =
[ [  1,  0,  0 ],
  [  0,  0, -1 ],
  [  0, -1,  0 ] ]
a1xb1xa1 =
[ [ 0, 1, 0 ],
  [ 1, 0, 0 ],
  [ 0, 0, 1 ] ]
```

1 行目では，行列 `a1` を，3 つの行ベクトル $(1, 0, 0), (0, 0, -1), (0, -1, 0)$ のリストで定義します．2, 3 行目で，同様に行列 `a2`, `b1` を定義します．命令 `Display` を使うと行列を見やすく表示してくれるので，行列が正しく定義されているかを確認するときに便利です．

次に，3 次元空間の動きを表す 3 つの行列 $a_1, a_2, a_1 * b_1 * a_1$ で生成される群を GAP で定義します．この 3 つの行列は，図 12.12 の点 P_0 を点 Q_0，点 S_0，点 Q_2 に移動させます．この群は，行列 a_1, a_2, b_1 で生成された群と等しいです．

行列で生成された群の定義

https://sagecell.sagemath.org/?q=duhzrr

```
Gens:=[a1,a2,a1*b1*a1];;
Gm:= Group(Gens);;
Print(Order(Gm));
```

3 つの行列 a1, a2, a1*b1*a1 を並べてリストにしたものを変数 Gens に代入し，群を定義するための生成元の集合とします．命令 Group を使うと生成元の集合 Gens で生成される群 Gm が定義できます．定義した群の位数を計算するときは，命令 Order を使います．第 12 章で示したことから，行列 a_1, a_2, b_1 で生成される群は 4 次対称群となるので，計算結果では 4 次対称群の位数 24 が表示されます．このプログラムで命令 Order を命令 Elements に置き換えると，群の位数を表示する代わりに，すべての群の元(つまり行列)を出力することも可能です(QR コード参照)．有限群を GAP 上に定義できると，群に関連したさまざまな計算が命令 1 つで実行可能になります．

3 次元空間への 4 次対称群の作用を作ろう

では，4 次対称群 Gm が 3 次元空間内の点にどのように作用しているのかを計算してみましょう．第 12 章では，点 $\mathrm{P}_0 = (2,1,0)$ に右から行列 a_1, a_2, b_1 を掛けることで，3 次元空間の点 P_0 の作用(移動先)を計算しています．群 Gm による点 P_0 への作用全体は，第 4 章で紹介した点 P_0 の軌道 $\mathrm{P}_0^{\mathtt{Gm}}$ です．

軌道の計算

https://sagecell.sagemath.org/?q=zkvibb

```
P0:=[2,1,0];;
ob:= Orbit(Gm,P0,OnRight);;
Print(ob);
```

計算結果

```
[ [ 2, 1, 0 ], [ 2, 0, -1 ], [ 2, 0, 1 ], [ 1, 2, 0 ], [ 2, -1, 0 ],
  [ 0, 2, -1 ], [ 0, 2, 1 ], [ 1, 0, -2 ], [ 1, 0, 2 ], [-1, 2, 0 ],
  [ 0, 1, -2 ], [ 0, -1, 2 ], [ 0, -1, -2 ], [ 0, 1, 2 ], [ 1, -2, 0 ],
  [-1, 0, -2 ], [-1, 0, 2 ], [ 0, -2, 1 ], [ 0, -2, -1 ], [-2, 1, 0 ],
  [-1, -2, 0 ], [-2, 0, 1 ], [-2, 0, -1 ], [-2, -1, 0 ] ]
```

命令 `Orbit` を使って計算した軌道 P_0^{Gm} は移動先の点を長さ 3 の行ベクトルで表した行ベクトルのリストです．このリストが変数 `ob` に代入されます．点 P_0 の作用が右からの積であることを明示するため，`Orbit` のオプションとして `OnRight` の指定を加えています．

行ベクトルのリスト `ob` に含まれる 24 の行ベクトルは 3 次元空間に配置された点の座標を表しています．GAP ではリスト `ob` の `i` 番目の要素は `ob[i]`で表します．つまり番号 1 に対応する点の座標は `ob[1]=[2,1,0]`，番号 2 に対応する点の座標が `ob[2]=[2,0,-1]`，番号 3 に対応する点の座標が `ob[3]=[2,0,1]`となります．これで番号 `i` と 3 次元空間の点を表す行ベクトル `ob[i]`の対応が作られました．

次に，行列 $a_1, a_2, a_1 * b_1 * a_1$ で，点 P_0 の軌道 P_0^{Gm} に含まれる点がどのように動くのかを計算します．これは第 3 章で説明した「空間の動き」の置換表現を計算することになります．

置換表現の計算

https://sagecell.sagemath.org/?q=cjwpro

```
Ghom:= ActionHomomorphism(Gm,ob,OnRight);;
gen:= List(Gens,x-> Image(Ghom,x));
Print(gen);
```

計算結果

```
[ ( 1, 2)( 3, 5)( 4, 8)( 6,11)( 7,13)( 9,15)(10,16)(12,18)(14,
```

```
19)(17,21)(20,23)(22,24),
 ( 1, 3)( 2, 5)( 4, 9)( 6,12)( 7,14)( 8,15)(10,17)(11,18)(13,
19)(16,21)(20,22)(23,24),
 ( 1, 4)( 2, 6)( 3, 7)( 5,10)( 8,11)( 9,14)(12,17)(13,16)(15,
20)(18,22)(19,23)(21,24) ]
```

置換表現を求めるため，命令 ActionHomomorphism を使います．この命令で行列群 Gm から軌道 P_0^{Gm} に含まれる点のリスト ob への作用で定義される置換群への準同型写像 Ghom を構成します．GAP は，第10章の準同形写像 φ をこの命令1つで構成しています．準同型写像 Ghom を使って Gm の生成元の集合 Gens に含まれる行列 x から Ghom で移した像 Image(Ghom,x) を計算します．この像 Image(Ghom,x) を行列 x の置換表現と呼びます．2行目の命令 List は，リストから別のリストを作り出します．今回は，Gm の生成元のリスト Gens から対応する置換表現 Image(Ghom,x) を並べたリスト gen を作っています．この計算から各生成元の置換表現は次の表のようになります．

a_1	(1,2)(3,5)(4,8)(6,11)(7,13)(9,15)(10,16)(12,18)(14,19)(17,21)(20,23)(22,24)
a_2	(1,3)(2,5)(4,9)(6,12)(7,14)(8,15)(10,17)(11,18)(13,19)(16,21)(20,22)(23,24)
$a_1 * b_1 * a_1$	(1,4)(2,6)(3,7)(5,10)(8,11)(9,14)(12,17)(13,16)(15,20)(18,22)(19,23)(21,24)

ここまでの計算をまとめて1つの関数として定義しましょう．GAP での関数の定義には，命令 function(入力変数) を使います．行列から置換表現を求める今回の関数名は GetPermutationGenerators で，計算に必要な入力変数は，Gm の生成元のリスト Gens と軌道のスタートとなる点 P0 です．次に命令 local で関数内部でだけ使う局所変数を明示します．あとは，これまでの計算をそのまま書き込んで，命令 return の後に出力したい変数を書き込みます．今回の場合は，点 P_0 の軌道 P_0^{Gm} を表す ob と生成元に対応する置換のリストの組を出力します．

関数 GetPermutationGenerators

https://sagecell.sagemath.org/?q=jopsqv

```
GetPermutationGenerators := function(Gens, P0)
  local G, ob, Ghom;
  G:= Group(Gens);;
  ob:= Orbit(G,P0,OnRight);;
  Ghom:= ActionHomomorphism(G,ob,OnRight);;
  return [ob, List(Gens,x-> Image(Ghom,x))];
end;
###########################################################
# Example by S4
###########################################################
a1:=[[1,0,0],[0,0,-1],[0,-1,0]];;
a2:=[[1,0,0],[0,0, 1],[0, 1,0]];;
b1:=[[0,0,-1],[0,1,0],[-1,0,0]];;
Gens:=[a1,a2,a1*b1*a1];;
P0:=[2,1,0];;
Print(GetPermutationGenerators(Gens,P0));
```

計算結果

```
[ [ [ 2, 1, 0 ], [ 2, 0, -1 ], [ 2, 0, 1 ], [ 1, 2, 0 ], [ 2, -1, 0 ],
[ 0, 2, -1 ], [ 0, 2, 1 ], [ 1, 0, -2 ], [ 1, 0, 2 ], [-1, 2, 0 ], [ 0,
1, -2 ], [ 0, -1, 2 ], [ 0, -1, -2 ], [ 0, 1, 2 ], [ 1, -2, 0 ], [-1,
0, -2 ], [-1, 0, 2 ], [ 0, -2, 1 ], [ 0, -2, -1 ], [-2, 1, 0 ], [-1, -
2, 0 ], [-2, 0, 1 ], [-2, 0, -1 ], [ -2, -1, 0 ] ],
 [ ( 1, 2)( 3, 5)( 4, 8)( 6,11)( 7,13)( 9,15)(10,16)(12,18)(14,
19)(17,21)(20,23)(22,24), ( 1, 3)( 2, 5)( 4, 9)( 6,12)( 7,14)
( 8,15)(10,17)(11,18)(13,19)(16,21)(20,22)(23,24), ( 1, 4)
( 2, 6)( 3, 7)( 5,10)( 8,11)( 9,14)(12,17)(13,16)(15,20)(18,
22)(19,23)(21,24) ] ]
```

部分群と剰余類を作って図形を移動させる

第5章では，部分群と剰余類を説明しました．この節では，前節で作った置換のリストから生成される置換群と行列 a_1 と a_2 に対応する置換で生成される部分置換群を作り，部分置換群による点 P_0 に対応する番号 1 の軌道から，点 P_0 の行列 a_1 と a_2 で生成される部分群での軌道に含まれる点の座標を求めます．

部分群の構成と軌道の計算

https://sagecell.sagemath.org/?q=bslhid

```
G:= Group(gen);;
gen0:= gen{[1,2]};;
G0:= Group(gen0);;
ob0:= Orbit(G0,1);
Print(ob0,"\n");
Print(ob{ob0});
```

計算結果

```
[ 1, 2, 3, 5 ]
[ [ 2, 1, 0 ], [ 2, 0, -1 ], [ 2, 0, 1 ], [ 2, -1, 0 ] ]
```

1行目で，生成元の集合 Gens に対応する置換の集合 gen で生成される置換群 G を定義します．2行目で G の生成元の集合 gen から1番目と2番目の置換(つまり，行列 a_1, a_2 に対応する置換)で作る部分リスト gen0 を作ります．GAP では，リスト gen から1番目と2番目の要素を取り出したリストを gen{[1,2]} と表します．3行目で，その部分リストで生成される群 G0 を定義します．これは，置換群 G の部分置換群になります．4,5行目で点 P_0 に対応する番号 1 への部分群 G0 の軌道 ob0 を計算して，結果を表示しています．6行目で，リスト ob0 に含まれる点の番号から，対応する点の座標を表示しています．この計算から番号 1 の軌道 1^{G0} は ob0 =[1,2,3,5] となり，リスト ob

に含まれる 24 の座標から 1 と 2 と 3 と 5 番目の座標を取り出した ob{ob1} で a_1, a_2 で生成される部分群による点 $\mathrm{P}_0 = (2, 1, 0)$ の軌道が計算できました．この 4 つの座標は，まさに第 12 章の 162 ページに現れる $\mathrm{P}_0, \mathrm{Q}_0, \mathrm{S}_0$ そして R_0 の座標です．つまり ob0 は，正方形の「紙切れ」H_0 を表しています．部分群の位数が n のとき，「紙切れ」は n 個の頂点を持つ図形となります．

続いて右剰余類の計算をします．第 5 章では，点 P_1 から部分群 G_{L_1} の軌道として線分 L_1 を作り，G_{L_1} の右剰余類の代表系を軌道である線分 L_1 の集合に作用させることで，線分 $\mathrm{L}_2, \mathrm{L}_3, \mathrm{L}_4$ を構成しました．そこで，部分置換群による右剰余類を計算し，その代表系を「紙切れ」に対応する番号の集合に作用させ，対応する「紙切れ」の軌道を計算し，その座標を表示します．

剰余類による図形の移動

https://sagecell.sagemath.org/?q=fyggbt

```
RC:= RightCosets(G,G0);;
Reps:= List(RC,Representative);;
obs:= List(Reps,r-> OnSets(Set(ob0),r));;
Print(List(obs,o-> ob{o}));
```

計算結果

```
[[[2,1,0],[2,0,-1],[2,0,1],[2,-1,0]],
 [[-2,1,0],[-2,0,1],[-2,0,-1],[-2,-1,0]],
 [[1,2,0],[0,2,-1],[0,2,1],[-1,2,0]],
 [[1,-2,0],[0,-2,1],[0,-2,-1],[-1,-2,0]],
 [[1,0,-2],[0,1,-2],[0,-1,-2],[-1,0,-2]],
 [[1,0,2],[0,-1,2],[0,1,2],[-1,0,2]]]
```

1 行目では，命令 RightCosets で置換群 G の部分置換群 G0 による右剰余類のリスト RC を計算します．2 行目で命令 List を使って RC の各要素である右剰余類の代表元(Representative)のリストを作り，変数 Reps に代入します．さらに 3 行目で，再度命令 List を使って代表元のリスト Reps から代表元 r を順番に取り出し，リストとして得られた番号 1 の軌道 ob0 を Set(ob0)で集合に変換した上で，命令 OnSets で代表元 r を集合 Set(ob0) に作用させたリストを作り obs とします．これで，正方形の「紙切れ」H_0 に対応する軌道 ob0 を代表元 r で移動させたリスト obs が出来上がります．命令 Print で，ob の座標情報を使い，対応する点の座標を表示させます．この計算で，6 枚の正方形の「紙切れ」が表示されました．これは順番に第 12 章の記号での $H_0, H_5, H_2, H_4, H_1, H_3$ に対応します．

有限群を表現するオブジェクト

第 4 章では，有限群の元を「空間の動き」と捉えて，空間内の紙切れを「空間の動き」で移動させることで，対称性の高い図形が出来上がることを示しました．ここでは，GAP を使って，有限群の元を 3×3 行列として表現し，3 次元空間上の点を動かすことで有限群を表現するオブジェクトを構成します．162 ページから 164 ページまでの計算から

$$\mathrm{P}_0^{a_1} = \mathrm{Q}_0, \qquad \mathrm{P}_0^{a_2} = \mathrm{P}_0^{a_1 * a_2 * a_1} = \mathrm{S}_0, \qquad \mathrm{P}_0^{a_1 * b_1 * a_1} = \mathrm{Q}_2$$

で，それぞれの座標の値から点 P_0 の軌道 ob について，$\mathrm{P}_0 =$ ob[1]，$\mathrm{Q}_0 =$ ob[2]，$\mathrm{S}_0 =$ ob[3]，$\mathrm{Q}_2 =$ ob[4] がわかります．点 ob[i]と ob[j]を端点とする線分を[i, j]と表すと，「空間の動き」a_1 に対応する線分は[1, 2]，「空間の動き」a_2 に対応する線分は[1, 3]，「空間の動き」$a_1 * b_1 * a_1$ に対応する線分は[1, 4]となり，各線分を異なる色で区別します．各線分(「紙切れ」)をそれぞれ 3 つの部分群 $\langle a_1 \rangle, \langle a_2 \rangle, \langle a_1 * b_1 * a_1 \rangle$ の右剰余類の代表元で移動させることで，「空間の動き」による線分の軌道が求まります．これで 165 ページの図 12.12 の点の座標と線分が求まりオブジェクトを作ることができます．この計算を行う関数を GetOrbitLink と名付けます．

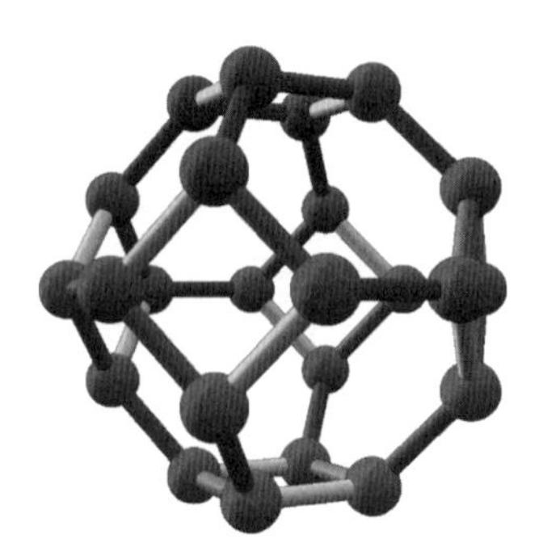

図 16.1　4 次対称群のオブジェクト

生成元が作る「紙切れ」

https://sagecell.sagemath.org/?q=ngwczw

```
GetOrbitLink := function( gen )
  local G, ob_link, x, XO, RC, Reps, ob, r, obx;
  G:= Group(gen);
  ob_link:=[];
  for x in gen do
   XO:= Group([x]);
   RC:= RightCosets(G,XO);
   Reps:= List(RC,Representative);
   obx:= List(Reps,r-> OnSets(Set(Orbit(XO,1)),r) );
   Add(ob_link,obx);
  od;
  return ob_link;
end;;
Print(GetOrbitLink(gen));
```

本章第 2 節でも示しましたが，関数の定義には命令 function(入力変数)を使います．入力変数 gen は，今回の計算に必要な生成元のリストです．2

行目で命令 local で関数内部でだけ使う局所変数を明示します．以降が，関数の本体になります．

3行目：gen で生成される群を G と定義します．
4行目：変数 ob_link に空集合[]を代入します．
5行目：gen に含まれる生成元 x を順に取り出して，6行目から10行目の作業を繰り返します．
6行目：1つの生成元 x で生成される G の部分群を X0 とします．
7行目：X0 の右剰余類 RC を計算します．
8行目：RC の代表元を取り出し，リスト Reps に代入します．
9行目：「紙切れ」となる番号 1 の X0 での軌道 Orbit(X0,1)を計算し，Reps に含まれる代表元 r で移動させた「紙切れ」のリスト obx（「紙切れ」の軌道）を作ります．
10行目：生成元 x の「紙切れ」の軌道を表す obx をリスト ob_link に追加します．
12行目：変数 ob_link を出力します．
14行目：関数 GetOrbitLink で計算した結果を Print で表示します．

計算結果

```
[ [ [ 1, 2 ], [ 3, 5 ], [ 20, 22 ], [ 23, 24 ], [ 4, 6 ], [ 7, 10 ],
  [ 19, 21 ], [ 15, 18 ], [ 8, 11 ], [ 13, 16 ], [ 9, 12 ],
  [ 14, 17 ] ],
 [ [ 1, 3 ], [ 2, 5 ], [ 20, 23 ], [ 22, 24 ], [ 6, 10 ], [ 4, 7 ],
  [ 15, 19 ], [ 18, 21 ], [ 8, 13 ], [ 11, 16 ], [ 9, 14 ],
  [ 12, 17 ] ],
 [ [ 1, 4 ], [ 5, 15 ], [ 10, 20 ], [ 21, 24 ], [ 6, 11 ], [ 7, 14 ],
  [ 13, 19 ], [ 12, 18 ], [ 2, 8 ], [ 16, 23 ], [ 3, 9 ],
  [ 17, 22 ] ] ]
```

今回の計算で，生成元 a_1 での「紙切れ」となる線分[1, 2]の軌道，生成元 a_2 での「紙切れ」となる線分[1, 3]の軌道，そして生成元 $a_1 * b_1 * a_1$ での「紙切れ」となる線分[1, 4]の軌道が得られています．今回の生成元はすべて位数が2であったので，「紙切れ」の形は頂点が2つの線分となりましたが，生成元の位数 n が2より大きい場合，「紙切れ」は n 角形になります．

Three.jsで使う3Dオブジェクトの構成

いよいよ3Dオブジェクトの構成に移ります．GAPでの出力は，テキストに限られるため，3Dオブジェクトは，JavaScriptのライブラリであるThree.jsを使います．Three.js全般に関する説明は別の本に任せて，ここでは必要な入力データのみ説明します．Three.jsでは3次元座標を文字列"THREE.Vector3(x,y,z)"で表します．今回の計算結果では，GAPで計算した24個の座標をリストにした変数verticesを定義する記述が出力されています．もう1つは，3つの数字の組をリストにした変数linesを定義する記述が出力されています．3つの数字の組[n,m,c]は，「変数verticesのm+1番目とn+1の座標を結んだ直線をJavaScriptの中で定義したc+1番目の色で表示する」という意味になります．今回の計算結果で出力される2つの情報(verticesとlines)があれば，Three.jsを使った3Dオブジェクトを記述するHTMLファイルが作成できます．

関数 PrintOrbitAndLink

https://sagecell.sagemath.org/?q=pfqplo

```
PrintOrbitAndLink:=function(ob,obs)
  local Obs,x,len,i,j,o;
  Obs:=[];;
  for i in [1..Length(obs)] do
    for x in obs[i] do
      len:=Length(x);
      if len > 2 then
```

```
        for j in [1..len] do
          Add(Obs,[x[j]-1,x[(j mod len)+1]-1,i-1]);
        od;
      else
        Add(Obs,[x[1]-1,x[2]-1,i-1]);
      fi;
    od;
  od;
  Print("const vertices = [\n");
  for o in ob do
    Print(" new THREE.Vector3(",o[1],",",o[2],",",o[3],")");
    if o = ob[Length(ob)] then
      Print("];\n");
    else
      Print(",\n");
    fi;
  od;
 Print("const lines = \n");
  Print(Obs,";\n");
end;

obs:= GetOrbitLink(gen);;
PrintOrbitAndLink(ob,obs);
```

関数 `PrintOrbitAndLink` での計算に必要な入力変数は，第 4 節で登場した関数 `GetPermutationGenerators` で得られる `ob` と関数 `GetOrbitLink` で得た `obs` です．次に命令 `local` で関数内部でだけ使う局所変数を明示します．「紙切れ」の形は，生成元の位数が 2 のときは線分で，2 より大きいときは多角形になります．前半の `for` では，多角形の「紙切れ」を辺に分解して表示する計算をしています．例えば，4 つの頂点 A, B, C, D で構成される四角形から線分 AB, BC, CD, AD のリスト `Obs` を作っています．後半の `for` では，`ob` にある座標情報を，Three.js が理解できる文字列 `"new THREE.Vector3"` を付けた表現で変数 `vertices` の定義を出力しています．最後に，変数 `Obs` を使って変数 `lines` の定義を出力しています．

ここまでに定義した関数を使うことで，生成元の行列と最初の点 `P0` を定義するだけで，Three.js が理解できる JavaScript コードを出力する関数 `MakeHtmlData` が完成します．

Three.js コードの作成

https://sagecell.sagemath.org/?q=xechex

```
MakeHtmlData:= function(Gens,P0)
  local GPG, gen, ob, obs, x;
  GPG:= GetPermutationGenerators(Gens,P0);
  ob:= GPG[1];
  gen:= GPG[2];
  obs:= GetOrbitLink(gen);
  PrintOrbitAndLink(ob,obs);
end;
###########################################################
# Example by S4
###########################################################
a1:=[[1,0,0],[0,0,-1],[0,-1,0]];;
a2:=[[1,0,0],[0,0, 1],[0, 1,0]];;
b1:=[[0,0,-1],[0,1,0],[-1,0,0]];;
Gens:=[a1,a2,a1*b1*a1];;
P0:=[2,1,0];;
MakeHtmlData(Gens,P0);
```

計算結果

```
const vertices = [
```

```
  new THREE.Vector3(2,1,0),
  new THREE.Vector3(2,0,-1),
  new THREE.Vector3(2,0,1),
  new THREE.Vector3(1,2,0),
  new THREE.Vector3(2,-1,0),
  new THREE.Vector3(0,2,-1),
  new THREE.Vector3(0,2,1),
  new THREE.Vector3(1,0,-2),
  new THREE.Vector3(1,0,2),
  new THREE.Vector3(-1,2,0),
  new THREE.Vector3(0,1,-2),
  new THREE.Vector3(0,-1,2),
  new THREE.Vector3(0,-1,-2),
  new THREE.Vector3(0,1,2),
  new THREE.Vector3(1,-2,0),
  new THREE.Vector3(-1,0,-2),
  new THREE.Vector3(-1,0,2),
  new THREE.Vector3(0,-2,1),
  new THREE.Vector3(0,-2,-1),
  new THREE.Vector3(-2,1,0),
  new THREE.Vector3(-1,-2,0),
  new THREE.Vector3(-2,0,1),
  new THREE.Vector3(-2,0,-1),
  new THREE.Vector3(-2,-1,0)];
const lines =
[ [ 0, 1, 0 ], [ 2, 4, 0 ], [ 19, 21, 0 ], [ 22, 23, 0 ], [ 3, 5, 0 ],
[ 6, 9, 0 ], [ 18, 20, 0 ], [ 14, 17, 0 ], [ 7, 10, 0 ], [ 12, 15, 0 ],
[ 8, 11, 0 ], [ 13, 16, 0 ], [ 0, 2, 1 ], [ 1, 4, 1 ], [ 19, 22, 1 ],
[ 21, 23, 1 ], [ 5, 9, 1 ], [ 3, 6, 1 ], [ 14, 18, 1 ], [ 17, 20, 1 ],
[ 7, 12, 1 ], [ 10, 15, 1 ], [ 8, 13, 1 ], [ 11, 16, 1 ], [ 0, 3, 2 ],
```

```
[4,14,2],[9,19,2],[20,23,2],[5,10,2],[6,13,2],
[12,18,2],[11,17,2],[1,7,2],[15,22,2],[2,8,2],
[16,21,2]];
```

HTMLファイルの作成

それでは，有限群3Dオブジェクトを表示するためのHTMLファイルを作ります．ここは，パソコンで行う必要があります．計算結果に表示された`vertices`と`lines`の情報をコピーして，https://www.waki-lab.net/MakeHTMLの入力枠に貼り付けて「Make」ボタンを押すと，その下の枠に3Dオブジェクトを表示するHTMLファイルの内容が出力されます．この出力内容をコピーし，テキストエディターを起動して，出力内容を貼り付け，拡張子をhtmlとしたHTMLファイルとして保存します．このHTMLファイルをブラウザーで開くと3Dオブジェクトが表示されます(https://www.waki-lab.net/3DObj)．

第 17 章

GAP入門 :導入と基本操作

この章では，代数構造計算システム GAP (version 4.13)を使った有限群の計算方法を解説していきます．GAP では，いろいろな代数構造の計算が可能ですが，ここでは，特に有限群と関係が深い内容を選びました．

GAPの概要

GAP は，ドイツで産まれた有限代数構造の計算を行うフリーソフトウェアです．UNIX (Linux)，Windows，MacOS という 3 つの OS 上で動かすことができますが，主に UNIX 上でもっとも良く動いているソフトウェアです．今回は，Windows 版の GAP を念頭に置いて話を進めていきますが，ほとんどの計算はどの OS においても実行可能であるはずです．現在の最新版は version 4.13 で，最新版の GAP は，http://www.gap-system.org/ より入手できます．このサイトを参照すれば GAP についての必要にして十分な情報が得られます．

● GAP のインストール

まずは，http://www.gap-system.org/Releases/ から，最新のバージョンを選び，使いたい OS のファイルをダウンロードすることになります．Windows であれば，ファイル gap-4.13.xxxx.exe をダウンロードします(xxxx の部分は変化します)．ファイルサイズが 650 MB 以上あるので，ダウンロードには，時間がかかるかも知れません．ダウンロードしたファイルを起動するとインストールが始まります．表示されるメッセージに答えていくことで，GAP がインストールされます．通常は，C:\Program Files の中にインストールされます．

● GAP の基本操作

GAP がきちんとインストールされた状態では，インストールされたフォルダに含まれるファイル"gap.bat"のアイコンをダブルクリックすることで GAP が起動します．また，GAP を終了させるためには，quit;と打ち込みます．GAP に入力する命令は１つの命令語とセミコロン;を続けて打ち込む必要があります．このセミコロンを入力しない場合，GAP は，たとえ改行キーを押したとしてもまだ命令は完結していないと解釈して，行の頭に>を表示して命令の続きを待ちます．また命令の後にセミコロンを２回続けて打ち込んだ場合，実行された命令は計算結果を端末画面に表示しません．次の例では，長さ３のベクトル x と３次の正方行列 M を定義して，x と M の積を，y にしています．１つ目の命令では，変数 x に，長さ３のベクトルを代入して，最後にセミコロン;を打っています．その次の行には，計算結果として代入された内容が表示されています．行列 M の定義では，途中で入力を見易くするために改行キーを押していますので，次の行の頭に>が表示されています．x と M の積を計算して，その結果を y としていますが，命令の後にセミコロンを２回続けて ;; と打っていますので，その次の行に計算結果は表示されていません．計算結果が見たいときは，最後の命令のように y;と打ち込むことで変数 y の内容が表示されます．

```
gap> x:=[1,0,1];
[ 1, 0, 1 ]
gap> M:=[ [1,1,1],
>       [0,1,1],
>       [0,0,1]];
[ [ 1, 1, 1 ], [ 0, 1, 1 ], [ 0, 0, 1 ] ]
```

```
gap> y:= x*M;;
gap> y;
[ 1, 1, 2 ]
```

● GAP の基本要素

GAP で計算をする上で，もっとも基本となる要素が，いくつかあります．ここでは，基本要素として，有理数，べき乗根，真偽値，文字を紹介します．

◎有理数

これは，説明するまでもありませんが，0, 1, 2, …, 100, …, 100000 など，負の整数も含め数は自由に使えます．有理数は 2/3 のように表現できますが，小数表現は使えません．これは，GAP が数値計算言語ではなく，記号処理言語であることを意味しています．このため，GAP では，計算誤差などを気にする必要がありません．これらの数については，足し算(+)，引き算(-)，掛け算(*)，割り算(/)，剰余(mod)などの演算が可能です．

◎べき乗根

拡大体を構成するために，1 の原始 n 乗根 E(n)や，有理数のべき根 ER(n)を使うことができます．

```
gap> E(5)^5;
1
gap> (-1-ER(-3))/2;
E(3)^2
```

◎真偽値

ある命題が与えられたときにその命題が「真」であるとき true，「偽」であるとき false が決まります．この 2 つの値が真偽値で，真偽値に対しては，論理和 or，論理積 and，否定 not などの論理演算を利用することが可能です．

また，真偽値ではないのですが，関数などが実行できなかった場合に，`fail`(失敗)という値を出すことがあります．`fail`に対しては，論理演算は使えません．

◎文字

シングル・クォーテーション ' で挟まれた1文字を，**文字**と呼びます．特殊な文字として，改行を表す`\n`や，タブを表す`\t`があり，バックスラッシュ`\`を文字として出力したい場合は，`\\`と打ち込みます．

また，ダブル・クォーテーション '' で囲われたものを**文字列**と呼びます．文字列は，文字のリスト(次ページを参照)なので，基本要素と呼ぶよりは，データ構造と呼ぶべきものになります．文字に関する関数としては，`INT_CHAR`や，`CHAR_INT`のように，文字と文字コード数(例えば，`CHAR_INT(65)= 'A'`，`CHAR_INT(66)= 'B'`，`CHAR_INT(97)= 'a'`など)を対応させるものがあります．

● GAPの基本データ構造(リスト)

`GAP`には，いくつかの基本データ構造がありますが，ここではプログラムを作る上で特に重要なリスト(List)と呼ばれるデータ構造を紹介します．

◎リストの定義

リストとは，`GAP`のデータをカンマ`,`で区切りながら連ねて`[`と`]`で囲ったものです．例えば，1から5までの数字のリストは，`[1,2,3,4,5]`と表せます．`GAP`の命令として，`P:=[2,3,5,7,11,13,17,19];`と入力すれば，長さが8の20以下の素数のリスト`P`を定義したことになります．また，1から100までの数のリストなら，`[1..100]`と表すこともできます．10以下の正の偶数のリストなら，`[2,4..10]`と表すことができます．また，数0が100個並んだリストを定義したいときは，`ListWithIdenticalEntries(100,0)`を使います．

◎リストからのデータ抽出とリストの変更

先ほど定義した，リスト`P`から3番目の素数を取り出したい場合は，

P[3];と入力することで得られます．また，リストPから複数の素数を取り出すには，取り出したい場所をリストにして指定します．例えば，リストPの4番目と5番目と7番目の要素を取り出したい場合，リスト[4,5,7]を使って，P{[4,5,7]};と入力すると，リスト[7,11,17]が得られます．定義したリストの一部を変更したいときは，その部分を指定して，代入命令:=を使って，リストを変更します．下の例では，リストPを定義した後に，3番目の要素を9に変更したり，4,5,7番目の要素をすべて0に変更したりしています．

```
gap> P:=[2,3,5,7,11,13,17,19];
[ 2, 3, 5, 7, 11, 13, 17, 19 ]
gap> P[3]:= 9;;
gap> P;
[ 2, 3, 9, 7, 11, 13, 17, 19 ]
gap> P{[4,5,7]}:=[0,0,0];;
gap> P;
[ 2, 3, 9, 0, 0, 13, 0, 19 ]
```

◎文字列の定義

前ページでも紹介しましたが，文字を要素とするリストを文字列と呼びます．ですからS:=['A',' ','b','o','o','k'];と入力すれば，Sには，文字列"A book"が入ることになります．逆に，リストとして次のように文字列の内容を変更することも可能です．

```
gap> S:="A book ";
"A book "
gap> S{[1,7]}:=['2','s'];;
gap> S;
"2 books"
```

◎集合の定義

リストの特殊なものとして，各要素の間に決まった順序が存在し，その順序で小さい順に並んだ，重複を含まないリストを**集合**(Set)と呼びます．リストが集合であるかどうかは，関数 `IsSet` で判断できます．また，関数 `Set` を使って，リストから集合を作ることも可能です．次の例を参考にしてください．

```
gap> IsSet([1,2,3]);
true
gap> IsSet([1,1,3]);
false
gap> IsSet([2,1,3]);
false
gap> Set([1,1,3]);
[ 1, 3 ]
gap> Set([2,1,3]);
[ 1, 2, 3 ]
```

◎リストのリスト

226ページで紹介した行列 `M` のように，リストの各要素がリストになっているものがあります．このとき，リストの中のリストの成分を取り出したいときは，次の例のように `[` と `]` を2回使うことになります．`{ }` をうまく使うことで，行列の一部を取り出した小さい行列を作ることもできます．

```
gap> LL:=[[1,2,3],[4,5,6],[7,8,9]];;
gap> Display(LL);
[ [ 1, 2, 3 ],
  [ 4, 5, 6 ],
  [ 7, 8, 9 ] ]
gap> LL[2][3];
```

```
6
gap> LL[3]{[1,2]};
[ 7, 8 ]
gap> LL{[2,3]}[2];
[ 5, 8 ]
gap> Display(LL{[1,3]}{[1,3]});
[ [ 1, 3 ],
  [ 7, 9 ] ]
```

◎リストに対する基本的な関数

ここでは，リストを扱う上で必要となる関数 in，Add，Concatenation，Length，Position，List，Filtered を紹介します．

in　命令 a in L;を使って，リスト L の中に要素 a が含まれているか調べられます．計算結果では，含まれていれば true，含まれていなければ false が出力されます．

Add　リスト L と要素 a があるとき，Add(L,a);と命令するとリスト L の最後に要素 a が追加されます．関数 Add では，入力に使ったリスト L が変化するだけで結果を出力しません．

Concatenation　命令 A:= Concatenation(L,R);で，2つのリスト L, R を結合させたリスト A が作られます．関数 Add の場合と違いリスト L と R の内容は変化しません．次の例で，R は，文字列(文字のリスト)でしたが，リスト A には，文字以外に数字も要素として含まれているため，もはや文字列ではなくなっています．ただし，A の 5,6,7 番目だけを取り出したリストは文字列になります．

```
gap> L:=[1,2,3];; R:="ABC";;
gap> 4 in L;
false
```

```
gap> Add(L,4);
gap> L;
[ 1, 2, 3, 4 ]
gap> 4 in L;
true
gap> A:= Concatenation(L,R);
[ 1, 2, 3, 4, 'A', 'B', 'C' ]
gap> A{[5,6,7]};
"ABC"
```

`Length`　この関数はリストの長さを返します．上の例では，リスト`A`の長さは，7となります．

`Position`　リストの中である要素がリストの何番目にあるかを調べるときは，この関数を使います．リストの中にその要素が複数存在する場合は，場所を表す番号で最も小さい値が出力されます．また，もしその要素がリストの中に存在しない場合は，`fail`が出力されます．

```
gap> L:=[2,3,5,7,11,13,17,19];;
gap> Position(L,7);
4
gap> Position(L,23);
fail
```

`List`　リストを扱うときもっとも頻繁に利用する関数が`List`です．関数`List`は，リストからリストを作る関数です．入力されたリストの要素1つ1つに対して指定された計算を行い，その結果をリストにしたものを出力します．使い方は，

　　`List(`［リスト］`,i->`［iを使った計算］`)`

と書いて，リストの各要素は変数`i`に代入されて，計算結果がリストになり

出力されます．例えば，1から5までの数字のリストから，2から10までの偶数のリストを作るときは，List([1..5],i-> 2*i)とします．また，次の例のように数65から90が関数 CHAR_INT で文字 'A' から 'Z' になり，文字列"ABCDEFGHIJKLMNOPQRSTUVWXYZ"が得られます．

```
gap> As:=List([1..26],i->CHAR_INT(i+64));;
gap> As;
"ABCDEFGHIJKLMNOPQRSTUVWXYZ"
```

Filtered　この関数もリストからリストを作る関数ですが，これはリストの各要素から条件に合うものだけを抽出する関数です．次の例では，1から50の数のリストから1引いた値が4で割り切れる素数の要素だけを選び出しています．関数 IsPrime(n)は，n が素数のとき真(true)，素数でないとき偽(false)を出す関数です．

```
gap> Filtered([1..50],i->(i-1) mod 4 = 0 and IsPrime(i));
[ 5, 13, 17, 29, 37, 41 ]
```

●繰り返し・分岐命令

◎ for 文の利用

for 文は，基本的な繰り返しの命令でです．リスト L の要素を1回ずつ変数 i に代入しながら繰り返す命令は，

for i in L do 繰り返したい実行命令 od;

となります．例は if 文と一緒に示します．

◎ while 文の利用

これも，繰り返しの命令です．for 文では，ちょうどリストの長さ分だけ繰り返しが行われましたが，while 文では，与えられた条件を満たす間は何回でも繰り返します．

　　while 続ける条件 do 繰り返したい実行命令 od;

そのため，繰り返しを続けさせる条件をきちんと確認しておかないと**永遠に止まらない**プログラムを作る危険がありますので，注意しましょう．また，プログラムを書くときは，下の例のように段差を付けて書くことで，プログラムをより見やすくできます．

```
gap> i:= 0;; s:= 0;;
gap> while s <= 200 do
>     i:= i + 1;
>     s:= s + i^2;
>   od;
gap> s;
204
gap> i;
8
```

上のプログラムでは，i と s を 0 にして，s の値が，200 **以下**の間は，i の値を 1 つずつ増やしながら，s に i^2 を加え続けます．よって，$1^2+2^2+\cdots+8^2=204$ は，2 乗数の和が初めて 200 を超えたときの数となります．

◎繰り返しを止める命令

繰り返しを強制的に止める命令として break; という命令が用意されています．この命令を使うことで，for 文でも while 文でも繰り返しをを停止して，繰り返しの後の命令(つまり，od;の後の命令)へ移ります．特に，while 文での繰り返し実行するのための条件が複雑な場合に使われます．

◎ if 文での分岐

if 文は，条件分岐に使われます．使い方は，

　　if 評価 then 評価が真のときの実行命令
　　　else 評価が偽のときの実行命令 fi;

です．次の例では，変数 i が1から5まで，変化します．その中で，リスト ListOfWords の中の4つの文字列の i 番目の文字を次々に変数 CanYouSee に加えていきます．ただし，文字列の長さが i より短い場合は，代わりに空白文字 ' ' を CanYouSee に加えていきます．こうして，長さ20の暗号文字列 CanYouSee ができます．この文字を解読するには，文字を4つごとに集めてまとめれば良いので，関数 List を使って，4つごとの文字を集めると暗号が解読されています．

```
gap> ListOfWords:=["Have","a","great","time"];
[ "Have", "a", "great", "time" ]
gap> CanYouSee:=[];;
gap> for i in [1..5] do
   for word in ListOfWords do
    if i <= Length(word) then
     Add(CanYouSee,word[i]);
    else
     Add(CanYouSee,' ');
    fi;
   od;
  od;
gap> CanYouSee;
"Hagta riv eme ae  t "
gap> List([1..4],i-> CanYouSee{[i,i+4..i+16]});
[ "Have ", "a    ", "great", "time " ]
```

●計算結果の出力方法

226ページの最後でも紹介したように，変数 x の中身を見たいときは，x; と打ち込めば良いのですが，出力結果を見やすくするために，いくつかの出力命令が用意されています．

`Print`　この命令は，まさに内容を表示する命令ですが，変数や文字列や特殊記号をカンマ `,` で区切って並べることで，これらを組み合わせてより分かりやすく表示することもできます．例えば，次の例では，先ほど定義した変数 `x` と `y` を表示していますが，文字列 `" x ="` や改行記号 `\n` などを組み合わせてきれいに表示しています．

```
gap> x:=[1,0,1];; y:=[1,1,2];;
gap> Print(" x =",x,"\n y =",y,"\n");
 x =[ 1, 0, 1 ]
 y =[ 1, 1, 2 ]
```

`Display`　この命令では，`GAP` のデータの中に埋め込まれたデータ独自の表示方法にしたがって，データを表示します．それぞれのデータ構造に合わせて見やすい形で表示しようとしますが，いつでもきれいに表示できるとは限りません．次の例では，正方行列 `M` を，`Display` で表示しています．

```
gap> M:=[[1,1,1],[0,1,1],[0,0,1]];;
gap> Display(M);
[ [ 1, 1, 1 ],
  [ 0, 1, 1 ],
  [ 0, 0, 1 ] ]
```

`PrintTo`　`Print` 命令とほぼ同じですが，画面ではなく指定されたファイルに表示内容を出力します．このとき，このファイル名のファイルが存在した場合にそのファイルに**上書き**されてしまうので，注意が必要です．次の例では，先ほど表示した内容をファイル `"sample.txt"` に出力します．

```
gap> PrintTo("sample.txt"," x =",x,"\n y =",y,"\n");
```

AppendTo　PrintToと同じ働きをしますが，指定したファイルが存在するとき**上書きをしないで**ファイルの最後に表示内容を**追加します**．よって，計算結果をファイルに出力するには，最初に1回PrintTo命令を実行し，後はAppendTo命令で追加の出力を行うことになります．

●関数の定義と出力

◎関数functionによる関数の定義

　　関数名 := function(入力) 関数の内容 end;

で，関数を定義できます．プログラムを作るとは，まさに関数を定義することです．では，2つの入力x, yを与えて，x^2-y^2を計算する関数fを作ってみます．関数の計算結果はreturnを使って出力します．次の例では，リスト[1..10]を使って，$2^2-1^2, 3^2-2^2, \cdots, 11^2-10^2$を順に計算してリストにしています．

```
gap> f:= function(x,y)
> return x^2-y^2;
> end;
function( x, y ) ... end
gap> List([1..10],i-> f(i+1,i));
[ 3, 5, 7, 9, 11, 13, 15, 17, 19, 21 ]
```

今までに自分で定義した変数や関数の名前は，命令NamesUserGVars();で表示することができます．また，命令Printを使って，定義した関数を表示することも可能です．

```
gap> NamesUserGVars();
[ "f" ]
gap> Print(f,"\n");
function ( x, y )
    return x ^ 2 - y ^ 2;
```

```
end
```

◎**局所変数**

関数の定義の途中で，**その関数の中だけで**必要となる変数を局所変数と呼びます．GAP では，局所変数を関数定義の最初のところで local を使って定義する必要があります．次の例では，局所変数 W と i を使って 1 から N までの数の和を計算する関数 Wa を定義しています．

```
gap >  Wa:= function(N)
>    local W, i;
>    W:= 0;
>    for i in [1..N] do
>     W:= W + i;
>    od;
>    return W;
>   end;
function( N ) ... end
gap > Wa(10);
55
gap > Wa(30000);
450015000
```

変数に関連してもう 1 つお話します．関数の入力値は，その種類により関数内の計算に影響を**受ける場合**と**受けない場合**があるようです．

```
gap > f:= function(I)
>   I:= I + 1;
> end;
```

```
function( I ) ... end
gap> g:= function(L)
>  L[1]:= L[1]+ 1;
> end;
function( L ) ... end
gap> I:= 1;; L:=[1];;
gap> f(I); g(L);
gap> I; L;
1
[ 2 ]
```

上の例では，数値 `I` の値は関数 `f` を適用した後も変化していませんが，リスト `L` の値は，関数 `g` を適用した後で増えています．このあたりの違いはC言語などでプログラムを書いたことのある人は，なんとなく理解できるのではないかと思います．

●変数複製関数

局所変数での後半の話と関連して，値を複製する関数 `ShallowCopy` を紹介します．次の例では，リストを別の名前で定義するとき起こる注意すべき現象を示しています．`T:= L;` と単純に `T` を `L` と定義すると，`L` の要素が変化したとき，名前が違うだけで実質同一の `T` の要素も変わります．

```
gap> L:=[1,2];;
gap> T:= L;
[ 1, 2 ]
gap> L[2]:= 1;
1
gap> T;
[ 1, 1 ]
```

関数 ShallowCopy（または，StructuralCopy）を使うことで，T は，L と同じ内容を持つ別のリストになります．よって，L の内容が変化しても T は，変化しません．

```
gap> L:=[1,2];;
gap> T:= ShallowCopy(L);
[ 1, 2 ]
gap> L[2]:= 1;;
gap> T;
[ 1, 2 ]
```

●**データやプログラムの一括入力**

入力したいデータやプログラムを，毎回キーボードから入力するのは，面倒ですし，打ち間違いも心配です．そこで，入力したいデータをテキストファイルにしておいて，命令 Read で一括して入力してしまうと便利です．これにより，同じような入力を毎回する必要もなくなり，プログラムの誤り訂正も楽になります．例えば，テキストファイル prg.txt に，

```
i:= 2*;
j:= 3;
k:= 7;
Print("i*j*k =",i*j*k,"\n");
```

という内容を書き込んで，命令 Read を使ってこの内容を読み込みます．すると，

```
gap> Read("prg.txt");
Syntax error: expression expected in prg.txt line 1
```

```
i:= 2*;
   ^
Variable: 'i' must have a value
```

と出力されます．これは，ファイル prg.txt の1行目の ^ が示したところに GAP の文法上のエラーがあることを示しています．これでは，変数 i は，きちんと定義できません．prg.txt の4行目では，この変数 i を使った Print 命令がありますが，i が定義されていないので，実行できません．このことを示しているのが，最後の文

```
Variable: 'i' must have a value
```

です．そこで prg.txt を次のように訂正します．

```
i:= 2*5;
j:= 3;
k:= 7;
Print("i*j*k =",i*j*k,"\n");
```

すると，こんどはキチンと結果が出力されます．命令 Read では，Print や Display などの表示命令の結果は表示されますが，それ以外の命令は表示されないことに注意してください．

```
gap> Read("prg.txt");
i*j*k = 210
```

●コメント文

これは GAP でのプログラムに限った話ではありませんが，プログラムには，できるだけたくさんのコメント文(プログラムを説明するための文章で計算

機からは無視される部分)を付けるようにしましょう．コメント文は，他人にプログラムを使ってもらったり，自分が過去に作ったプログラムを再活用するときに，とても役に立ちます．GAP では，記号 # の後に書かれた文字がコメント文とみなされ，計算機からはすべて無視されます．

● GAP のヘルプ機能と補完・編集機能

GAP は，オンラインヘルプ機能を持っています．ある**命令**についての詳しい説明を知りたい場合は，?**命令**と打ち込みます．オンラインヘルプの終了後に，見ていたオンラインヘルプの次のページを見たい場合は?>，前のページが見たい場合は?<，を入力するすることで，前後の関連したオンラインヘルプを読むことができます．

GAP の入力を助けてくれる機能として，命令の補完機能があります．これは，命令を途中まで打ち込んだ段階で，キーボードの tab キーを押すことにより GAP に定義されている命令の中から，今まで入力した文字で始まるものを探して当てはまるものが 1 つの場合は，入力した文字を補完してくれます．もし，複数の候補がある場合は，その候補が共通に持つ文字列のところまで，補完します．さらに，複数の候補がある場合は，tab キーを続けて 2 度打ち込むことで，複数候補の一覧を表示します．

入力を助けるもう 1 つの機能として，いままで入力した命令を上矢印を押すことで，もう一度表示できる機能です．似た命令を複数行うときは，この機能により，以前打ち込んだ命令を表示して，左右矢印と delete キーを使って命令を編集して使うことができます．上矢印を打つ前に，少し文字列を打ち込んでおくと以前同じように文字列を入力した命令を導き出して表示してくれますので，さらに便利です．

GAPを使った代数構造の定義

この節では，GAP を使ってどのように代数構造を定義するかを紹介します．

●有限体の定義

有限体の定義は，GF(p^n)の形で行います(p はある素数)．例えば，2^3 個の元からなる有限体をkとしたい場合は，k:= GF(8);と打ち込めば良いわけです．また，0以外の有限体GF(p^n)の元は，巡回乗法群の生成元Z(p^n)の冪として作ることができます．また，227ページで見たようにE(n)は，1の原始n乗根を表します．このため，GAPでは，文字ZとEを利用者が作るプログラムの中で変数として利用することはできません．有限体kの零元や乗法の単位元は，Zero(k)やOne(k)で定義できます．

```
gap > k:= GF(8);
GF(2^3)
gap > a:= Z(8);
Z(2^3)
gap > List([1..7],i-> a^i);
[ Z(2^3), Z(2^3)^2, Z(2^3)^3, Z(2^3)^4, Z(2^3)^5, Z(2^3)^6, Z
(2)^0 ]
```

●置換群の定義

置換群は生成元となる置換のリストから，命令Groupを使って構成できます．置換については，第3章で詳しく説明しています．例えば2つの置換(1,2,3)と(1,2)で生成される3次対称群Gの定義は次のようになります．

```
gap > G:= Group([(1,2,3),(1,2)]);
Group([ (1,2,3), (1,2) ])
gap > Size(G);
6
```

●行列群の定義

行列群は生成元となる行列のリストから，命令Groupを使って構成できます．行列群の生成元は，正方行列である必要があります．次の例は有限体GF(3)上で行列群mを定義しています．Z(3)^0と0*Z(3)は，GF(3)の単位元と零元を表しています.

```
gap> m1 := [ [ Z(3)^0, Z(3)^0,  Z(3) ],
>          [  Z(3), 0*Z(3),  Z(3) ],
>          [ 0*Z(3),  Z(3), 0*Z(3) ] ];;
gap> m2 := [ [  Z(3),  Z(3), Z(3)^0 ],
>          [  Z(3), 0*Z(3),  Z(3) ],
>          [ Z(3)^0, 0*Z(3),  Z(3) ] ];;
gap> m := Group( [m1, m2] );;
gap> Size(m);
864
```

● GAP の群ライブラリから群を呼び出す

GAP に付いている群ライブラリから群を呼び出して定義する場合, Filter と呼ばれる属性を指定することができます. 主な Filter は, `IsPermGroup`, `IsMatrixGroup` などです. Filter を指定しないで, 群ライブラリからの呼び出しを行なった場合は, それぞれの関数に設定されているデフォルトの Filter が適用されます. ただし, ライブラリの種類によって, 使えない Filter もあります.

◎代表的な群

代表的な群を定義する関数としては,

`TrivialGroup`, `CyclicGroup`, `AbelianGroup`, `ElementaryAbelianGroup`, `DihedralGroup`, `ExtraspecialGroup`, `AlternatingGroup`, `SymmetricGroup`, `MathieuGroup`, `SuzukiGroup`(`Sz`)

などが上げられます. Filter として `IsMatrixGroup` を指定した場合は, さらに行列の成分が含まれる有限体も指定することができます.

```
gap> CyclicGroup(IsPermGroup,12);
```

```
Group( [ ( 1, 2, 3, 4, 5, 6, 7, 8, 9,10,11,12) ] )
gap > matgrp1:= CyclicGroup( IsMatrixGroup, 12 );
< matrix group of size 12 with 1 generators >
gap > FieldOfMatrixGroup( matgrp1 );
Rationals
gap > matgrp2:= CyclicGroup( IsMatrixGroup, GF(2), 12 );
< matrix group of size 12 with 1 generators >
gap > FieldOfMatrixGroup( matgrp2 );
GF(2)
```

◎古典群

一般線形群 GL(m,n)，シンプレクティク群 Sp(m,n)，直交群 GO(m,n)そしてユニタリ群 GU(m,n)などを定義できます．命令 DisplayCompositionSeries を使うと第 9 章で紹介した有限群の階層構造を表示できます．また関数 Action と作用に関するオプション OnLines を利用することで，線形群から射影線形群を作ることもできます．

```
gap > Gm:= GL(4,2);;
gap > DisplayCompositionSeries(Gm);
G (size 20160)
 | A(8) ~ A(3,2) = L(4,2) ~ D(3,2) = O +(6,2)
1 (size 1)
gap > g:= GL(4,3);;Size(g);
24261120
gap > v:= Z(3)*[0,0,0,0];;
gap > pgl:= Action(g,Orbit(g,v,OnLines),OnLines);;
gap > Size(pgl);
12130560
```

章末問題の解答

第1章●群の定義：群のイメージをつかむ

問題 1.1　2次元空間に，「空間の動き」c_3 と σ のどちらでも変化しない図形を書きなさい．

問題 1.2　2次元空間に，c_3 と σ の組み合わせで作るすべての動きで変化してしまう図形を書きなさい．

問題 1.3　問題 1.2 の動きのうちで，次の図形を変化させない動きの集合 H を求めなさい．

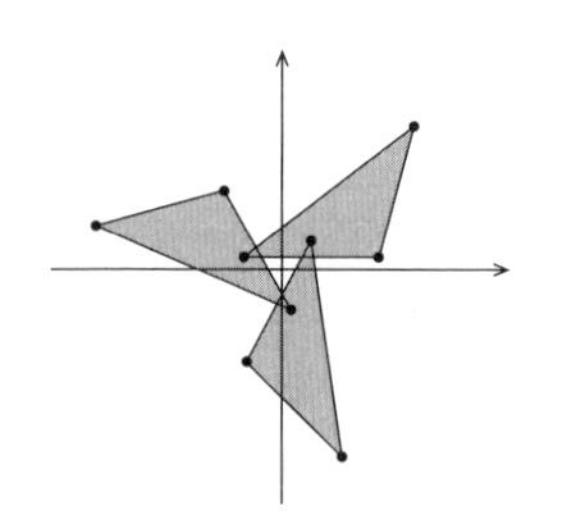

問題 1.4　問題 1.2 の動きのうちで，次の図形を変化させない動きの集合 K を求めなさい．

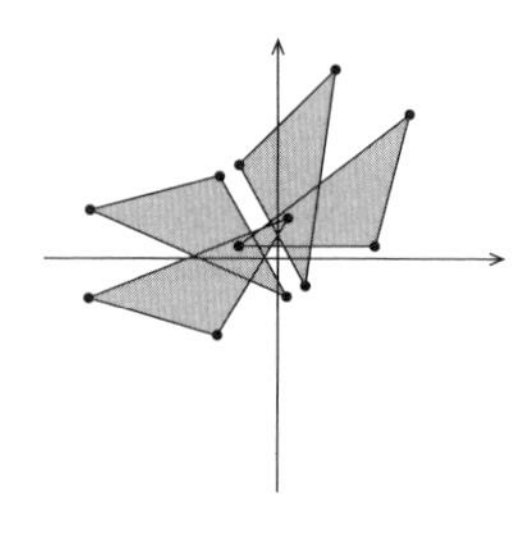

問題 1.5　問題 1.3 で求めた集合 H が群の条件をすべて満たしていることを確認しなさい．

解答 1.1　もちろん，正6角形でも正解です．

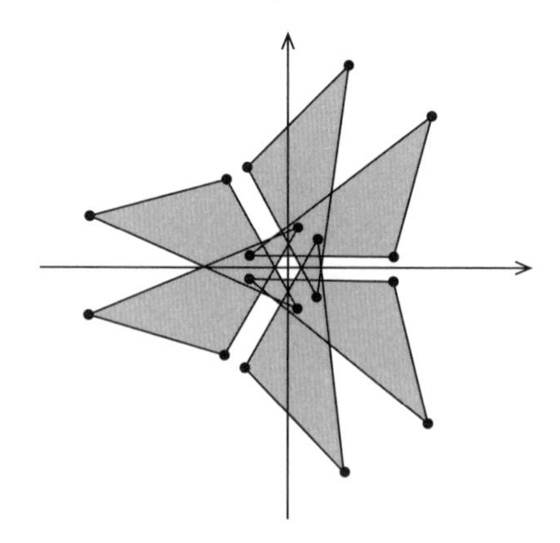

解答 1.2 適当に作ればいつでもほとんど正解です．

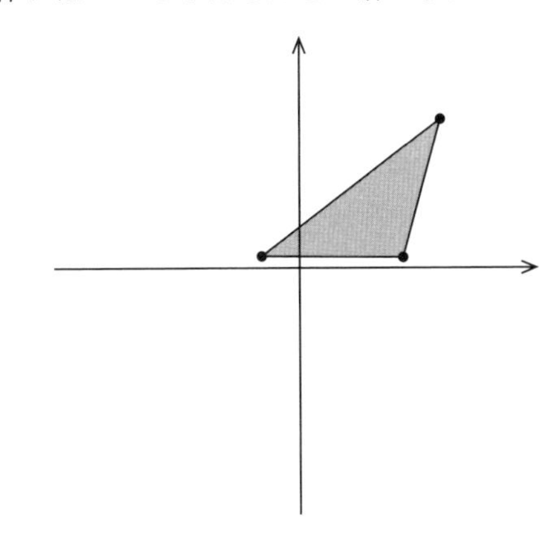

解答 1.3 $H = \{e, c_3, c_3^2\}$ ですね．

解答 1.4 $K = \{e, c_3 * \sigma\}$ です（$\dfrac{2\pi}{3}$ 回転させて，x 軸で線対称にします）．

解答 1.5 最初なので，まじめに計算してみます．

$$
\begin{array}{lll}
e * e = e, & e * c_3 = c_3, & e * c_3^2 = c_3^2, \\
c_3 * e = c_3, & c_3 * c_3 = c_3^2, & c_3 * c_3^2 = e, \\
c_3^2 * e = c_3^2, & c_3^2 * c_3 = e, & c_3^2 * c_3^2 = c_3
\end{array}
$$

より，条件(i)を満たします．H は，単位元 e を含んでいますので，条件(ii)も満たしました．e の逆元は，e 自身ですね．c_3 の逆元は c_3^2 で，c_3^2 の逆元は c_3 です．

第2章●部分群：形が部分群を決める

問題 2.1 群 $D_3 = \langle c_3, \sigma \rangle$ に含まれる動きをすべて求めなさい．

問題 2.2 群 D_3 の部分群と部分群で不変となる三角形の性質を見つけなさい．

問題 2.3 自然数 n が与えられてるとき，原点に重心があり，水平軸上に頂点がある正 n 角形は，群 D_n で不変であることを確認しなさい．

問題 2.4 自然数 n が自然数 m の約数のとき，D_n が D_m の部分群となることを示せ．

問題 2.5 群 G の部分群 H, K が与えられたとき，共通部分 $H \cap K$ も G の部分群となることを示せ．

問題 2.6 群 D_n の部分群で，次の状態を不変にする動きの集合を求めなさい．

（i） ドラゴンレーサーで勇者が乗っているF1の向きを不変にする部分群．

（ii） ドラゴンレーサーで勇者が乗っているF1の位置を不変にする部分群．

解答 2.1 $D_3 = \{e, c_3, c_3^2, \sigma, c_3 * \sigma, c_3^2 * \sigma\}$ の6つの動きを含んでいます．

解答 2.2 D_3 の部分群は，

$$H1 = \{e\}, \qquad H2a = \{e, \sigma\}, \qquad H2b = \{e, c_3 * \sigma\},$$
$$H2c = \{e, c_3^2 * \sigma\}, \qquad H3 = \{e, c_3, c_3^2\}, \qquad H6 = D_3$$

です．それぞれの部分群で不変となる三角形を図で示します．

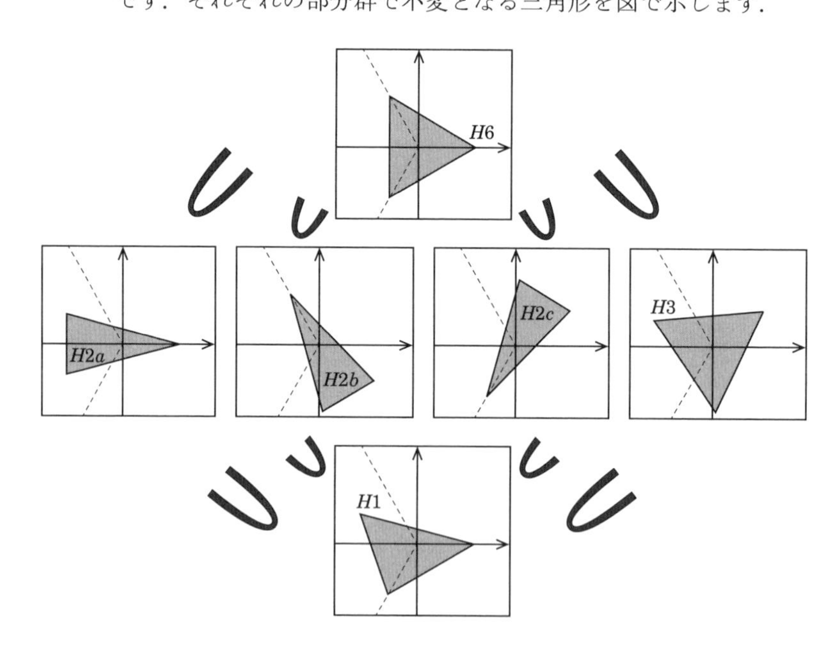

$H1$ では，まったく動かないのでどんな三角形でも良いです．$H2a$, $H2b$, $H2c$ では，線対称であることが必要なので，それぞれの軸に沿った二等辺三角形である必要があります．$H3$ は，$\dfrac{2\pi}{3}$ 回転して重なる必要があるので，原点に重心がある正三角形になります．ただし，正三角形の向きの指定はありません．$H6$ では，$\dfrac{2\pi}{3}$ 回転に加えて，3本の軸での線対称である必要があり，正三角形の頂点の1つが水平軸上にある必要があります．

解答 2.3 原点が重心となる正多角形は，すべての頂点が円周上に並びます．よって，回転 c_n により正多角形の頂点は隣の頂点に移ります．円周上に頂点が並ぶ正多角形は，円周上の1つの頂点を確定するとすべての頂点の位置が確定します．もし，頂点の1つが水平軸上にあるとその頂点は σ で動きません．つまり σ で正多角形を動かしたとき，移動後の正多角形の頂点がすべて円周上にあり，そのうちの1点は移動前と同じ位置にあることから，正多角形全体は，σ の作用で不変となります．正多角形が c_n と σ の作用で不変となるため，すべての元がこの2つの動きの積で表されている D_n の動きで，正多角形は不変となります．

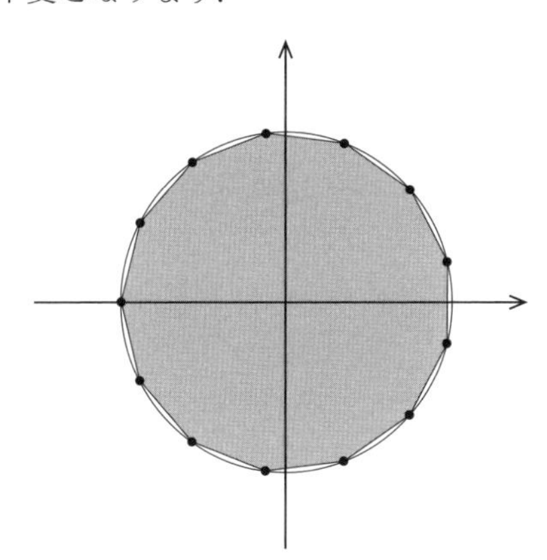

解答 2.4 n が m の約数のとき，ある自然数 k があり，$m = kn$ と表せます．c_n が $\dfrac{2\pi}{n}$ 回転させる動きでしたので，

$$\frac{2\pi}{n} = k\times\frac{2\pi}{kn} = k\times\frac{2\pi}{m}$$

より，$c_n = c_m^k$ が得られ，c_n が D_m に含まれることが分かります．また，σ も D_m に含まれることから，c_n と σ で生成される D_n のすべての動きは，D_m に含まれます．よって D_n は，D_m の部分群となります．

解答 2.5 部分群となるための２つの条件を確認します．

(h1) $a, b \in H \cap K$ に対して，$a, b \in H$ より $a * b \in H$，また，$a, b \in K$ より $a * b \in K$ が成り立つので，$a * b \in H \cap K$ が言えます．

(h2) 同様に $a \in H \cap K$ に対して，$a^{-1} \in H \cap K$ が成り立ちます．

解答 2.6

(i) F1の向きを変える動きは σ でしたので，σ を含まない動きを列挙すれば良いことになります．D_n に含まれる動きは，c_n^i または $c_n^i \sigma$ $(i = 1, \cdots, n)$ で表されていたので，向きを不変にする動きの集合は，$\{c_n, c_n^2, \cdots, c_n^{n-1}, c_n^n = e\}$ で，これは位数 n の D_n の部分群となります．

(ii) F1の位置を変えない動きは，$\{e, \sigma\}$ となります．でも，これ以外に位置を変えない動きは，ないのでしょうか？ c_n を含んでいても，c_n^i で前進して，σ で振り返って，また c_n^i で前進すれば，もとの場所に戻ります．しかし，動きの等式 $c_n^i * \sigma * c_n^i = \sigma$ が成立するので，これは単純に振り返った σ の動きと等しくなります．

第3章●置換：動きを表す記号

問題 3.1　集合 $X = \{1, 2, 3, 4, 5\}$ としたとき，X 上の置換 f の総数を求めなさい．

問題 3.2　メンバーが2人休んで，下の図の6人配置でパフォーマンスをすることになりました．c_3 と σ で生成される群 D_3 の動きに対応する置換表現をすべて求めなさい．

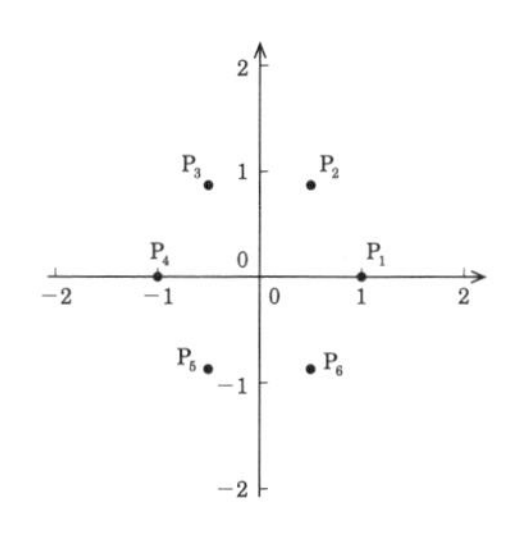

問題 3.3　集合 $X_{\mathrm{L}} = \{\mathrm{L}_1, \mathrm{L}_2, \mathrm{L}_3, \mathrm{L}_4\}$ に関する D_4 の置換表現で，L_1 が L_3 に移るものをすべて求めなさい．

問題 3.4　下の図のような3つの線分を組み合わせた図形の集合 $X_{\mathrm{Z}} = \{\mathrm{Z}_1, \mathrm{Z}_2, \mathrm{Z}_3, \mathrm{Z}_4\}$ に対する c_4, σ の置換表現を求めなさい．

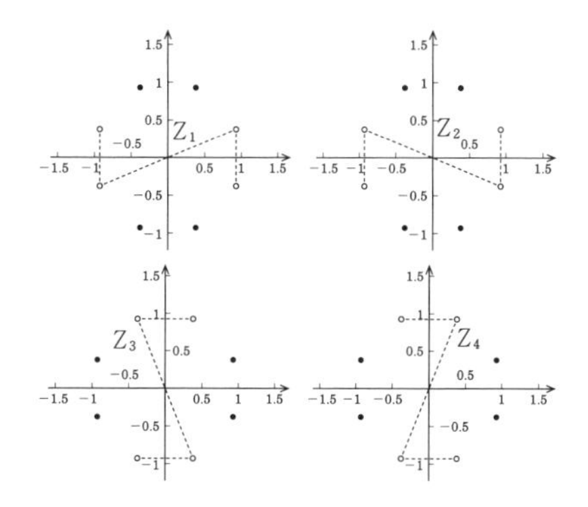

解答 3.1　置換 f は，X から X への全単射写像で，集合として，

$$\{f(1), f(2), f(3), f(4), f(5)\} = X$$

となります．写像 f は，$f(1)$ から $f(5)$ に1から5までの数を1つずつ割り当てることで決まります．これは $\{1, 2, 3, 4, 5\}$ の順列組合せを作ることと同じなので，置換 f の総数は，$5! = 120$ となります．

解答 3.2　$\dfrac{2\pi}{3}$ 回転 c_3 では，

$$\mathrm{P}_1^{c_3} = \mathrm{P}_3, \quad \mathrm{P}_3^{c_3} = \mathrm{P}_5, \quad \mathrm{P}_5^{c_3} = \mathrm{P}_1$$

と

$$\mathrm{P}_2^{c_3} = \mathrm{P}_4, \quad \mathrm{P}_4^{c_3} = \mathrm{P}_6, \quad \mathrm{P}_6^{c_3} = \mathrm{P}_2$$

となり，対応する置換は，$(1, 3, 5)(2, 4, 6)$ となります．水平軸での線対称である σ では，水平軸上にある P_1 と P_4 は動きません．

$$\mathrm{P}_2^{\sigma} = \mathrm{P}_6, \quad \mathrm{P}_3^{\sigma} = \mathrm{P}_5, \quad \mathrm{P}_5^{\sigma} = \mathrm{P}_3, \quad \mathrm{P}_6^{\sigma} = \mathrm{P}_2$$

より，σ に対応する置換は，$(2, 6)(3, 5)$ となります．

解答 3.3 D_4 の動きで，直線 L_1 を L_3 に移す置換は，$(1,3)$ と $(1,3)(2,4)$ の 2 つがあります．最初の置換は水平軸(y 軸)に関する線対称 $c_4^2 * \sigma$ で，2 番目の置換は，π 回転 c_4^2 を表しています．

解答 3.4 $\dfrac{\pi}{2}$ 回転 c_4 で，Z_1 は Z_3 に移動して，Z_2 は Z_4 に移動しています．Z_i $(i = 1,2,3,4)$ は，すべて π 回転で不変なため，c_4^2 の置換表現は，1_{X_Z} で，c_4 の置換表現は，$(1,3)(2,4)$ となります．水平軸での線対称 σ では，Z_1 が Z_2 に移り，Z_3 が Z_4 に移るので，置換表現は，$(1,2)(3,4)$ となります．

第 4 章●軌道：群が対称性を作る

問題 4.1 2 枚の鏡(鏡 0 と鏡 1)を $\dfrac{\pi}{3}$ の角度で置いた場合を考えます．鏡 0 による線対称は，本文と同じ $\sigma_0 = \sigma$ とし，鏡 1 での線対称を σ_2 とします．2 つの鏡の間に，紙切れを置くと，鏡の世界に何枚の紙切れが現れるでしょうか？

問題 4.2 群 $G' = \langle \sigma_0, \sigma_2 \rangle$ としたとき，G' に含まれる空間の動きをすべて求めなさい．

問題 4.3 問題 4.1 の紙切れに文字「あ」が書かれていたとき，「あ」が鏡文字にならない鏡像を作る「空間の動き」をすべて求めなさい．

問題 4.4 下の図にある鏡の国に置かれている正三角形を x とするとき，この三角形 x の軌道 $x^{G'}$ を求めなさい．

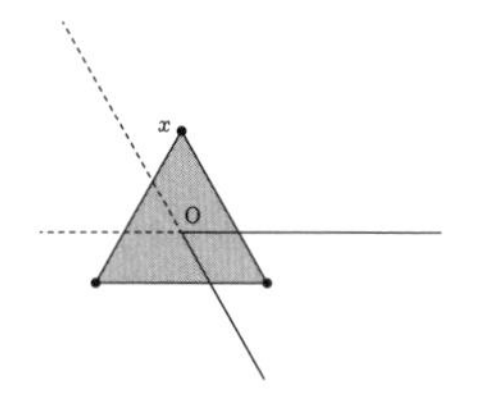

解答 4.1 鏡の間に置かれた点 P は，鏡 0 で点 P′，鏡 1 で点 P″ に移ります．2 つの鏡が角度 θ で置かれていたとき，図(次ページ)より $\theta = \times + ▲$ が成り立ちますが，このとき，点 P と P′ 間の角度は，$2\times$ となるので，この点が鏡 1 で移った点である点 P″ と P‴ 間の角度も，$2\times$ となり，図より鏡 0 と鏡 1 で移った P と P‴ 間の角度は，2θ となることが分かります．よって，$\theta = \dfrac{\pi}{3}$ のとき，紙切れは，現物と水平軸での線対称による鏡映の 2 つ，そして $\dfrac{2\pi}{3}$ 回転した場所に 2 つ，さらにこの 2 つを再び水平軸での線対称で移した鏡映 2 つで，全部で 6 つの紙切れが現れます．

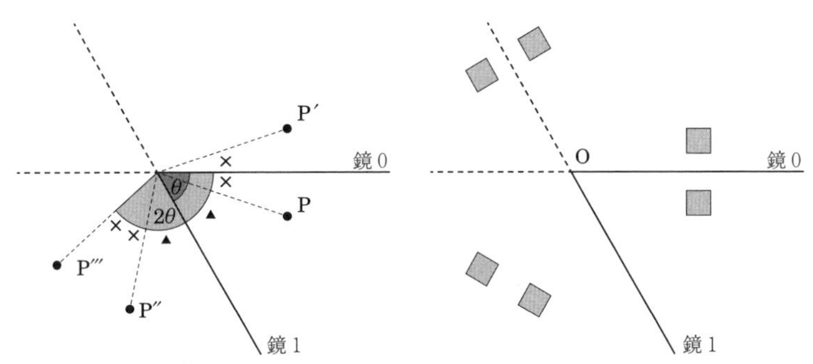

解答 4.2 $\sigma_0 * \sigma_2$ が $\dfrac{2\pi}{3}$ 回転になることが分かったので，等式 $(\sigma_0 * \sigma_2)^3 = e$ が得られます．この等式から

$$\sigma_0 * \sigma_2 * \sigma_0 = \sigma_2 * \sigma_0 * \sigma_2$$

が分かるので，

$$G' = \{e, \sigma_0, \sigma_0 * \sigma_2, \sigma_0 * \sigma_2 * \sigma_0, \sigma_2, \sigma_2 * \sigma_0\}$$

となります．

解答 4.3 鏡文字にならないためには，2 度鏡に映る必要があります．よって，$\{e, \sigma_0 * \sigma_2, \sigma_2 * \sigma_0\}$ で，これは $0, \dfrac{2\pi}{3}, \dfrac{4\pi}{3}$ 回転になります．

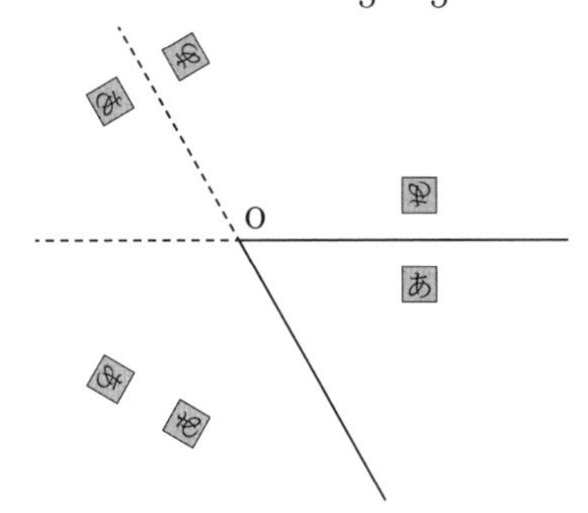

解答 4.4 下の図のように，軌道には，x 以外に，$x^{\sigma_0} = x^{\sigma_2}$ が現れます．

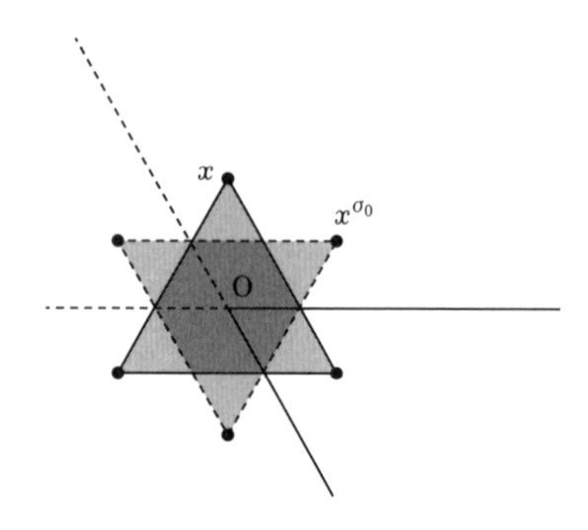

第 5 章●剰余類：空間からの解放

問題 5.1 群 G と部分群 H が与えられたとき，$g, h \in G$ に対して，

$$a \sim b \Longleftrightarrow b * a^{-1} \in H$$

と定義したとき，「～」が同値関係となることを確認しなさい．

問題 5.2 問題 1.2, 1.4 に登場した群 $D_3 = \langle \sigma, c_3 \rangle$，部分群 $K = \{e, c_3 * \sigma\}$ としたとき，K の右剰余類を求めなさい．

問題 5.3 群 G と部分群 H が与えられたとき，任意の H の元 a で $H * a = H$ となることを示せ．

問題 5.4 群 G と部分群 H が与えられ $|G| = 2 \times |H|$ のとき，G の任意の元 a に対して，$H * a = a * H$ となることを示せ．

問題 5.5 群 G の部分群 H, K について，H と K の位数の最大公約数が 1 のとき，$H \cap K = \{e\}$ となることをラグランジュの定理を用いて示せ．

解答 5.1 同値関係となるための条件(e1), (e2), (e3)を確認します．

(e1) $a \in G$ に対して，部分群 H は単位元を含み，

$$a * a^{-1} = e \in H$$

より，$a \sim a$ が成り立ちます．

(e2) $a \sim b$ なら $c = b * a^{-1} \in H$ となります．部分群 H は逆元 c^{-1} を含み，

$$a * b^{-1} = (b * a^{-1})^{-1} = c^{-1} \in H$$

より，$b \sim a$ が成り立ちます．

(e3) $a \sim b$，$b \sim c$ なら，$b * a^{-1}$，$c * b^{-1} \in H$ となります．部分群

H は，2つの H の元の積を含み，

$$c * a^{-1} = (c * b^{-1}) * (b * a^{-1}) \in H$$

より，$a \sim c$ が成り立ちます．

解答 5.2 $D_3 = \{e, c_3, c_3^2, \sigma, c_3 * \sigma, c_3^2 * \sigma\}$ でした．剰余類の個数は，$\dfrac{|G|}{|K|} = \dfrac{6}{2} = 3$ です．$K = \{e, c_3 * \sigma\}$ と $K * \sigma = \{\sigma, c_3\} = K * c_3$ がすぐ分かり，残りは1つなので，残った元を集めた $\{c_3^2, c_3^2 * \sigma\} = K * c_3^2$ が最後の剰余類となります．

解答 5.3 任意の元 $x \in H * a$ に対して，H の元 h で $x = h * a$ となるものがあるので，$a \in H$ より $x = h * a \in H$ となり，$H * a \subset H$ が成り立ちます．逆に，$y \in H$ なら $a \in H$ よりその逆元 $a^{-1} \in H$ も成り立つので，$y = (y * a^{-1}) * a \in H * a$ も導かれ，$H \subset H * a$ が成り立ちます．

解答 5.4

- $a \in H$ **の場合**，問題 5.3 より $H * a = H$ が示されていますが，同様の方法で $a * H = H$ も成り立つので，$a * H = H = H * a$ が示せます．
- $a \notin H$ **の場合**，本文では同値類の持つ性質として，次の事実を説明しました．

$$C(a) = C(b) \Longleftrightarrow C(a) \cap C(b) \neq \emptyset$$

剰余類も同値類でしたので，$a \notin H \neq a * H \ni a$ より，$H \cap a * H = \emptyset$ となります．$|G| = 2 \times |H| = 2 \times |a * H|$ より，集合として，$a * H = G \backslash H$ となります[1]．まったく同じ議論をやっぱり同値類である $H * a$ にも適用できるので，$a * H = G \backslash H = H * a$ となります．

$$G = \boxed{H}\boxed{a * H} = \boxed{H}\boxed{H * a} \Longrightarrow a * H = H * a$$

解答 5.5 問題 2.5 より，$H \cap K$ は群 G の部分群となります．ところが，$H \cap K$ は同時に H と K の部分群になっているので，ラグランジュの定理から $H \cap K$ の位数は，H の位数と K の位数の公約数となります．しかし仮定より H と K の位数の最大公約数が1なので，$H \cap K$ の位数は1にしかなれません．よって $H \cap K = \{e\}$ となります．

1） $G \backslash H = \{x \in G | x \notin H\}$.

第 6 章●シローの定理：素数の魔力

問題 6.1　群 G とその部分集合 S が与えられたとき，G の元 g を使った写像

$$f: S \longrightarrow S^g : f(s) = s * g$$

は，全単射であることを示せ．

問題 6.2　群 G と n 個の元からなる G の部分集合 $S = \{s_1, s_2, \cdots, s_n\}$ が与えられたとき，固定部分群 G_S から集合 $\{1, 2, \cdots, n\}$ への写像 f を $g \in G_S$ について，$f(g) = i$（ただし $s_1 * g = s_i$）と定義するとき，f が単射となることを証明しなさい．

問題 6.3　図 6.5 で鈴木君が作ったカードから，位数 3 の部分群となるカードをできるだけ多く選びなさい．

問題 6.4　群 G と n 個の元からなる G の部分集合 $S = \{s_1, s_2, \cdots, s_n\}$ が与えられたとき，固定部分群 G_S の位数が n ならば，集合 S が G_S の剰余類となることを示せ．

解答 6.1　072 ページの S^g の定義より $S^g = \{f(s) \mid s \in S\}$ が分かり，f は全射写像となります．また，$f(s) = f(t)$ なら，$s * g = t * g$ となり，右から g の逆元 g^{-1} を掛けると

$$s * g * g^{-1} = t * g * g^{-1}$$

から，$s = t$ が得られ，f が単射写像となることが分かります．

解答 6.2　$g, h \in G_S$ に対して，$f(g) = f(h) = i$ なら，

$$s_1 * g = s_i = s_1 * h$$

となり，左から s_1 の逆元を掛けると $g = h$ が得られ，写像 f は単射となります．

解答 6.3　赤石と緑石を交互に触る変換で位数 3 の部分群が出来上がります．

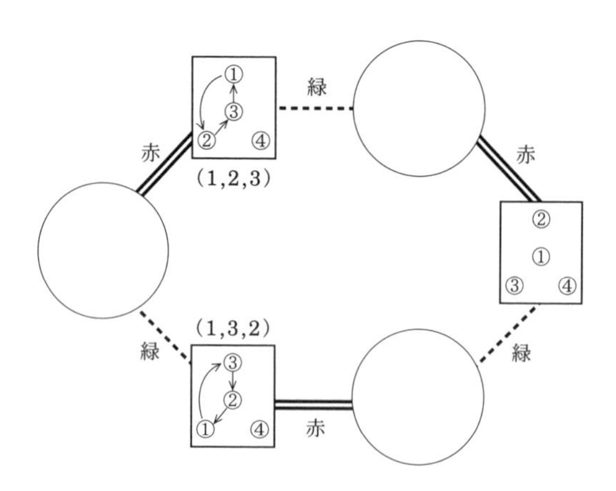

ほかにも赤石と青石や緑石と青石を交互に触る変換で得られる部分群があります．

解答 6.4 G_S から S への写像 φ として，$g \in G_S$ に

$$\varphi(g) := s_1 * g \in S$$

を対応させます．このとき，$\varphi(g) = \varphi(h)$ なら $s_1 * g = s_1 * h$ から，$g = h$ が得られるので，φ は単射となります．よって，G_S の位数が n なら φ は，全単射写像となり，$S = \varphi(G_S) = s_1 * G_S$ となります．

第7章●関係式：見える群を作る

問題 7.1　群

$$G_1 = \langle x, y \,|\, x^2 = y^3 = e,\ x * y = y * x \rangle$$

とする．このとき，群 G の位数を求めなさい．

問題 7.2　問題 7.1 の元 $x * y$ の位数を求めなさい．

問題 7.3　群

$$G_n = \langle x, y \,|\, x^2 = y^2 = e,\ (x * y)^n = e \rangle$$

のとき，群 G_n の位数が $2n$ となることを証明しなさい．

問題 7.4　群

$$G_0 = \langle x, y, z \,|\, x^2 = y^2 = z^2 = e,\ x * y = y * z = z * x \rangle$$

とする．部分群 $K_0 = \{z \,|\, z^2 = e\}$ を使って，群 G_0 の位数が 6 であることを示せ．

解答 7.1 群 G_1 の元は，x および y の適当な積で表されます．等式 $x * y = y * x$ より，群 G_1 の元に現れる x を左側に集めて，右側に y だけが来るように変形することで，すべての元は $x^i * y^j$ の形で表されます．$x^2 = y^3 = e$ より x のべき乗は，0 または 1 で，y のべき乗は 0, 1, 2 のいずれかになります．よって，集合として G_1 は，$\{e, x, y, x * y, y^2, x * y^2\}$ となります．次ページの図は，6 つの元に x, y を掛けたときの変化を矢印で表しています．

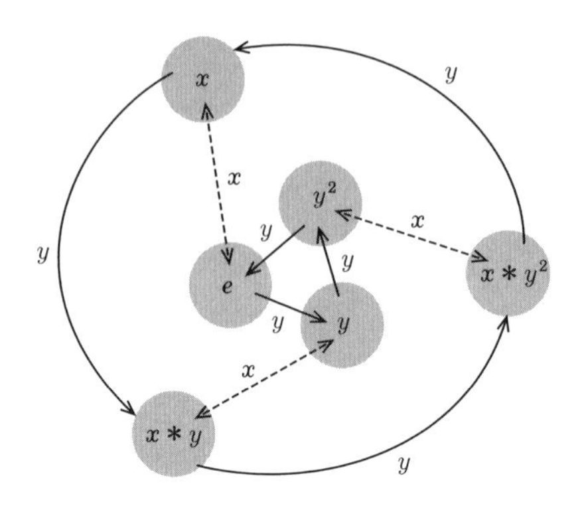

解答 7.2 元 $x*y$ の位数は，$x*y$ で生成される G の部分群の元の数と等しいです．求める値は，ラグランジュの定理から，群 G の位数 6 の約数となります．よって，位数は 2 または 3 または 6 ですが，等式 $x*y=y*x$ より $(x*y)^n=x^n*y^n$ となり，

$$(x*y)^2=x^2*y^2=y^2, \qquad (x*y)^3=x^3*y^3=x$$

より位数が 2 でも 3 でもありません．よって位数は 6 となります．実際 $(x*y)^6=x^6*y^6=e$ と単位元が現れます．下の図では，単位元からスタートして太矢印に沿って $x*y$ と進むことで，すべての点を通過しながら，6 回目で単位元に戻る様子を表しています．

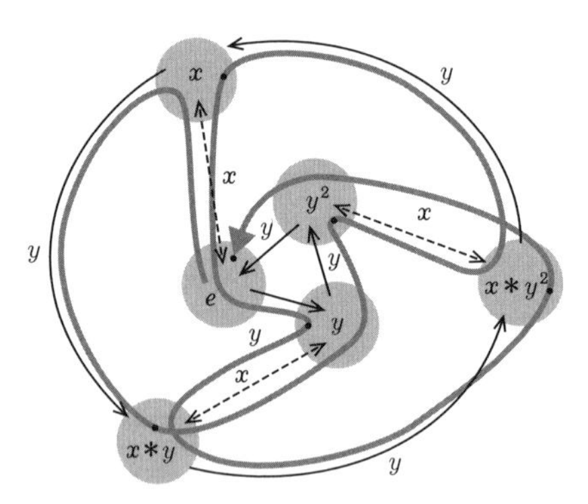

解答 7.3 元 $x*y$ ので生成される群を $K=\langle x*y\rangle$ とします．部分群 K の位数は n なので，ラグランジュの定理から群 G_n の位数は，n の倍数となります．K の元は

$$\{e, (x*y), (x*y)^2, \cdots, (x*y)^{n-1}\}$$

です．$x*y,\ y*x=(x*y)^{n-1}\in K$ より $K*x*y=K*y*x=K$ となります．$x\notin K$ より，新しい剰余類

$$K*x=\{x,(x*y)*x,(x*y)^2*x,\cdots,(x*y)^{n-1}*x\}$$

が得られます．また等式 $(x*y)^n=e$ の，両辺に右から y を掛けると，

$$(x*y)^{n-1}*x=y$$

が得られます．この等式を使うと剰余類

$$\begin{aligned}K*y&=\{y,x,(x*y)*x,\cdots,(x*y)^{n-2}*x\}\\&=\{x,(x*y)*x,\cdots,(x*y)^{n-2}*x,(x*y)^{n-1}*x\}\\&=K*x\end{aligned}$$

となり，G_n における K の剰余類は，K と $K*x$ の 2 つだけとなり，群 G_n の位数は K の位数の 2 倍となることが分かります．

解答 7.4 等式 $x*y=y*z=z*x$ の左右両側から y を掛けると，$y*x*y^2=y^2*z*y=y*z*x*y$ となり，$y^2=e$ から

$$y*x=z*y=(y*z)(x*y)=(x*y)(y*z)=x*z$$

が成り立ちます．この 2 つの等式を活用すると，

$$\begin{aligned}&K_0*x*y=K_0*z*x=K_0*x,\\&K_0*x*z=K_0*z*y=K_0*y,\\&K_0*y*x=K_0*z*y=K_0*y,\\&K_0*y*z=K_0*z*x=K_0*x\end{aligned}$$

となり，$K_0*z=K_0$ と合わせると，G_0 に対する K_0 の剰余類は，K_0, K_0*x, K_0*y の 3 つになります．$|K_0|=2$ より，G_0 の位数は，$3\times2=6$ となります．

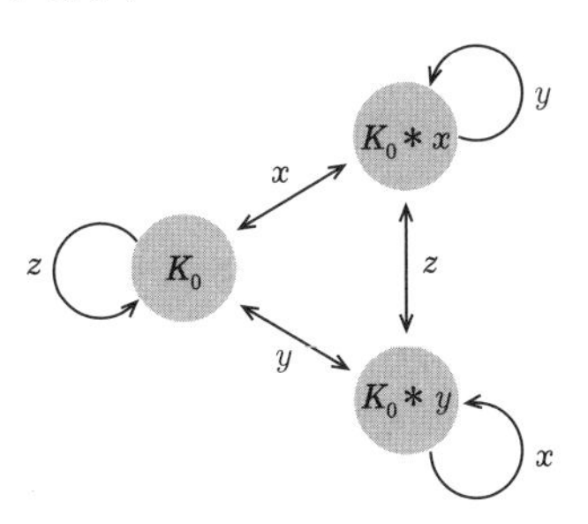

第8章●共役：群の席替え

問題 8.1　群 G の元 a, b について，共役という関係が同値関係になることを確認しなさい．

問題 8.2　位数6の長男の群と共役な部分群は，いくつあるか？

問題 8.3　群 G と部分群 H と元 $g \in G$ が与えられたとき，共役な部分群 H^g の位数と H の位数が等しいことを示せ．

問題 8.4　長男の群の正規核が単位群となることを示せ．

問題 8.5　群 G と部分群 H が与えられたとき，部分集合

$$N_G(H) = \{g \in G \mid H^g = H\}$$

は，部分群 H を含む G の部分群となることを示せ．

解答 8.1　同値関係（第5章参照）の条件(e1)，(e2)，(e3)を確認します．

(e1)　群 G には，単位元 $e \in G$ があるので，$a = a^e$ より，$a \sim a$ が成り立ちます．

(e2)　$a \sim b$ が成り立つとき，$a^g = g^{-1} * a * g = b$ となる G の元 $g \in G$ が存在します．ここで，$g^{-1} \in G$ で，

$$b^{g^{-1}} = g * b * g^{-1} = g * (g^{-1} * a * g) * g^{-1} = a$$

より，$b \sim a$ が成り立ちます．

(e3)　$a \sim b$，$b \sim c$ を仮定すると，$a^g = b$，$b^h = c$ となる群 G の元 $g, h \in G$ が存在します．このとき，$g * h \in G$ で，

$$a^{(g*h)} = (a^g)^h = b^h = c$$

が成り立つので，$a \sim c$ が成り立ちます．

解答 8.2　長男の群 K は，長男が座っていた4番の席を固定する部分群でした．f_1 による共役 K^{f_1} では，本文にあるように長女が座っていた3番の席を固定する部分群となります．同様に，$K^{f_1^2}$，$K^{f_1^3}$ を考えると，次女が座っていた2番の席を固定する部分群と，母親が座っていた1番の席を固定する部分群ができます．群 G の元 g での共役 K^g では，4^g 番の席が固定される部分群となります．席は全部で4つなので，K の共役な部分群も全部で4つとなります．

解答 8.3　写像 $f_g : H \to H^g$ を $h \in H$ に対して，$f_g(h) = h^g$ で定義します．今，$x, y \in H$ に対して，$f_g(x) = f_g(y)$ なら，等式

$$g^{-1} * x * g = x^g = f_g(x) = f_g(y) = y^g = g^{-1} * y * g$$

が成り立ちます．等式の右から g^{-1}，左から g を掛けると，$x = y$ が得られるので，f_g は単射となります．また，H^g の定義から像 $\mathrm{Im}(f_g) = H^g$ となり，f_g は，H から H^g への全単射写像となります．よって $|H| = |H^g|$ が示されました．

解答 8.4 長男の群 K と共役な群は，$K, K^{f_1}, K^{f_1^2}, K^{f_1^3}$ でした．正規核は，この4つの群の共通部分となりますが，それぞれの群は，1番から4番のいずれかの席を固定します．よって，4つの群の共通部分に含まれる元は，1番から4番のすべての席を固定することになり，この元は単位元のみとなります．

解答 8.5 まず，$N_G(H)$ が H を含むことを示します．問題5.3より，$a \in H$ なら $H * a = H$ が示されて，同様に $H = a * H = \{a * h' | h' \in H\}$ も証明できます．よって，

$$\begin{aligned} H^a &= \{a^{-1} * h * a | h \in H\} = \{a^{-1} * (a * h') * a | h' \in H\} \\ &= \{h' * a | h' \in H\} = H * a = H \end{aligned}$$

より，$a \in N_G(H)$ が導かれ，$H \subset N_G(H)$ が示されました．

次に，部分群となることを示すために条件(h1),(h2)を確認します．

(h1) $x, y \in N_G(H)$ なら $H^x = H = H^y$ より，

$$H^{(x*y)} = (H^x)^y = H^y = H$$

となり，$x * y \in N_G(H)$.

(h2) $x \in N_G(H)$ なら $H^x = H$ より，

$$H = (H^x)^{x^{-1}} = H^{x^{-1}}$$

となり，$x^{-1} \in N_G(H)$.

第 9 章●商群：群の構造を見る

問題 9.1 群 G の部分群 H について，H が G の正規部分群となることと，問題8.5で定義した G の部分群 $N_G(H)$ が G と一致することが，同値であることを示せ．

これにより，任意の元 $a \in G$ について，$H = H^a$ が成り立つとき，H が G の正規部分群となる．

問題 9.2 群 G と正規部分群 N が与えられたとき，剰余類の集合

$$G/N = \{a * N | a \in G\}$$

が群となることを確認しなさい．

問題 9.3 $|G| = 2 \times |H|$ のとき，H は G の正規部分群となることを示せ．

問題 9.4 「群 G の階層構造」で登場した部分集合

$$Q = N \cup (t_4 * N) \cup (t_4^{-1} * N)$$

が正規部分群であることを示せ．

解答 9.1 正規部分群の定義より

$$H = \bigcap_{g \in G} H^g \Longleftrightarrow G = N_G(H)$$

を示します．一般に $e \in G$ より，$G = \{e, g_1, g_2, \cdots, g_n\}$ とすると，

$$\bigcap_{g \in G} H^g = H^e \cap H^{g_1} \cap \cdots \cap H^{g_n} \subset H^e = H$$

が成り立ちます．

等式 $H = \bigcap_{g \in G} H^g$ が成り立つと仮定すると，群 G の任意の元 g に対して，包含関係 $H \subset H^g$ が成り立ちます．問題 8.3 より，$|H| = |H^g|$ が成り立ち，$H = H^g$ が得られるため，$g \in N_G(H)$ が示されました．

逆に，等式 $G = N_G(H)$ が成り立つとき，任意の $g \in G$ について，$H^g = H$ が成り立つので，

$$\bigcap_{g \in G} H^g = \bigcap_{g \in G} H = H$$

となり，左の等式が得られます．

解答 9.2 119 ページで定義した剰余類の積 $(a * N) * (b * N) = a * b * N$ について群となるための条件(g1), (g2), (g3), (g4)を確認します．

(g1) $a * N, b * N \in G/N$ について，$a, b \in G$ より $a * b \in G$ なので，

$$(a * N) * (b * N) = (a * b) * N \in G/N.$$

(g2) $N = e * N \in G/N$ より，任意の元 $a * N \in G/N$ について，

$$(a * N) * N = N * (a * N) = a * N$$

となり，N は，G/N での単位元となります．

(g3) $a * N \in G/N$ について，$a \in G$ より $a^{-1} \in G$ となり，$a^{-1} * N \in G/N$ で，

$$(a * N) * (a^{-1} * N) = e * N = N$$

より，$a^{-1} * N$ は，$a * N$ の逆元となります．

(g4) $a * N, b * N, c * N \in G/N$ について，$a, b, c \in G$ より

$$a * (b * c) = (a * b) * c$$

が成り立つので，

$$\begin{aligned}&(a * N) * ((b * N) * (c * N))\\&\quad = (a * (b * c)) * N = ((a * b) * c)) * N\\&\quad = ((a * N) * (b * N)) * (c * N).\end{aligned}$$

解答 9.3 問題5.4より，G の任意の元 a について，$a * H = H * a$ が成り立ちます．共役な部分群 H^a の元 $h^a = a^{-1} * h * a$ に対して，$h * a \in H * a = a * H$ より H の元 h' で $h * a = a * h'$ となるものが存在します．よって

$$h^a = a^{-1} * h * a = a^{-1} * a * h' = h' \in H$$

となり $H^a \subset H$ が成り立ちます．H^a と H の元の数は等しいので，$H^a = H$ となります．問題9.1より，H は G の正規部分群となります．

解答 9.4 $Q = N \cup (t_4 * N) \cup (t_4^{-1} * N)$ について，まず Q が G の部分群であることを示します．第9章の図9.8より，

$$a_{12}^{t_4} = d_{12}, \qquad d_{12}^{t_4} = b_{12}, \qquad b_{12}^{t_4} = a_{12}$$

が成り立ちます．よって，$x \in N$ について，$x^{t_4} \in N$ となります．また，$t_4^2 = t_4^{-1}$ より，$x^{t_4^{-1}} = x^{t_4^2} \in N$ も成り立ちます．Q の任意の元は，

$$t_4^i * x, \ \ t_4^j * y \qquad (i, j \in \{0, 1, -1\}, \ \ x, y \in N)$$

と表せて，その積

$$t_4^i * x * t_4^j * y = t_4^{i+j} * x^{t_4^j} * y$$

と変形できますが，t_4^{i+j} は，e, t_4, t_4^{-1} のいずれかになり，$x^{t_4^j} * y \in N$ より，この積が Q に含まれることが分かります．また，

$$(t_4^i * x)^{-1} = x^{-1} * t_4^{-i} = t_4^{-i} * (x^{-1})^{t_4^{-i}}$$

で $(x^{-1})^{t_4^{-i}}$ が N に含まれるので，$(t_4^i * x)^{-1} \in Q$ が成立し，Q は G の部分群になります．Q の定義から Q の位数は $4 \times 3 = 12$ となり，G の位数は 24 なので，$|G| = 2 \times |Q|$ が成り立ち，問題 9.3 より，Q は G の正規部分群となります．

第 10 章●準同型写像：立方体と 4 次対称群

問題 10.1 群の「同型」が同値関係の条件を満たすことを確認しなさい．

問題 10.2 問題 7.1 の群 G_1 と群 $H_1 := \langle z | z^6 = e \rangle$ が同型となることを示せ．

問題 10.3 群 G と部分群 H があるとき，第 8 章では元 $a \in G$ による H の共役 H^a も G の部分群となることを示したが，H から H^a への写像 f_a を，$x \in H$ に対して，$f_a(x) := x^g \in H^a$ で定義すると，f_a が同型写像となり，$H \cong H^a$ であることを示せ．

問題 10.4

$$\varphi(b_1) = \varphi(c_4^2 * c_4') = (2, 3),$$
$$\varphi(a_1) = \varphi(b_1^{c_4^{-1}}) = (1, 2),$$
$$\varphi(a_2) = \varphi(b_1^{c_4}) = (3, 4)$$

となることを確認し，b_1 が表す回転がどのようなものとなるかを調べなさい．

解答 10.1「同型」が第 5 章で示した同値関係の条件(e1), (e2), (e3)を満たすことを確認します．

(e1) 群 G について，恒等写像 id_G は，G から G への全単射写像で，任意の $a, b \in G$ に対して，

$$\mathrm{id}_G(a * b) = a * b = \mathrm{id}_G(a) * \mathrm{id}_G(b)$$

が成り立ち，id_G は，G から G への同型写像となり，$G \cong G$ が示されました．

(e2) φ を群 G から群 H への同型写像とし，$G \cong H$ を仮定します．φ が全単射写像なので，全単射写像となる φ の逆写像 φ^{-1} が存在し，$\varphi^{-1} \circ \varphi = \mathrm{id}_G$ が成り立ちます．群 H の任意の元 x, y に対して，φ が全射なので $a, b \in G$ で $x = \varphi(a)$，$y = \varphi(b)$ と表せます．また，φ が準同型写像なので，

$$\varphi(a * b) = \varphi(a) * \varphi(b) = x * y,$$

よって

$$\begin{aligned}\varphi^{-1}(x) * \varphi^{-1}(y) &= \varphi^{-1}(\varphi(a)) * \varphi^{-1}(\varphi(b)) \\ &= a * b = \mathrm{id}_G(a * b) \\ &= \varphi^{-1}(\varphi(a * b)) = \varphi^{-1}(x * y)\end{aligned}$$

が成り立ち，全単射写像 φ^{-1} も準同型写像となり，$H \cong G$ が示されました．

(e3) φ を群 G から群 H, ψ を群 H から群 K への同型写像とし，$G \cong H$, $H \cong K$ を仮定します．φ, ψ は全単射写像なので，合成写像 $\psi \circ \varphi$ も全単射となります．また，$a, b \in G$ に対して φ, ψ は準同型写像なので，

$$\begin{aligned}\psi \circ \varphi(a * b) &= \psi(\varphi(a * b)) = \psi(\varphi(a)) * \psi(\varphi(b)) \\ &= \psi \circ \varphi(a) * \psi \circ \varphi(b)\end{aligned}$$

となり，群 G から K への全単射写像 $\psi \circ \varphi$ も準同型写像となり，$G \cong K$ が示されました．

解答 10.2 群 H_1 から G_1 の準同型写像 φ を，$\varphi(z^i) = (x * y)^i$ で定義します．

(1) **この写像 φ は，うまく定義されているか？(well-defined)**

群 H_1 の元は，一般に z^i で表されていますが，$z^3 = z^9$ なので，表し方はいくつもあります．よって写像 φ がうまく定義されているかは，$z^i = z^j$ なら，$\varphi(z^i) = \varphi(z^j)$ を示せば良いことになります．ここで，$z^i = z^j$ なら $i-j$ が 6 の倍数となるので，$i = j+6k$ と表せます．今，問題 7.2 より，$x * y$ の位数が 6 だったので，

$$\varphi(z^i) = (x * y)^i = (x * y)^j * (x * y)^{6k} = (x * y)^j = \varphi(z^j)$$

が成り立ち，well-defined が示されました．

(2) **この写像 φ は，準同型写像か？**

次の等式で確認できます．

$$\begin{aligned}\varphi(z^i * z^j) &= \varphi(z^{i+j}) = (x * y)^{i+j} \\ &= (x * y)^i * (x * y)^j = \varphi(z^i) * \varphi(z^j).\end{aligned}$$

(3) **この写像 φ は，単射か？**

$x * y$ の位数が 6 だったので，$\varphi(z^i) = (x * y)^i = e$ となるのは，

i が 6 の倍数のときだけで，z の定義より z^i も単位元となり，$\mathrm{Ker}\,\varphi = \{e\}$ となり，本文の事実より，φ は単射となります．

(4) 集合として，群 G_1 も H_1 も 6 つの元を持つため，φ が単射であれば，全射となります．

よって，φ は同型写像となり，$G_1 \cong H_1$ が示されました．

解答 10.3

(1) 元 $x, y \in H$ に対して，群 G での演算がきちんと定義されているので，$x = y$ なら

$$f_a(x) = x^a = y^a = f_a(y)$$

が成り立ち，f_a は well-difined となります．

(2) $f_a(x * y) = (x * y)^a = a^{-1} * x * y * a = x^a * y^a = f_a(x) * f_a(y)$ と導けるので，f_a は準同型写像となります．

(3) 写像 $f_{a^{-1}}$ は，H^a から H への写像として f_a の逆写像となるので，f_a は全単射写像となります．

よって，f_a は同型写像となり，$H \cong H^a$ が示されました．

解答 10.4 $\varphi(c_4) = (1, 2, 3, 4)$，$\varphi(c_4') = (1, 2, 4, 3)$ より，

$$\varphi(c_4^2) = (1, 3)(2, 4), \qquad \varphi(c_4^{-1}) = (1, 4, 3, 2)$$

となります．これを適用すると，

$$\begin{aligned}
\varphi(b_1) &= (1, 3)(2, 4) * (1, 2, 4, 3) = (2, 3) \\
\varphi(a_1) &= (2, 3)^{(1, 4, 3, 2)} = (1, 2, 3, 4) * (2, 3) * (1, 4, 3, 2) \\
&= (1, 2) \\
\varphi(a_2) &= (2, 3)^{(1, 2, 3, 4)} = (1, 4, 3, 2) * (2, 3) * (1, 2, 3, 4) \\
&= (3, 4)
\end{aligned}$$

が得られます．b_1 の「空間の動き」は，z 軸での π 回転と x 軸での $\dfrac{\pi}{2}$ 回転で，2 つの線分②③は，その場で②と③が入れ替わり，2 つの線分①④は，線分がお互いに入れ替わり①と④はそれぞれ点対称な①と④に移ります．これは，2 つの線分②③の中点を結んだ直線を軸とする π 回転となります．

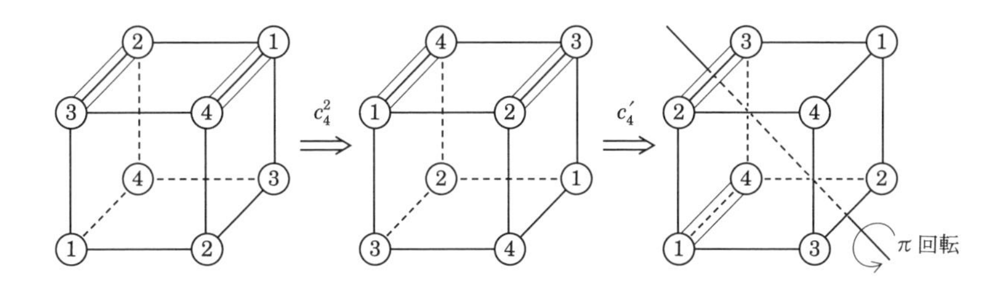

第 11 章●回転と対称の移動：空間の動きを支配する群

問題 11.1　$|\mathrm{OH}| = |\vec{b}|\cos\theta$ と 2 つの直角三角形 △OBH と △ABH を使って，余弦定理

$$|\vec{b}-\vec{a}|^2 = |\vec{a}|^2+|\vec{b}|^2-2|\vec{a}||\vec{b}|\cos\theta$$

を証明しなさい．

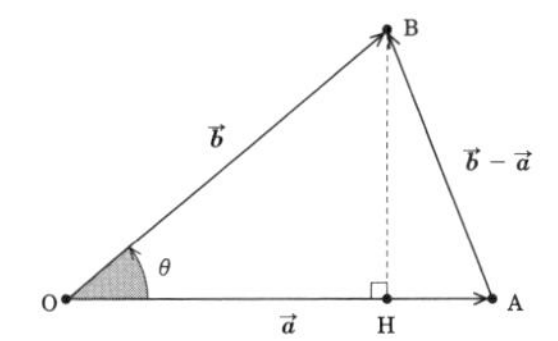

問題 11.2　x 軸を反時計回りで θ だけ回転させた直線に対する線対称は，x 軸での線対称を行って 2θ の回転を行った動きと等しいことを示せ．

問題 11.3　等式(11.4)が表すように，法線ベクトル $\vec{h} = (x_0, y_0, z_0)$ を持つ平面に対する対称を表す行列が

$$A = \begin{pmatrix} 1-2x_0^2 & -2x_0y_0 & -2x_0z_0 \\ -2x_0y_0 & 1-2y_0^2 & -2y_0z_0 \\ -2x_0z_0 & -2y_0z_0 & 1-2z_0^2 \end{pmatrix}$$

となることを証明しなさい．

問題 11.4　問題 11.3 の行列 A について，

$$A^2 = \begin{pmatrix} 1 & 0 & 0 \\ 0 & 1 & 0 \\ 0 & 0 & 1 \end{pmatrix}$$

となることを示せ．

問題 11.5　行列 $\begin{pmatrix} 0 & 0 & -1 \\ 0 & 1 & 0 \\ -1 & 0 & 0 \end{pmatrix}$ が平面に対する対称を表すとき，この平面の長さ 1 の法線ベクトルを求めよ．

解答 11.1 三平方の定理より，

$$|\vec{b}|^2-|\mathrm{OH}|^2 = |\vec{b}|^2-|\vec{b}|^2\cos^2\theta = |\mathrm{BH}|^2$$
$$|\vec{b}-\vec{a}|^2-|\mathrm{AH}|^2 = |\vec{b}-\vec{a}|^2-(|\vec{a}|-|\vec{b}|\cos\theta)^2 = |\mathrm{BH}|^2.$$

この 2 式より

$$|\vec{b}|^2-|\vec{b}|^2\cos^2\theta = |\vec{b}-\vec{a}|^2-(|\vec{a}|-|\vec{b}|\cos\theta)^2,$$
$$|\vec{b}|^2-|\vec{b}|^2\cos^2\theta = |\vec{b}-\vec{a}|^2-|\vec{a}|^2+2|\vec{a}||\vec{b}|\cos\theta-|\vec{b}|^2\cos^2\theta,$$
$$|\vec{a}|^2+|\vec{b}|^2-2|\vec{a}||\vec{b}|\cos\theta = |\vec{b}-\vec{a}|^2.$$

解答 11.2 θ 回転の空間の動きを c_θ と表すとします．原点を通る x 軸から角度 θ の直線は，空間の動き $c_{-\theta}$ で，x 軸と一致します．そこで，水平軸での線対称 σ を実施して，もとの位置に戻すために θ 回転すれば，目的の線対称が実施されたことになります．つまり目的の動きは，$c_{-\theta}*\sigma*c_\theta$ となります．さて，第 1 章の等式(1.5)で等式 $\sigma*c_\theta*\sigma=c_{-\theta}$ を導いているので，この式を代入すると，

$$c_{-\theta}*\sigma*c_\theta=\sigma*c_\theta*\sigma*\sigma*c_\theta=\sigma*c_\theta*c_\theta=\sigma*c_{2\theta}$$

となり求める結果が得られます．

解答 11.3 本文で $\vec{\boldsymbol{v}}=(x,y,z)$ の面に対する対称なベクトルが

$$(x',y',z')=\vec{\boldsymbol{v}}-2(\vec{\boldsymbol{v}},\vec{\boldsymbol{h}})\vec{\boldsymbol{h}}$$

となることが得られています．ベクトル $\vec{\boldsymbol{v}},\vec{\boldsymbol{h}}$ に具体的な成分を代入すると，

$$\begin{aligned}(x',y',z')&=(x,y,z)-2(x_0x+y_0y+z_0z)(x_0,y_0,z_0)\\&=(x,y,z)-2(x_0^2x+x_0y_0y+x_0z_0z,\\&\qquad\qquad x_0y_0x+y_0^2y+y_0z_0z,x_0z_0x+y_0z_0y+z_0^2z)\\&=(x-2x_0^2x-2x_0y_0y-2x_0z_0z,\\&\qquad y-2x_0y_0x-2y_0^2y-2y_0z_0z,\\&\qquad z-2x_0z_0x-2y_0z_0y-2z_0^2z)\\&=(x,y,z)\begin{pmatrix}1-2x_0^2&-2x_0y_0&-2x_0z_0\\-2x_0y_0&1-2y_0^2&-2y_0z_0\\-2x_0z_0&-2y_0z_0&1-2z_0^2\end{pmatrix}.\end{aligned}$$

解答 11.4 行列 A について，$A={}^tA$ が成り立っていたので，$A^2=({}^tA)^2$ が成り立ち，本文で，A^2 の(1,1)成分と(1,2)成分が示されているので，同様の方法で，対角成分として(2,2)成分と(3,3)成分が 1 となり，(1,3)成分と(2,3)成分が 0 となることを示せば良いことになります．

別の方法としては，

$$\vec{\boldsymbol{v}}'=(x',y',z')=\vec{\boldsymbol{v}}-2(\vec{\boldsymbol{v}},\vec{\boldsymbol{h}})\vec{\boldsymbol{h}}=\vec{\boldsymbol{v}}A$$

より，$\vec{\boldsymbol{v}}A^2=\vec{\boldsymbol{v}}'-2(\vec{\boldsymbol{v}}',\vec{\boldsymbol{h}})\vec{\boldsymbol{h}}$ となる．$(\vec{\boldsymbol{h}},\vec{\boldsymbol{h}})=1$ を使うと，

$$\begin{aligned}\vec{\boldsymbol{v}}A^2&=(\vec{\boldsymbol{v}}-2(\vec{\boldsymbol{v}},\vec{\boldsymbol{h}})\vec{\boldsymbol{h}})-2(\vec{\boldsymbol{v}}-2(\vec{\boldsymbol{v}},\vec{\boldsymbol{h}})\vec{\boldsymbol{h}},\vec{\boldsymbol{h}})\vec{\boldsymbol{h}}\\&=\vec{\boldsymbol{v}}-2(\vec{\boldsymbol{v}},\vec{\boldsymbol{h}})\vec{\boldsymbol{h}}-2(\vec{\boldsymbol{v}},\vec{\boldsymbol{h}})\vec{\boldsymbol{h}}+4(\vec{\boldsymbol{v}},\vec{\boldsymbol{h}})(\vec{\boldsymbol{h}},\vec{\boldsymbol{h}})\vec{\boldsymbol{h}}\\&=\vec{\boldsymbol{v}}-2(\vec{\boldsymbol{v}},\vec{\boldsymbol{h}})\vec{\boldsymbol{h}}-2(\vec{\boldsymbol{v}},\vec{\boldsymbol{h}})\vec{\boldsymbol{h}}+4(\vec{\boldsymbol{v}},\vec{\boldsymbol{h}})\vec{\boldsymbol{h}}=\vec{\boldsymbol{v}}\end{aligned}$$

より，A^2 は単位行列になります．

解答 11.5 長さ 1 の法線ベクトルを (x_0, y_0, z_0) とすると，問題 11.3 の行列の $(2,2)$成分が 1 なので，$y_0=0$ が導かれ，また，$(1,1)$成分と$(3,3)$成分が 0 なので，$x_0=\pm\dfrac{1}{\sqrt{2}}$，$y_0=\pm\dfrac{1}{\sqrt{2}}$ となります．ここで，$(1,3)$成分が -1 であることから，$x_0=z_0=\pm\dfrac{1}{\sqrt{2}}$ となり，長さ 1 の法線ベクトルは，$\pm\dfrac{1}{\sqrt{2}}(1,0,1)$ となります．

第 12 章●群の表現：有限群が作る多面体

問題 12.1 席順に対応するベクトルを(母 妹 姉 兄)から(兄 姉 妹 母)に移す行列を求めなさい．

問題 12.2 集合

$$X=\{\vec{v_1},\vec{v_2},\vec{v_3},-\vec{v_1},-\vec{v_2},-\vec{v_3}\}$$

を作用域としたとき，群 $G=\langle A_1, A_2, B_1\rangle$ の右からの行列の積による X への作用で，閉じていることを確認しなさい．

問題 12.3 点 P_0 から紙切れを生成した群 $H_0=\langle a_1, a_2\rangle$ に対して，紙切れの鏡映 H_1 から H_5 の頂点が H_0 の剰余類から作られることを示せ．

問題 12.4 点 P_0 から紙切れを生成した群 $K_0=\langle a_1, b_1\rangle$ に対して，紙切れの鏡映 K_1 から K_3 の頂点が K_0 の剰余類から作られることを示せ．

問題 12.5 点$(2,2,2)$における表現 1 による固定部分群と，表現 2 における固定部分群を求めよ．

解答 12.1 置換で表すと，1 番目と 4 番目，2 番目と 3 番目の入れ替えなので，$(1,4)(2,3)$ と表されます．置換行列なら次の行列となります．

$$\begin{pmatrix} 0 & 0 & 0 & 1 \\ 0 & 0 & 1 & 0 \\ 0 & 1 & 0 & 0 \\ 1 & 0 & 0 & 0 \end{pmatrix}$$

解答 12.2「閉じている」ことを証明するには，群のすべての生成元 A とすべての作用域の元 v に対して，$v\times A\in X$ が成り立つことが必要となります．群 G の生成元と X の元 $\vec{v_1},\vec{v_2},\vec{v_3}$ について計算してみると次のようにすべての積が X に含まれます．

$$\vec{v_1}\times A_1=\vec{v_1}\qquad \vec{v_1}\times A_2=\vec{v_1}\qquad \vec{v_1}\times B_1=\vec{v_2}$$

$$\vec{v}_2 \times A_1 = -\vec{v}_3 \qquad \vec{v}_2 \times A_2 = \vec{v}_3 \qquad \vec{v}_2 \times B_1 = \vec{v}_1$$

$$\vec{v}_3 \times A_1 = -\vec{v}_2 \qquad \vec{v}_3 \times A_2 = \vec{v}_2 \qquad \vec{v}_3 \times B_1 = \vec{v}_3$$

行列を右から掛けているので，$-\vec{v}_1, -\vec{v}_2, -\vec{v}_3$ の場合も符号が変わるだけですべて X に含まれます．

解答 12.3 紙切れ H_0 の頂点 P_0, Q_0, R_0, S_0 は，点 P_0 に a_1 と a_2 で生成される群 $\{e, a_1, a_1 * a_2, a_2\}$ を作用させて移動した点を表しています．正方形 H_0 が，a_1 と a_2 で生成される位数 4 の群を表しています．鏡映 H_1 の頂点 P_1, Q_1, R_1, S_1 は，H_0 の 4 つの頂点に，b_1 を作用させて移動した点なので，鏡映 H_1 は，剰余類

$$\{b_1, a_1 * b_1, a_1 * a_2 * b_1, a_2 * b_1\} = H_0 * b_1$$

の作用で作られます．同様に，鏡映 H_2 の頂点は H_1 の頂点に a_1 を作用させているので，鏡映 H_2 は剰余類

$$H_2 = H_1 * a_1 = H_0 * (b_1 * a_1)$$

の作用で作られます．さらに，

$$H_3 = H_2 * a_2 = H_0 * (b_1 * a_1 * a_2),$$

$$H_4 = H_3 * a_1 = H_0 * (b_1 * a_1 * a_2 * a_1) = H_0 * (b_1 * a_2),$$

$$H_5 = H_3 * b_1 = H_0 * (b_1 * a_1 * a_2 * b_1)$$

と鏡映が剰余類の作用で生成されます．

解答 12.4 群 K_0 の元は，$\{e, a_1, a_1 * b_1, a_1 * b_1 * a_1, b_1 * a_1, b_1\}$ です．点 P_0 に，K_0 の元を順に作用させると，$\{P_0, Q_0, Q_1, Q_2, P_2, P_1\}$ に移動して，この 6 つの頂点で正 6 角形の紙切れが作られます．この紙切れが部分群 K_0 を表しています．K_0 に a_1 を作用させると，鏡面 K_1 が得られますので，K_1 は剰余類 $K_0 * a_1$ の作用で作られています．K_1 に b_1 を作用させると，K_2 に移動します．そして，K_2 に a_1 を作用させると K_3 に移ります．つまり鏡面 K_2 と K_3 は剰余類 $K_0 * a_1 * b_1$ と $K_0 * a_1 * b_1 * a_1$ の作用で作られています．

解答 12.5 固定部分群と軌道の関係を用います．点 $P_0 = (2, 2, 2)$ における表現 1 での作用を見ると，a_1 で P_0 に作用すると，$(2, -2, -2)$ に移ります．b_1 での作用では，$(-2, 2, -2)$ に移り，さらに続けて a_2 の作用を施すと $(-2, -2, 2)$ に移ります．作用全体の群の位数が 24 なので，軌道が 4 以上の長さを持つことから，固定部分群の位数は，6

以下であることが分かります．また，作用 $b_1 * a_1 * b_1$ に対応する行列は，

$$\begin{pmatrix} 0 & 0 & -1 \\ 0 & 1 & 0 \\ -1 & 0 & 0 \end{pmatrix} \times \begin{pmatrix} 1 & 0 & 0 \\ 0 & 0 & -1 \\ 0 & -1 & 0 \end{pmatrix} \times \begin{pmatrix} 0 & 0 & -1 \\ 0 & 1 & 0 \\ -1 & 0 & 0 \end{pmatrix} = \begin{pmatrix} 0 & 1 & 0 \\ 1 & 0 & 0 \\ 0 & 0 & 1 \end{pmatrix}$$

となり，作用 a_2 と $b_1 * a_1 * b_1$ は，点 P_0 を固定します．この 2 つの作用で生成される群は，置換 $(2,3)$ と $(1,2)$ で生成した群と同じく，位数が 6 となります．これが，表現 1 での点 P_0 の固定部分群です．

次に表現 2 を考えます．表現 2 での作用 $a_1 * b_1$ には，行列 $\begin{pmatrix} 0 & 0 & 1 \\ 1 & 0 & 0 \\ 0 & 1 & 0 \end{pmatrix}$ が対応します．この作用は，位数 3 で P_0 を固定します．一方，a_2 の作用で，P_0 は，$(2,-2,2)$ に移動し，さらに，b_1 を作用させると $(-2,-2,2)$ となり，続けて a_2 を作用させると，$(2,2,-2)$ と変わります．これで得られた 4 つのベクトルに，a_1 を作用させると，

$$(-2,-2,-2),\ (-2,2,-2),\ (-2,2,2),\ (2,-2,-2)$$

が得られて，P_0 の軌道として，8 つのベクトルが得られました．よって P_0 の固定部分群の位数は，3 となり，作用 $a_1 * b_1$ で生成される群となることが分かりました．

第 13 章●数の拡大：直線の中の 3 次元空間

問題 13.1　数 $\sqrt{2}$ が有理数でないことを，背理法を使って証明しなさい．

問題 13.2　時間軸の束 $\mathbb{Q}(\sqrt{2})$ が $\mathbb{Q}$ 上の 2 次元空間となることを示せ．

問題 13.3　集合

$$\mathbb{Q}(\tau_1) := \{a + b\tau_1 + c\tau_2 \mid a, b, c \in \mathbb{Q}\}$$

の 2 つの元の積が，$\mathbb{Q}(\tau_1)$ に含まれることを示せ．

問題 13.4　3 次多項式 $f(x)$ が既約なら方程式 $f(x) = 0$ の 3 つの解は，相異なることを示せ．

解答 13.1 数 $\sqrt{2}$ が有理数だと仮定して，2 つの互いに素な整数 $q, r \in \mathbb{Z}$ で，$\sqrt{2} = \dfrac{q}{r}$ と表せたとします．この等式の両辺を 2 乗して，さらに両

辺に r^2 を掛けると，等式 $2r^2=q^2$ が得られます．よって，整数 q は偶数となり $q=2t$ と表せます．この式を等式に代入すると，$2r^2=(2t)^2=4t^2$ が得られますが，両辺を 2 で割った等式 $r^2=2t^2$ より，整数 r も偶数になります．これは，最初に q と r を互いに素となるように選んでいたことに矛盾します．よって $\sqrt{2}$ は，有理数ではなくなります．

解答 13.2 $\mathbb{Q}(\sqrt{2})$ が $\mathbb{Q}$ 上の 2 次元空間であることを示すには，$\mathbb{Q}(\sqrt{2})$ の中に 2 つの元 α,β が存在し，次の 2 つの条件を満たす必要があります．

(1) $\mathbb{Q}(\sqrt{2})$ の任意の元 x は，2 つの有理数 a,b を使って $a\alpha+b\beta$ の形で表せる．

(2) $a\alpha+b\beta=0$ ならいつでも，$a=b=0$ が言える．

今回，$\alpha=1$，$\beta=\sqrt{2}$ とすると，$\alpha,\beta\in\mathbb{Q}(\sqrt{2})$ で，$\mathbb{Q}(\sqrt{2})$ の定義より，条件(1)はクリアできます．また，$a\alpha+b\beta=0$ なら，等式 $a+b\sqrt{2}=0$ が成り立ちます．ここで，$\sqrt{2}$ が有理数にならないことが，問題 13.1 で示されているので，等式が成り立つとき，$a=b=0$ が示せます．

解答 13.3 τ_1^2 と τ_2^2 そして $\tau_1\times\tau_2$ がすべて $\mathbb{Q}(\tau_1)$ に含まれることを示せば十分です．

$$
\begin{aligned}
\tau_1^2 &= \tau_2+2\in\mathbb{Q}(\tau_1),\\
\tau_2^2 &= (\tau_1^2-2)^2=\tau_1^4-4\tau_1^2+4\\
&= 3\tau_1^2-\tau_1-4\tau_1^2+4\\
&= -\tau_1^2-\tau_1+4=-\tau_1-\tau_2+2\in\mathbb{Q}(\tau_1),\\
\tau_1\times\tau_2 &= \tau_1^3-2\tau_1=\tau_1-1\in\mathbb{Q}(\tau_1).
\end{aligned}
$$

解答 13.4 $\mathbb{Q}$ の範囲で，既約な多項式

$$f(x)=x^3+ax^2+bx+c \qquad (a,b,c\in\mathbb{Q})$$

を考えます．$f(x)$ を微分した多項式 $f'(x)=3x^2+2ax+b$ も $\mathbb{Q}$ を係数に持つ多項式です．今，

$$r(x)=f(x)-\frac{3x+a}{9}f'(x)$$

と置くと，

$$r(x) = -\frac{(6a-2a^2)x+9c-ab}{9}$$

となります．方程式 $f(x)=0$ の解を $\{\alpha, \beta, \gamma\}$ とすると，拡大された数の世界では，多項式は，$f(x)=(x-\alpha)(x-\beta)(x-\gamma)$ と因数分解できます．もし $f(x)$ が重解をもち，$\alpha=\beta$ だとすると，$f(x)=(x-\alpha)^2(x-\gamma)$ で，微分した多項式は，微分の積の公式から

$$f'(x) = 2(x-\alpha)(x-\gamma)+(x-\alpha)^2$$

となり，$f'(\alpha)=0$ が導かれます．α は，もともと $f(x)=0$ の解だったので，$f(\alpha)=0$ であり，ここから $r(\alpha)=0$ が得られます．よって $\alpha = \dfrac{ab-9c}{6a-2a^2} \in \mathbb{Q}$ となり，α は有理数になります．解と係数の関係から γ も有理数になってしまい，多項式 $f(x)$ は有理数を係数とする多項式で，$(x-\alpha)^2(x-\gamma)$ と因数分解できてしまうので，$f(x)$ の既約性と矛盾します．

第 14 章●群と体：3次元方程式が作る正三角形

問題 14.1　有理数体 $\mathbb{Q}$ への乗法を保存する作用 λ に対して，$1^\lambda = 1$ となることを証明しなさい．

問題 14.2　有理数体 $\mathbb{Q}$ への加法と乗法を保存する作用 λ で，任意の整数 n への作用が不変つまり，$n^\lambda = n$ となることを証明しなさい．

問題 14.3　体 $\mathbb{Q}(\sqrt{2})$ 上の作用 σ を

$$(a+b\sqrt{2})^\sigma = a-b\sqrt{2}$$

と定義したとき，σ は，$\mathbb{Q}(\sqrt{2})$ の乗法を保存することを示せ．

問題 14.4　集合として $\mathbb{Q}[\tau_1, \tau_2]$ と $\mathbb{Q}[\tau_1, \tau_3]$ が等しいことを示せ．

解答 14.1 λ が乗法を保存するので，$1\times 1 = 1$ より $1^\lambda \times 1^\lambda = 1^\lambda$ となり，両辺に 1^λ の逆元を掛けることで，$1^\lambda = 1$ が得られます．

解答 14.2 整数 n は，1 を n 回足し併せたものであることを使うと，

$$n^\lambda = (1+1+\cdots+1)^\lambda = 1^\lambda+1^\lambda+\cdots+1^\lambda = 1+1+\cdots+1 = n$$

を得ます．

解答 14.3

$$(a+b\sqrt{2})\times(c+d\sqrt{2}) = (ac+2bd)+(ad+bc)\sqrt{2}$$

に対して，

$$\begin{aligned}(a+b\sqrt{2})^{\sigma}\times(c+d\sqrt{2})^{\sigma} &= (a-b\sqrt{2})\times(c-d\sqrt{2})\\ &= (ac+2bd)-(ad+bc)\sqrt{2}\\ &= \{(ac+2bd)+(ad+bc)\sqrt{2}\}^{\sigma}\end{aligned}$$

となり，乗法を保存しています．

解答 14.4 $\mathbb{Q}[\tau_1, \tau_2]$ の任意の元 $a+b\tau_1+c\tau_2$ に対して，

$$\begin{aligned}a+b\tau_1+c\tau_2 &= a+b\tau_1+c(-\tau_1-\tau_3)\\ &= a+(b-c)\tau_1-c\tau_3 \in \mathbb{Q}[\tau_1, \tau_3]\end{aligned}$$

となり，$\mathbb{Q}[\tau_1, \tau_2] \subset \mathbb{Q}[\tau_1, \tau_3]$ が示されます．逆向きの包含関係も同様に示せます．

第 15 章●方程式と群：分解体の形

問題 15.1 集合 $G(\mathbb{E}, \mathbb{F})$ が $\mathrm{Aut}(\mathbb{E})$ の部分群となることを示せ．

問題 15.2 3 次の対称群 S_3 の部分群 G に対し，$(1,2,3) \notin G$ なら，G の位数は 2 または 1 であることを示せ．

問題 15.3 本文のタイプ(iii-ii)の設定で，$\mathbb{E} = \mathbb{Q}(\alpha, \beta, \gamma)$，$\mathbb{F} = \mathbb{Q}(\delta)$ とします．このとき，$G(\mathbb{E}, \mathbb{F})$ を求めなさい．

問題 15.4 3 次方程式 $x^3-3x+1=0$ で，$\delta \in \mathbb{Q}$ を確認して，この方程式がタイプ(iii-i)であることを示せ．

解答 15.1 集合 $G(\mathbb{E}, \mathbb{F})$ の定義から，集合 $G(\mathbb{E}, \mathbb{F}) \subset \mathrm{Aut}(\mathbb{E})$ となります．また，写像の合成を演算として，$\lambda, \mu \in G(\mathbb{E}, \mathbb{F})$ とすると，任意の元 $A \in \mathbb{F}$ について

$$A^{\lambda\cdot\mu} = (A^{\lambda})^{\mu} = A^{\mu} = A$$

が成り立つので，$\lambda\circ\mu \in G(\mathbb{E}, \mathbb{F})$ が成り立ちます．さらに，等式 $A = A^{\lambda}$ の両辺に，λ の逆写像 λ^{-1} を作用させると，

$$A^{\lambda^{-1}} = (A^{\lambda})^{\lambda^{-1}} = A$$

が得られて，$\lambda^{-1} \in G(\mathbb{E}, \mathbb{F})$ が示され，$G(\mathbb{E}, \mathbb{F})$ は群 $\mathrm{Aut}(\mathbb{E})$ の部

分群となります．

解答 15.2 命題の対偶「3 次の対称群 S_3 の部分群 G に対し，G の位数が 3 以上ならば，$(1,2,3) \in G$」を示します．対称群 S_3 の位数は 6 なので，ラグランジュの定理より S_3 の部分群 G の位数は，6 の約数である 1, 2, 3, 6 のいずれかです．仮定より G の位数は，3 または 6 となりますが，位数が 6 であれば，$G = S_3 \ni (1,2,3)$ で証明が終わります．そこで，G の元の位数を 3 と仮定します．G に含まれる単位元でない元を g とすると，G の部分群 $\langle g \rangle$ は，ふたたびラグランジュの定理より位数は 3 となり，$G = \langle g \rangle$ が成り立ちます．対称群 S_3 の中には，位数 3 の元が $(1,2,3)$ と $(1,3,2)$ の 2 つだけなので，x は，$(1,2,3)$ または，$(1,3,2)$ のいずれかになります．もし，$x = (1,3,2)$ としても，$(1,2,3) = x^2 \in G$ より，対偶が証明されます．

解答 15.3 第 14 章の議論で，$\mathbb{Q}$ 上の作用は自明なもの $(\mathrm{id}_{\mathbb{Q}})$ しかないので，$\mathrm{Aut}(\mathbb{E}) = G(\mathbb{E}, \mathbb{Q})$ となり，$\mathrm{Aut}(\mathbb{E})$ は，集合 $\Lambda = \{\alpha, \beta, \gamma\} = \{1,2,3\}$ 上の対称群となります．ここで，δ を固定する置換は，$\{e, (1,2,3), (1,3,2)\}$ となり，$G(\mathbb{E}, \mathbb{F})$ は，位数 3 の群となります．

解答 15.4 方程式 $x^3-3x+1=0$ の解を $\tau_i\ (i=1,2,3)$ とします．ここで，$\tau_i^2 = \tau_{i+1}+2\ (i=1,2,3$ で $\tau_4 = \tau_1)$ であることに注意すると，

$$
\begin{aligned}
\delta &= (\tau_1-\tau_2)(\tau_2-\tau_3)(\tau_3-\tau_1) \\
&= \tau_1\tau_2^2+\tau_2\tau_3^2+\tau_3\tau_1^2-(\tau_1\tau_3^2+\tau_3\tau_2^2+\tau_2\tau_1^2) \\
&= \tau_1(\tau_3+2)+\tau_2(\tau_1+2)+\tau_3(\tau_2+2) \\
&\quad -(\tau_1(\tau_1+2)+\tau_3(\tau_3+2)+\tau_2(\tau_2+2)) \\
&= \tau_1\tau_3+\tau_2\tau_1+\tau_3\tau_2-(\tau_1^2+\tau_3^2+\tau_2^2) \\
&= \tau_1\tau_2+\tau_2\tau_3+\tau_3\tau_1-(\tau_1^2+\tau_2^2+\tau_3^2)
\end{aligned}
$$

となり，δ が $\tau_i\ (i=1,2,3)$ の対称式になるので，$\delta \in \mathbb{Q}$ が示されます．

索引

数字・記号・アルファベット

4 次対称群……135
?……242
#……242
"\n"……209
σ……003
$(\vec{a}, \vec{b})$……139
${}^tA$……150
a_1……082
a_{12}……101
a_2……082
$\vec{a}^{(i)}$……144
Aut($\mathbb{F}$)……186
b_1……082
b_{12}……085
b_2……082
c_3……003
c_4'……123
d_1……100
d_{12}……101
f_1……096
$\mathbb{F}$ 上の多項式……198
$\mathbb{F}$ 上の多項式環……198
$\mathbb{F}$ の自己同型群……186
$G(\mathbb{E}, \mathbb{F})$……200
G-集合……031
$\vec{h}$……148
I_2……144
i_H……127
t_4……096
x^a……030
x^G……042
AbelianGroup……244
Action……245
ActionHomomorphism……213
Add……231
AppendTo……237
break……234
Concatenation……231
CyclicGroup……244
DihedralGroup……244
Display……210, 236
DisplayCompositionSeries……245
E……227, 243
ElementaryAbelianGroup……244
Elements……211
else……234
ER……227
ExtraspecialGroup……244
Filtered……233
for……221, 233
function……213, 237
GAP……208, 225
GF……242
Group……211, 243
if……234
Im……125
Image……213
in……231
IsMatrixGroup……244
IsPermGroup……244
IsPrime……233
Length……232
List……228, 232
ListWithIdenticalEntries……228
local……213, 238
NamesUserGVars……237
OnLines……245
OnRight……212

Orbit……212
Order……211
Position……232
Print……209, 236
PrintTo……236
Read……240
Representative……216
return……213, 237
RightCosets……216
SageMath……208
Set……230
ShallowCopy……239
StructuralCopy……240
tab キー……242
TrivialGroup……244
well-defined……114
while……233
Z……243

あ行

位数……008, 016
位置関係……103
うまく定義する……114
埋め込み写像……127

か行

解……199
回転を表す行列……148
核……131
拡大体……199
加法模様……186
可約……199
ガロア群……200
関係式……083
基底ベクトル……139, 160
軌道……042
基本対称式……197
既約……199
逆元……007, 016
共役……099
共役である……101
共役類……102
行列……143
ケーリー図……095
結合律……006, 016
恒等置換……037
固定部分群……046
固定部分群と軌道の関係……048

さ行

作用……031
作用域……030
作用した……030
次女の群 H_1……083
次数……198
準同型写像……126
準同型定理……133
商群……120
乗法模様……185
剰余類……058, 060
剰余類 $H * a$ の代表元……060
剰余類の積……119
推移律……054
正規核……106
正規部分群……106, 115
生成元と関係式で定義された群……083
生成元の集合……012
生成された群……012
成分……143
正方行列……143

積……005
席順……109
席順の軌道 $A_1, A_2, M_1, M_2, I_1, I_2$……113
積の辺……196
全射……029
像……125

た行

体 E の作用……200
対角成分……143
対称式……197
対称式の基本定理……198
対称律……054
対称を表す行列……149
代表元……054
単位行列……143
単位元……007, 016
単射……029
置換……030
置換の積……035
置換表現……032
長女の群 H_2……085
長男の群 K……086
直交群……152
転置行列……150
同型……126
同型写像……126
同値関係……054
同値類……054
閉じている……030

な行

内積……139
ねじれた線分……128

は行

反射律……054
左剰余類……116
等しい……005
部分群……025
部分群 H の共役……104
分解体……200
法線ベクトル……148

や行

矢印……196

ら行

ラグランジュの定理……063
リスト……209

わ行

和の辺……196

脇 克志
わき・かつし

1993年，千葉大学大学院自然科学研究科修了．博士(理学)．
現在，山形大学学術研究院教授．
専門は有限群のモジュラー表現論．

見える！ 群論入門［増補版］

2017年6月25日　第1版第1刷発行
2024年9月5日　増補版第1刷発行

著者 ———— 脇 克志
発行所 ———— 株式会社　日本評論社
〒170-8474　東京都豊島区南大塚3-12-4
電話　03-3987-8621［販売］
03-3987-8599［編集］
印刷 ———— 株式会社　精興社
製本 ———— 井上製本所
装丁 ———— 山田信也(ヤマダデザイン室)
本文イラスト —— 大石容子

ISBN 978-4-535-79027-8